# 식품화학

박재남 · 김안드레 · 김진우 · 성낙윤

창지사

# 머리말

우리에게 가장 소중한 것이 무엇일까? 이것은 많은 사람들이 질문하고 생각하는 것이라 할 수 있습니다. 건강, 사랑, 재력 등등 여러 가지 답이 있을 수 있지만, 대부분은 건강을 1순위 또는 2순위로 생각할 것입니다. 과거에 비해 현재 인류의 평균수명은 드라마틱하게 증가하였고, 이에 따른 먹거리와 건강에 대한 관심이 매우 높다 할 수 있습니다. 현대 사회는 식품과학(공학)의 발달로 영양학적으로 우수하고도 다양한 먹거리를 대량생산함으로 우리의 먹거리를 풍요롭게 하였습니다.

또한 외식산업과 가공식품산업에 있어서도 고품질의 제품 개발이 이루어지고 있습니다. 따라서 식품화학은 식품 관련 전공학과에서 주요한 교육과목이며, 식품연구분야의 기초라 할 수 있습니다.

이 책은 대학교 및 대학의 식품영양학과, 조리과학과, 식품생명공학과, 외식조리학과, 호텔조리학과, 식품공학과, 식품과학과 등 식품 관련학과 학생들을 위한 식품화학 교재로 활용될 수 있도록 집필되었습니다.

그리고 영양사, 위생사, 식품산업기사, 위생직 공무원, 영양교사 등 관련 자격증 취득을 위한 교재로 활용이 가능하도록 집필하였습니다. 이 책은 또한 식품을 전공하는 분들뿐만 아니라 식품연구자, 식품산업 또는 외식산업 분야에 종사하는 분들에게도 도움을 줄 수 있을 것으로 판단합니다.

식품학, 식품화학을 대학에서 강의하는 교수님들이, 학생들이 이해할 수 있도록 가급적 쉽게 집필하였지만 미흡한 점이 있을 것으로 생각됩니다. 이는 끊임없는 수정 보완을 통해 발전해 나갈 것을 약속드립니다.

이 책이 출간되기까지 많은 노력을 기울여 주신 집필진 교수님들과, 편집 및 교정에 노력해 주신 창지사 최석영 과장을 비롯한 여러분께 감사의 마음을 전합니다.

2022년 2월

저자 일동

# CONTENTS

# 1부
# 식품 성분의 구조와 특성

Food Chemistry

Chapter 01

# 수분

1. 수분의 구조와 성질
2. 식품 중의 수분의 상태
3. 수분활성도
4. 등온흡습곡선과 탈습곡선
5. 수분활성과 식품의 안정성

수분은 열량과 영양소가 없지만, 식품에 있어서 가장 풍부하게 존재하는 물질로 효소 화학 반응, 갈변 반응, 가수분해 반응, 미생물 성장 등 식품의 품질에 중요한 영향을 미친다. 식품 내 함유된 수분은 품질에 직·간접 형태로 영향을 미치기 때문에 그 특성에 대해 이해할 필요가 있다. 식품 내 수분의 대표적인 역할은 아래와 같다.

① 미생물의 성장

식품 내 함유된 수분은 대부분의 미생물 성장에 직접적 영향을 미친다. 미생물에 의한 독성물질 생성 또는 부패를 일으켜 식품의 변질에 관여한다.

② 물리적 변화

식품의 조직, 밀도, 물리적 구조 변화를 일으켜 조직감과 같은 물성에 영향을 미친다. 수분함량 변화에 의한 색, 냄새, 맛 등의 관능적 특성을 저하시키거나 향상시킨다.

③ 화학적 변화

식품 중의 수분은 각종 화학적 성분들의 용매와 운반체로서 작용하여 화학적 변화를 촉진한다. 예를 들어, 가수분해, 갈변 반응, 효소 반응과 같은 직접 화학적 변화를 초래할 수 있다.

④ 영양학적 의의

식품 내 수분은 열량과 영양소가 없지만 영양 성분의 소화, 흡수, 대사 등에 지대한 영향을 준다. 언급한 바와 같이 모든 생명체의 성장과 유지에 있어서 수분은 필수적 요소이다.

식품 내 수분은 이상과 같이 식품의 미생물학적 특성, 물리·화학적 변화 및 반응매개체로서 작용하며 식품의 구성 성분 중 가장 많은 양을 함유하고 있다. 식품의 종류에 따라 다소 다르지만 일반적으로 곡류에 13~15%, 과일과 채소에 80~95%, 육류에 60~70% 정도 함유되어 있다.

이처럼 중요한 식품 성분인 수분의 성질과 식품 중의 존재 형태, 품질에 미치는 영향 등을 이 장에서 다루고자 한다.

## 1. 수분의 구조와 성질

### 1) 수분의 구조

수분의 화학식은 $H_2O$로 산소 원자 1개, 수소 원자 2개로 이루어져 있으며, 1몰의 분자량은 약 18이다. 산소와 같은 족 수소화합물들인 메탄($CH_4$), 암모니아($CH_4$), 황화수소($H_2S$)와 비교해 볼 때 메탄, 암모니아와 같이 분자량이 작음에도 불구하고 끓는점, 녹는점이 특이적으로 높다.

이와 같은 수분의 특이적인 성질은 수분 분자의 구조적인 특성에서 유래된다. 수분 분자는 [그림 1-1]과 같이 한 개의 산소에 두 개의 수소가 공유결합되어 있으며 결합각은 104.5°이다. O-H 결합에서 산소의 전기음성도 값이 커서 공유결합된 전자들이 산소 쪽으로 치우쳐 있기 때문에 산소는 부분적 음전하($\delta^-$)를 띠고 수소는 부분적 양전하($\delta^+$)를 띤다. 이 때 결합각은 비공유 전자쌍 간의 반발로 인해 정사면체 결합각인 109°28'보다 적은 104.5°로 결합되어 있다. 또한 수분 분자는 양극성을 띠므로 다른 수분 분자의 수소 원자를 매개로 한 수소결합을 하고 있다.

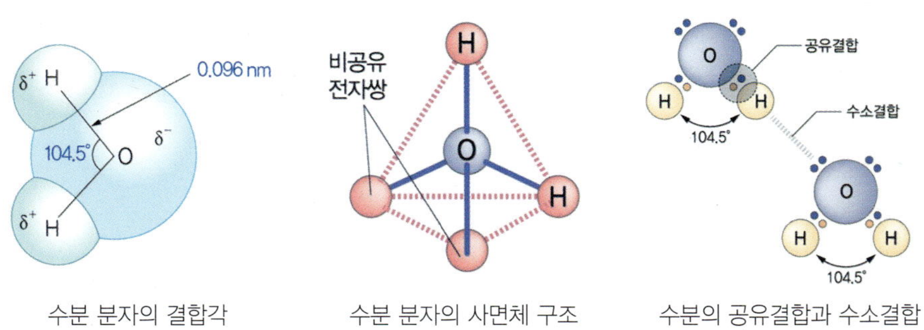


[그림 1-1] 수분 분자의 구조

## 2) 수분의 특성

수분은 극성을 띠는 분자로서 수소결합에 의해 여러 개의 수분 분자가 결합되어 있기 때문에 아래와 같은 특징을 나타낸다.

① 녹는점과 끓는점이 높다

액체 상태의 수분은 수분 분자 간 3차원적 수소결합을 하고 있어 분자운동이 저해를 받기 때문에 녹이거나 끓일 때 많은 에너지가 필요하다.

② 비열이 크다

비열이 크다는 것은 따뜻하게 하거나 차갑게 하는 데 어렵다는 뜻으로 수분은 어떠한 용매보다 비열이 크다. 인간을 비롯한 살아 있는 생물체의 경우 60% 이상의 수분을 함유하고 있어 외부 환경의 급격한 온도변화에 대하여 항상성을 유지할 수 있다.

③ 표면장력이 크다

중력이 없는 우주선에서 수분이 둥근 모양으로 형성되는 것은 분자 간 수소결합에 의한 표면장력이 크게 형성되기 때문이다. 식물의 경우 이러한 수분의 특성 때문에 모세관을 타고 높은 가지까지 수분이 도달할 수 있다.

④ 비중이 4℃에서 가장 크다

겨울철 강가나 물웅덩이에서 기온이 낮아지면 표면부터 어는 것을 확인할 수 있다. 이러한 물의 특성으로 수중생물들이 급격한 환경변화에도 보호를 받아 살아갈 수 있다.

⑤ 점도가 높다

수분 분자는 상호 수소결합에 의한 인력으로 점성이 다른 용매에 비해 크다.

⑥ 용매로 작용한다

수분은 극성이 매우 크기 때문에 극성을 띠는 대부분의 물질을 용해하거나 녹기 어려운 물질은 분산시켜 colloid 용액(ex. 흙탕물)을 형성시킬 수 있다. 이러한 물의 특징으로 인해 인체 내의 영양소나 노폐물을 운반하고 소화, 흡수, 대사 등과 같은 생체 내 반응의 매개체가 될 수 있다.

## 2. 식품 중의 수분의 상태

식품 중에 존재하는 수분은 두 가지 형태로 존재한다. 식품의 다양한 성분들과 단단한 결합을 하고 있는 결합수 형태와 자유롭게 사용될 수 있는 자유수 형태로 존재한다(〈표 1-1〉). 결합수의 경우 식품 내 탄수화물이나 단백질 분자들과 수소결합을 하고 있어 수분이 갖고 있는 특성과 다른 양상을 나타낸다. 즉, 결합수는 0℃ 이하에서 얼지 않으며, 100℃로 가열하더라도 제거되지 않고 일반적인 물보다 밀도가 크다. 식품을 압착하여도 결합수는 제거되지 않으며 미생물의 번식에 이용되지 못하는 특징을 갖고 있다. 또한 당류나 전해질 같은 용질에 대해서 용매로 작용하지 못한다.

자유수의 경우 0℃ 이하에서 쉽게 동결되고, 100℃로 가열하면 쉽게 제거된다. 염류, 당류, 수용성 단백질 같은 가용성 물질을 잘 녹이고 전분, 지질 등과 같은 불용성 물질을 분산시켜 colloid(교질) 상태로 만들 수 있다. 또한 미생물의 생육·번식에 이용되어 식품의 부패를 일으킨다. 미생물을 제어할 목적으로 자유수를 감소시키는 방법이 이용될 수 있는데, 일반적으로 식품을 건조시키는 방법이 대표적이라 할 수 있다. 이 외에도 시럽이나 잼 등에 설탕을 첨가하여 식품에 함유된 자유수와 설탕 분자가 결합하여 결합수로 전환되어 미생물이 이용할 수 없게 만드는 것을 예로 들 수 있다.

〈표 1-1〉 결합수 · 자유수의 정의 및 특징

| 구분 | 결합수 | 자유수 |
|---|---|---|
| 정의 | 식품 내 성분과 결합된 수분으로 자유로이 이동할 수 없는 물 | 식품 내에서 자유롭게 이동할 수 있는 물 |
| 특징 | • 0℃ 이하(-20℃ 이하)에도 얼지 않음<br>• 100℃ 이상에서도 건조가 어려움<br>• 자유수보다 밀도가 큼<br>• 식품 성분과 이온결합 또는 수소결합으로 존재<br>• 용질에 대해 용매로 작용할 수 없음<br>• 미생물의 번식과 성장에 이용 불가<br>• 식품조직을 압착하여도 제거되지 않음<br>• 화학 반응에 관여하지 못함 | • 0℃ 이하에서 냉각시키면 동결됨<br>• 100℃ 이하에서도 쉽게 건조됨<br>• 4℃에서 밀도가 가장 큼<br>• 식품 성분과 결합되어 있지 않음<br>• 용질에 대하여 용매로서 작용<br>• 미생물의 번식과 성장에 이용<br>• 식품조직을 압착하면 제거됨<br>• 화학 반응에 직 · 간접적으로 관여 |

## 3. 수분활성도

일반적으로 식품의 수분함량은 일정 온도를 기준으로 함유된 수분을 %로 나타낸 것이라 말할 수 있다. 그러나 식품의 수분함량은 환경조건에 따라 변화한다. 즉, 식품 자체의 수분함량과 대기의 상대습도 간의 상관관계에 의해 결정된다. 따라서 식품 중의 수분 상태는 식품의 수분함량과 상대습도 간의 두 값에 대한 비율인 수분활성도(water activity; Aw)라는 개념으로 사용하는 것이다.

식품의 수분활성도는 임의의 온도에서 그 식품이 나타내는 수증기압($P$)에 대한 같은 온도에 있어서 순수한 물의 최대 수증기압($P_0$)의 비로 정의된다([그림 1-2]).

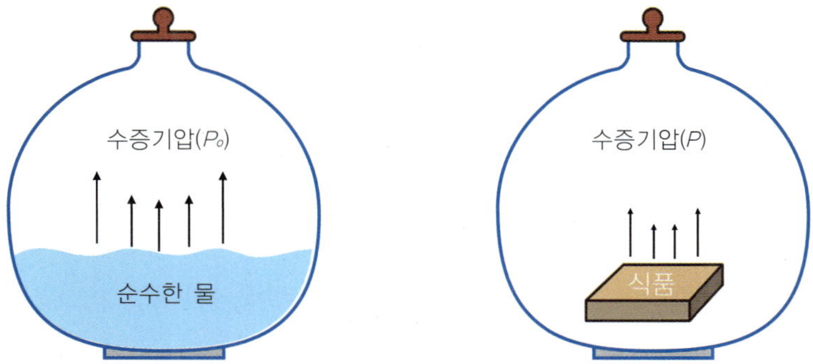


조건: 임의의 온도 및 밀폐용기

출처: 조신호(2015). 식품학. 교문사.

[그림 1-2] 식품의 수분활성

$$Aw = \frac{\text{식품이 나타내는 수증기압}(P)}{\text{순수한 물의 최대 수증기압}(P_0)}$$

또한 식품의 수증기압은 식품 속의 용질의 종류와 양에 의해 영향을 받는다. 물의 mol수를 Mw, 용질의 mol수를 Ms라 하면 Aw는 다음과 같다.

$$Aw = \frac{M_w}{M_w + M_s}$$

ex. 50%의 수분과 20%의 소금물을 함유하고 있는 소금물의 수분활성도는?

$$Aw = \frac{M_w}{M_w + M_s}$$

$$Aw = \frac{\frac{50}{18}}{\frac{50}{18} + \frac{20}{58.5}} = \frac{2.78}{2.78 + 0.34} = 0.89$$

정답: 0.89

만일 순수한 물이 식품이라면 그 수증기압 $P$와 $P_0$가 같으므로 물의 수분활성도는 1이 된다. 그러나 모든 식품에는 단백질, 지방, 탄수화물, 무기질 등의 고형물이 존재하므로 일반 식품에서의 수분활성도는 Aw<1(식품의 수분활성도는 1보다 적다)이다. 앞서 언급했듯이 자유수를 제거하거나 결합수로 만들면 식품의 수분활성도를 낮출 수 있으며, 미생물의 생육을 저해하여 식품의 저장기간을 연장시킬 수도 있다. 식품의 수분활동도를 낮추는 방법은 아래 그림에 나타내었다([그림 1-3]).

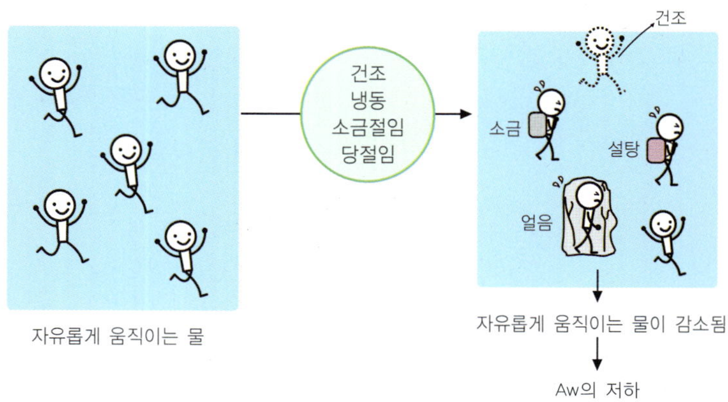


[그림 1-3] 수분활성도를 낮출 수 있는 방법

## 4. 등온흡습곡선과 탈습곡선

어떤 식품을 밀폐된 장소에 일정한 온도로 방치하면 식품은 수분을 흡습 또는 탈습하다가 평형을 이루게 된다. 이 때의 식품 중의 수분함량을 평형수분함량(%)이라고 한다. 평형수분함량과 상대습도와의 관계를 나타낸 곡선을 등온탈흡습곡선이라고 하며, 대게 역 S자 형태를 나타낸다([그림 1-4]). 식품이 수분을 흡습할 때 얻어진 곡선을 등온흡습곡선, 수분을 방출할 때 얻어지는 곡선을 등온탈습곡선이라고 한다. 또한 흡습곡선과 탈습곡선은 완전히 일치하지 않는데 이와 같은 현상을 이력현상이라고 한다.

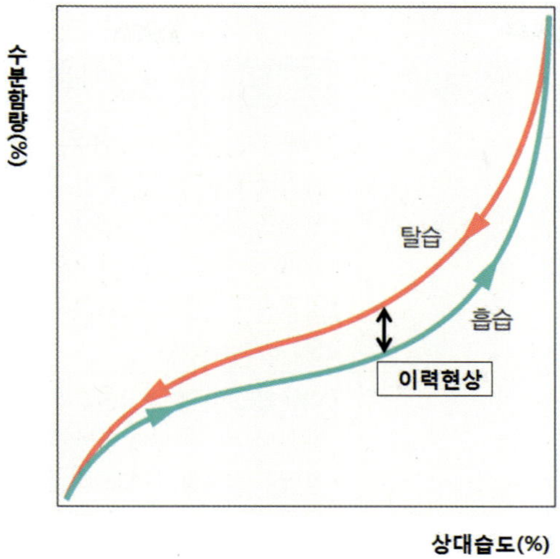


[그림 1-4] 등온흡(탈)습곡선

또한 등온흡습곡선은 기울기가 다른 세 영역으로 나눌 수 있으며, 영역 Ⅰ, Ⅱ, Ⅲ의 수분은 현저하게 다른 특성을 나타낸다([그림 1-5], 〈표 1-2〉).

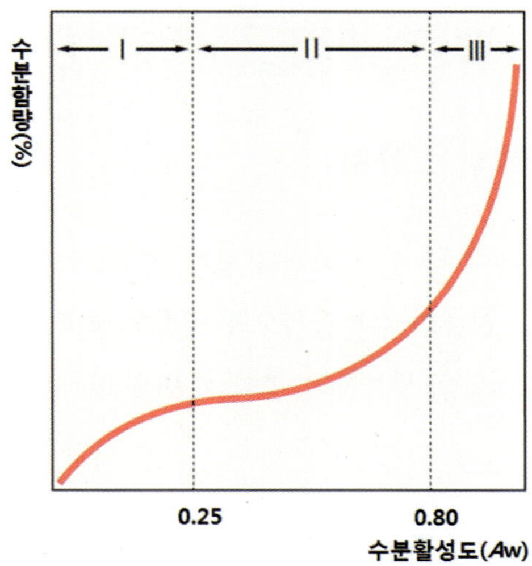


[그림 1-5] 등온흡습곡선

〈표 1-2〉 등온흡습곡선의 영역별 특성

| 구분 | 결합수 | 수분활성도 | 특징 |
|---|---|---|---|
| Ⅰ 영역 | 결합수<br>이온결합<br>극성결합 | 0.25 이하 | • 식품 내 수분 분자는 식품 성분 중의 카르복실기, 아모노기와 같은 이온과 강한 이온결합을 형성<br>• 용매로 작용할 수 없으며 온도(−40℃)를 낮추어도 얼지 않음<br>• Ⅰ 영역과 Ⅱ 영역의 경계 부분의 수분은 단분자층(단층수) 형태로 존재 |
| Ⅱ 영역 | 준결합수<br>수소결합<br>비극성결합 | 0.25~0.80 | • 이온화되지 않은 극성기와 수소결합, 비극성결합에 의해 Ⅰ 영역의 수분에 비해 약하게 결합되어 있음<br>• 용매로 작용할 수 없으며 온도(−40℃)를 낮추어도 얼지 않음<br>• 건조식품의 경우 안정성과 저장성이 가장 좋음<br>• 단분자층의 수분에 흡착된 다분자층의 수분으로 고형물의 친수성기에 여러 층으로 회합되어 존재 |
| Ⅲ 영역 | 자유수 | 0.80 이상 | • 식품 내 수분이 약하게 흡착되어 존재하고 있거나 식품의 다공질 구조에 용적수(다상수) 형태로 존재함<br>• 용매로 작용할 수 있으며 동결될 수 있음<br>• 화학 반응에 관여하고 미생물 생육에 이용됨 |

## 5. 수분활성과 식품의 안정성

식품의 품질에 영양을 줄 수 있는 미생물 성장, 유지의 산패, 비효소적 갈변 반응 및 가수분해 반응은 그 식품의 수분활성도와 밀접한 관계를 갖고 있다. [그림 1-6]은 수분활성도에 따른 식품의 생물학적·화학적 변화 양상을 보여준다.

• 미생물의 성장과 수분활성도

미생물의 생육은 식품 안에 존재하는 수분, 즉 결합수가 아닌 자유수(이용될 수 있는) 형태의 함량이 매우 중요하다. 즉, 미생물의 성장 및 번식의 한계를 설명할 때 수분함량보다는 수분활성도를 이용하는 것이 효과적이다. 일반적으로 보통 세균이 증식할 수 있는 최저 수분활성도는 0.90이며, 효모는 0.88, 곰팡이는 0.80으로 알려져 있다. 그러나 특이하게 내건성 곰팡이는 0.65, 내삼투압성 효모는 0.60까지도 증식이 가능하다.

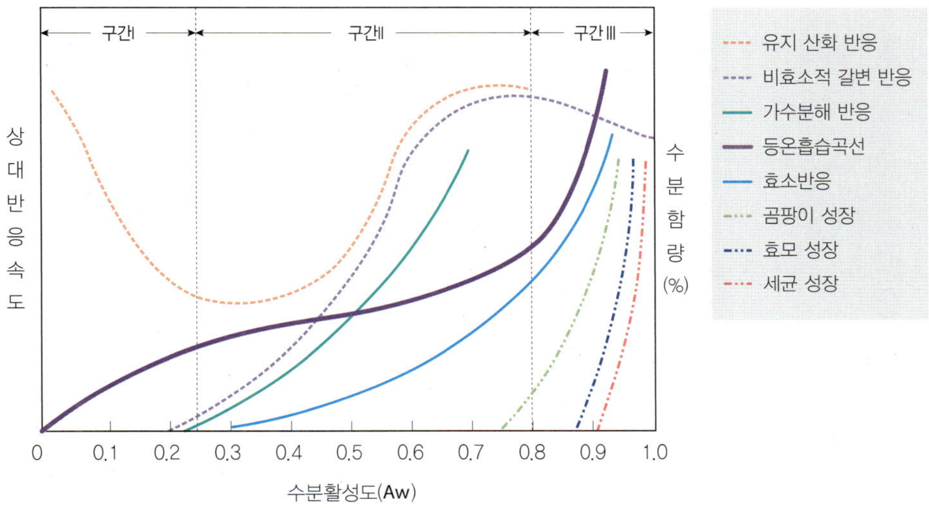


[그림 1-6] 수분활성과 식품의 각종 변성요인 반응속도와의 상관관계

- 효소활성과 수분활성도

효소의 활성은 일반적으로 수분활성이 높을수록 반응속도가 증가한다. 즉, 효소 반응의 수분활성도에 영향을 받는 현상은 수분에 의한 기질과 효소의 이동과 회합에 의한 영향과 기질로서의 수분의 이용 가능성에 의한다. 그러나 특이적으로 가수분해 효소인 라이페이스(lipase)는 수분활성도가 0.10~0.30에서도 활성을 갖는다.

- 비효소적 갈변 반응과 수분활성도

비효소적 갈변 반응은 수분활성도가 0.60~0.70에서 최대 반응속도를 보이고, 0.20 이하로 낮아지면 반응이 일어나지 못하며, 0.80~1.0이 되면 기질이 물에 희석되어 반응속도는 다시 감소하게 된다.

• 유지의 산화와 수분활성도

대부분의 반응속도·증식속도는 수분활성도가 증가함에 따라 함께 증가하나 유지의 산화의 경우 다른 양상을 보인다. 유지의 산화의 경우 0~0.30으로 수분활성도가 증가함에 따라 산화속도는 감소되며, 단분자층의 수분함량에 도달하면 최소가 된다. 그리고 0.3 근처부터 수분활성이 0.80까지 커짐에 따라 증가한다. 0.80 이상의 수분활성도를 보일 경우 유지의 산화는 정지하게 된다. I 영역에서의 수분은 유지의 산화에 있어서 식품 표면에 존재하는 물 분자가 유리 라디칼에 의해서 형성된 과산화물과 수소결합으로 복합체를 형성하여 과산화물의 분해를 억제한다. 즉, I 영역의 수분은 유지의 산화에 있어서 보호 작용을 한다.

Chapter 02

# 탄수화물

1. 탄수화물의 분류
2. 탄수화물의 구조와 종류
3. 탄수화물의 성질
4. 탄수화물의 기능

탄수화물은 탄소의 수화물이라는 의미이며, 탄소(C), 수소(H), 산소(O) 비가 비슷하지만 분자 크기와 화학적, 생물학적 기능이 다른 물질이다. 탄수화물은 $C_x(H_2O)n$의 일반적인 화학식(chemical formula)을 가지며, 탄소와 수화물의 비율로 나타내기 때문에 탄수화물로 명명되었다. 가령 포도당(glucose)의 분자식은 $C_6H_{12}O_6$이나 $C_6(H_2O)_6$으로 나타낼 수 있으며, 수크로스(sucrose, 설탕 또는 자당)의 분자식은 $C_{12}H_{22}O_{11}$이나 $C_{12}(H_2O)_{11}$로 나타낼 수 있다.

이들 분자 구조는, 탄소 원자가 물을 구성하고 있는 수소 원자(−H)와 수산기(−OH)와 결합하고 있다.

탄수화물의 생화학적 역할은 다음과 같이 나타낼 수 있다.

첫째, 탄수화물은 에너지의 저장원으로 생명체들이 사용할 수 있는 형태이고, 둘째, 생체 내부에서 저장된 에너지 운반에 사용되며, 셋째, 새로운 분자의 형성을 위해 재배열될 수 있는 탄소골격(carbon skeleton)으로 사용된다.

일부 탄수화물은 100달톤(Dalton) 이하의 비교적 작은 분자로 존재하지만, 분자량이 수십만이 되는 거대분자들로도 존재한다.

## 1. 탄수화물의 분류

탄수화물(carbohydrate)은 단백질, 지방과 함께 3대 영양소 중 하나이며, 생명을 이루는 가장 풍부한 물질이다. 탄수화물은 탄소(carbon), 수소(hydrogen), 산소(oxygen)가 1:2:1의 비율로 조성되어 있는 물질로, 당 개수에 따라 당의 개수 1개인 단당류(monosaccharide), 당의 개수 2~10개인 올리고당류(oligosaccharide), 당의 개수 10개 이상인 다당류(polysaccharide)로 나뉘며, 골격 탄소 원자 수에 따라 3탄당, 4탄당, 5탄당, 6탄당, 7탄당 등으로 분류되고, 작용기에 따라 알데하이드기(−CHO)를 갖는 알도스(aldose), 케톤기(>C=O)를 갖는 케토스(ketose)로 나뉜다.

또한 동일한 단당류로 구성된 단순(동질) 다당류와 서로 다른 단당류 단위로 구성된 복합(이질) 다당류로 나뉜다.

〈표 2-1〉 탄소 수에 따른 단당류의 종류와 명칭

| | | | | |
|---|---|---|---|---|
| 탄소 수 | 3 | 3탄당(triose) | $C_3H_6O_3$ | 글리세르알데하이드(glyceraldehyde), 다이하이드록시아세톤(dihydroxyacetone) |
| | 4 | 4탄당(tetrose) | $C_4H_8O_4$ | 에리트로스(erythrose), 트레오스(threose) |
| | 5 | 5탄당(pentose) | $C_5H_{10}O_5$ | 리보스(ribose), 데옥시리보스(deoxyribose), 자일로스(xylose), 아라비노스(arabinose) |
| | 6 | 6탄당(hexose) | $C_6H_{12}O_6$ | 글루코스(glucose), 프룩토스(fructose), 갈락토스(galactose), 마노스(mannose) |

〈표 2-2〉 카보닐기의 종류에 따른 단당류의 종류와 명칭

| | | | |
|---|---|---|---|
| 카보닐기의 종류 | 알도스(aldose) | 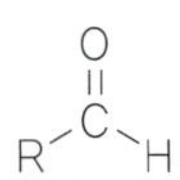 | **알데하이드기를 갖는 탄수화물**<br>리보스(ribose), 글루코스(glucose), 갈락토스(galactose), 마노스(mannose) |
| | 케토스(ketose) | 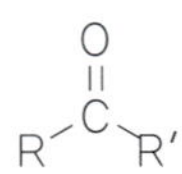 | **케톤기를 갖는 탄수화물**<br>리불로스(ribulose), 프룩토스(fructose), 자일로스(xylose), 타가토스(tagatose) |

〈표 2-3〉 구성당의 수에 따른 단당류의 종류와 명칭

| | | |
|---|---|---|
| 구성당의 수 | 단당류(monosaccharide) | 글루코스(glucose), 프룩토스(fructose), 리보스(ribose) 등 |
| | 이당류(disaccharide) | 수크로스(sucrose), 락토스(lactose), 말토스(maltose), 셀로비오스(cellobiose) 등 |
| | 소당류(oligosaccharide) | 라피노즈(raffinose), 멜레아토스(melleatose), 스타키오스(stachyose) 등 |
| | 다당류(polysaccharide) | 전분(starch), 덱스트린(dextrin), 글리코겐(glycogen) 등 |

〈표 2-4〉 인체 내 소화 여부에 따른 단당류의 종류와 명칭

| | | |
|---|---|---|
| 인체 내 소화 여부 | 소화성(digestible carbohydrate) | 인체 내 효소에 의해 소화, 흡수됨<br>전분(starch), 글리코겐(glycogen) 등 |
| | 비소화성(non-digestible carbohydrate) | 인체 내 분해효소가 없어 소화, 흡수 안 됨<br>식이섬유(dietary fiber), 이눌린(inulin), 펙틴(pectin), 한천(agar) 등 |

## 2. 탄수화물의 구조와 종류

(1) 단당류 monosaccharide

| | |
|---|---|
| 3탄당 (triose) | • glyceraldehyde<br>• dihydroxyacetone |
| 4탄당 (tetrose) | • erythrose<br>• erythrulose |
| 5탄당 (pentose) | • ribose<br>• ribulose<br>• deoxyribose |
| 6탄당 (hexose) | • glucose<br>• fructose<br>• galactose |
| 7탄당 (heptose) | • sedoheptulose |

(2) 소당류 oligosaccharide

| | |
|---|---|
| 2당류 (disaccharide) | • lactose<br>• maltose<br>• sucrose |
| 3당류 (trisaccharide) | • raffinose |
| 4당류 (tetrasaccharide) | • stachyose |

(3) 다당류 polysaccharide

| | |
|---|---|
| 단순다당류 (simple polysaccharide) | • starch<br>• glycogen<br>• cellulose |
| 복합다당류 (compouund polysaccharide) | • pectin<br>• heparin<br>• gum |

[그림 2-1] 탄수화물의 분류

### 1) 단당류(monosaccharides, 單糖類)

단당류는 가장 간단한 형태의 당으로 탄수화물(carbohydrate)의 기본단위가 가수분해에 의하여 생성되며 탄소(carbon, C), 수소(hydrogen, H), 산소(oxygen, O)가 1:2:1 비율로 구성되어 알데하이드기(−CHO)나 케톤기($>C=O$)를 가진 일종의 알코올(alcohol)로서 소화 과정을 거치지 않고 흡수된다. 탄소의 개수에 따라 탄소수가 3개이면 3탄당(triose), 4개이면 4탄당(tetrose), 5개이면 5탄당(pentose), 6개

이면 6탄당(hexose), 7개이면 7탄당(heptose)으로 명명하지만, 자연계에 많이 존재하는 단당류는 주로 6탄당(hexose)이며 포도당(葡萄糖, glucose), 과당(果糖, fructose), 갈락토스(galactose)가 대표적이다. 포도당은 우리 몸의 에너지원으로 지방이나 글리코겐(glycogen) 형태로 저장되는 물질이며, 과당과 갈락토스는 쉽게 포도당으로 전환된다. 포도당, 과당, 갈락토스는 동일한 분자식을 갖지만 원자의 배열은 서로 다르다.

6탄당(hexose)은 식품 중에 널리 분포되어 있으며 인체에 흡수되고 대사되어 에너지로 사용되며, 식품의 맛에도 영향을 준다. 산 또는 알칼리 혹은 효소 등에 의해 더 이상 가수분해되지 않는 가장 기본적인 당류이다.

### (1) 알도스(aldose)와 케토스(ketose)

알도스는 알데하이드기를 포함하는 단당류로 분자당 한 개의 알데하이드기를 함유한 단당류를 말한다. 화학식은 $Cn(H_2O)n$ (n=3)이다. 3탄소 원자일 때 글리세르알데하이드(glyceraldehyde)가 모든 알도스 중에서 3탄당 단당류이며 가장 간단한 형태이다. 글리세르알데하이드(glyceraldehyde, $C_3H_6O_3$)는 탄수화물의 입체 구조 표시의 기준이 되는 가장 간단한 광학활성 알도스로, DL−, D−, L−체의 3가지 이성질체이다. D와 L형을 구분하는 방법이 1891년 에밀 피셔에 의해 만들어졌다. L형의 글리세르알데하이드는, 탄소에 붙은 앞쪽의 OH는 왼쪽, H는 오른쪽에 위치하고 있다.

알도스는 산화제(酸化劑, oxidizing agent)를 환원하는 당이라고 하여 환원당(還元糖, reducing sugar)이라 한다. 케토스의 경우는 알도스로 전환하여 환원당이 될 수 있다. 사실 모든 단당류는 환원당이라고 부를 수 있다.

케토스(ketose)는 무색 결정성 물질로서 단맛이 있고 같은 일반식 $CH_2O$를 갖는다. 케톤기를 함유한 것은 케토스라고 부른다. 단당류는 $(CH_2O)n$으로 표시된다. 여기서 n=3, 4, 5의 정수이다. 여기서 n=3, 4, 5, 6, 7인 단당류를 각각 케토스(ketose), 테트로스(tetrose), 펜토스(pentose), 헥소스(hexose), 헵토스(heptose)라고 한다.

단당류는 알데하이드기를 갖는 알도스(aldose)와 케톤기를 갖는 케토스(ketose)로 분류한다. 알도스와 케토스는 이성질화되어 서로 전환이 가능하다.

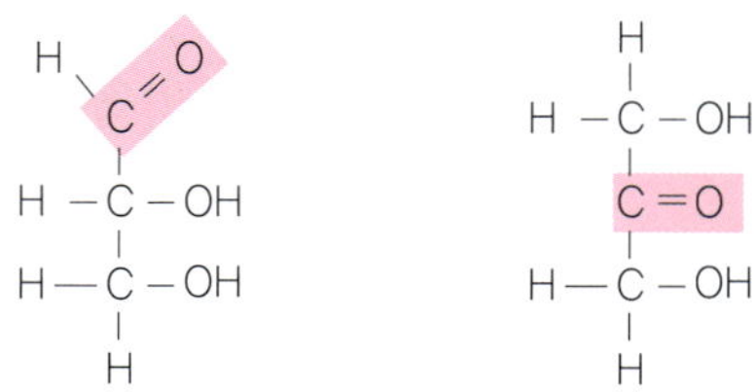

[그림 2-2] 알도스와 케토스의 구조

### (2) 카이랄 탄소(chiral carbon, 비대칭탄소)

탄소 원자와 결합하고 있는 4개의 원자나 원자단이 모두 다른 경우 이러한 탄소 원자를 카이랄 탄소 원자라고 한다. 카이랄 탄소 원자를 가지는 분자는 거울상 이성질체, 즉 광학이성질체를 갖는다. 한 분자에서 카이랄 탄소 원자 수가 n개이면 광학이성질체는 $2^n$개이다.

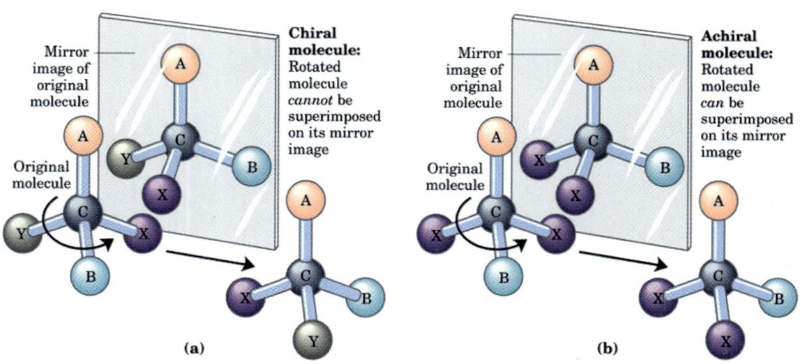


출처 : David L. Nelson, Michael M. Cox(2018). 레닌저 생화학 7판. 월드사이언스.

[그림 2-3] 카이랄 탄소의 거울상 모습 (a) 카이랄 탄소는 거울상이며 겹쳐지지 않는다.
(b) 비카이랄 탄소는 거울상 회전을 통하여 겹쳐진다.

① 카이랄 탄소 개수가 n개일 때 입체 이성체 수는 $2^n$개이다. D-glucose는 카이랄 탄소가 4개이므로 $2^4=16$, 즉 16개의 입체 이성질체를 갖는다(반호프 법칙).

② D-형, L-형의 결정방법은 사슬형의 구조를 피셔(Fischer) 투영도 방식으로 나타냈을 때 알데하이드나 케톤 작용기에서 가장 멀리 떨어진 카이랄 탄소에 붙은 하이드록시기가 오른쪽이면 D이고, 왼쪽에 하이드록시기가 붙어 있으면 L형이 된다.

특정 탄소에 -OH의 배치가 다른 당(예, D-glucose 와 D-mannose)을 에피머(epimer)라고 한다. D-mannose는 2번 탄소에서와 D-galactose는 4번 탄소에서 glucose와 입체 배열이 다르다.

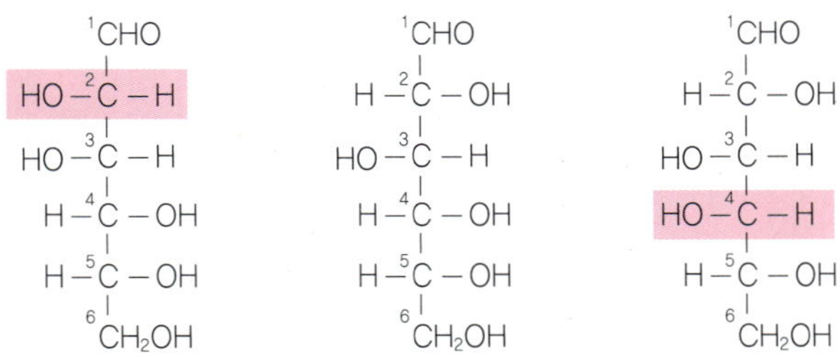


[그림 2-4] D-glucose의 이성질체(에피머)인 D-mannose와 D-galactose의 구조

### (3) 단당의 고리 구조

탄소의 개수가 4개 또는 그 이상을 갖는 당은 주로 고리 구조(cyclic form)를 이루며 알데하이드기와 케톤기가 당의 하이드록시기(-OH)와 반응하여 고리 모양의 헤미아세탈(hemiacetal)과 헤미케탈(hemiketal)을 각각 형성하는데, 헤미아세탈은 탄소 원자의 단일결합들이므로 회전이 가능하여 당의 고리로 만드는 원인이 된다. 5번 탄소의 hydroxyl group이 1번 탄소의 aldehyde group에 근접하여, 알코올기(-OH)와 알데하이드기(aldehyde group) 사이에 결합이 일어나며 헤미아세탈(hemiacetal)을 형성한다. 그러나 포도당은 알데하이드기를 가진 알도스이지만 알데하이드의 성질을 거의 나타내지 않는다.

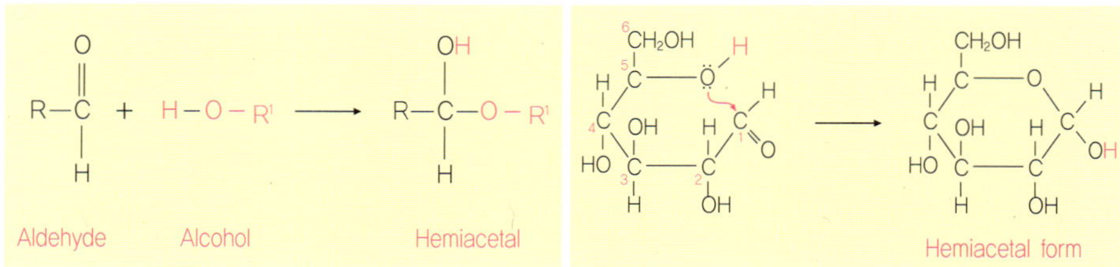


[그림 2-5] 헤미아세탈의 형성과 D-glucose의 고리 구조 형성

포도당은 두 가지 결정형이 있는데 이들은 서로 입체 이성질체이며 Fisher의 사슬 구조로는 설명할 수 없는 현상이 발견된다. 포도당 분자의 알데하이드기가 -OH기와 반응하여 1번 탄소와 5번 탄소 사이에 산소 원자의 다리가 놓인 형태가 된다. 5개의 탄소와 1개의 산소로 구성된 일종의 6각 환으로 되며, 이를 포도당의 고리 구조라고 한다.

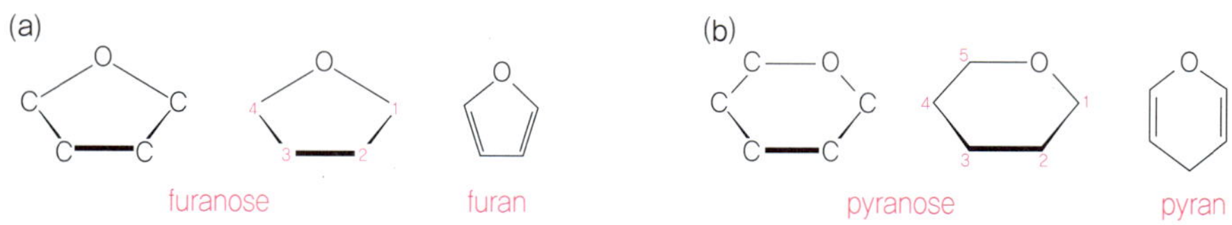


[그림 2-6] (a) 하워드 투영식으로 그려진 furanose의 구조와 furan의 구조,
(b) 하워드 투영식으로 그려진 pyranose의 구조와 pyran의 구조

고리 구조에는 오각형의 푸라노스(furanose)와 육각형의 피라노스(pyranose)가 있다. 이는 푸란(furan)과 피란(pyran)과 비슷한 분자 구조를 가져서 붙여진 이름이다.

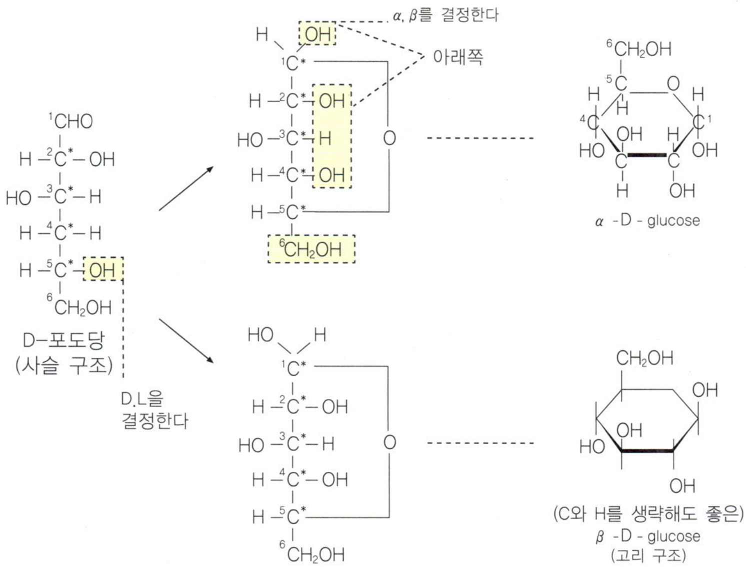


[그림 2-7] D-glucose의 사슬 구조와 고리 구조

고리 구조에서는 알데하이드기(–CHO)의 모양이 헤미아세탈 결합에 의해 나타나지 않는데 포도당이 사슬 구조에서 고리 구조로 바뀌면 1번 탄소가 새롭게 카이랄 탄소로 되기 때문에 –OH기와 –H의 배열에 따라 2종류의 입체 이성질체가 존재하게 되며 이와 같은 이성질체를 아노머(anomer)라고 한다.

### (4) 복잡한 포도당 수용액

α형 포도당 수용액을 물에 녹여 보면, 환이 열려 일부의 포도당이 사슬 구조인 알데하이드형으로 변하지만 알데하이드형은 다시 금방 고리 구조로 바뀐다. 이 때 원래대로 고리가 형성되면 α형으로 되돌아가지만 뒤집혀서 고리가 형성되면 β형이 된다. 또한 가끔 4번째의 –OH에서 고리가 형성되어 오각고리로 형성되는 경우도 있다. 오각고리에서도 고리가 닫히는 방법에 따라 α형과 β형의 이성질체가 형성되는 것이 가능하다.

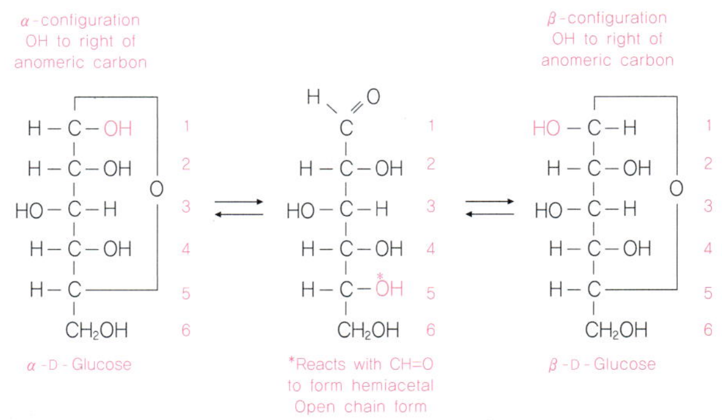


[그림 2-8] 사슬 구조 D-glucose의 α형 고리 구조와 β형 고리 구조

따라서 포도당 수용액이라고 말하더라도 실제로는 고리의 닫힘과 풀림을 반복하는 사이에 육각고리의 α형과 β형, 오각고리의 α형과 β형, 알데하이드형 등 5가지 종류의 포도당 혼합물이 혼합되어 있는 상태이다. 포도당 수용액에서는 육각형의 피라노스형이 99% 이상을 차지하며, 상온의 용액 상태에서는 α형 36%, β형 64%로 포도당 분자는 α형보다는 β형 구조를 더 선호한다. 하워드(Haworth) 투영식을 보면 β-포도당의 1번 OH와 2번 OH는 육각고리면의 반대측에 위치하고 있는 데 반해, α-포도당은 2개의 OH기가 같은 측에 위치하고 있다. OH는 H에 비해 상당히 크게 팽창하는 원자단이므로 β형이 α형보다 입체장애가 적어 안정하다.

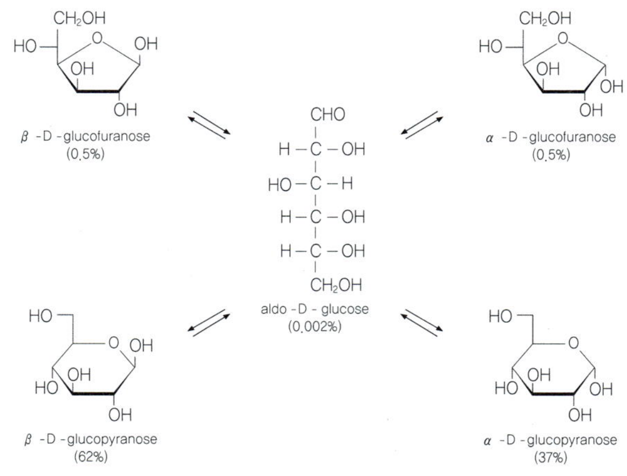


[그림 2-9] D-glucose의 수용액 중 혼합물의 평형관계

〈표 2-5〉 주요 단당류의 수용액 중 평형 혼합물의 조성

| 단당류 | 온도(℃) | Pyranose | | Furanose | | 열린 사슬 aldehyde (%) |
|---|---|---|---|---|---|---|
| | | α(%) | β(%) | α(%) | β(%) | |
| D-Glucose | 31 | 37.0 | 62.0 | 0.5 | 0.5 | 0.002 |
| D-Mannose | 44 | 65.5 | 34.5 | 0.6 | 0.3 | 0.005 |
| D-Fructose | 31 | 2.5 | 65.0 | 6.5 | 25.0 | 0.8 |
| D-Galactose | 31 | 30.0 | 64.0 | 2.5 | 3.5 | 0.02 |
| D-Xylose | 31 | 36.5 | 63.0 | 0.3 | 0.3 | 0.02 |
| D-Ribose | 31 | 21.5 | 58.5 | 6.5 | 13.5 | 0.05 |

### (5) 단당의 계열

알도스와 케토스에는 각각 D와 L, 2개의 계열이 있다. D계열의 알도스와 D계열의 케토스에 대해 살펴보면 3탄당, 4탄당, 5탄당, 6탄당의 순서로 배열되어 있으며, 사슬 구조로 그려져 있다. 3탄당이나 4탄당과 같이 탄소 수가 적으면 환을 구성하기 어렵기 때문인데, 5탄당도 수용액 중에서는 사슬 구조의 비율로 많이 존재한다. 그러나 6탄당인 포도당은 대부분 고리 구조로 존재한다.

#### ① D계열과 L계열

D-글리세르알데하이드(D-glyceraldehyde)는 3탄당 알도스이다. D-글리세르알데하이드의 정중앙에 있는 탄소가 카이랄 탄소이며, OH기가 오른쪽에 있는 경우 기호 D를 붙이고, OH기가 왼쪽에 있는 경우 기호 L을 붙인다. 기호 D와 L로 이들 2개의 입체 이성질체를 구별하며, 3탄당인 알도스는 2종류뿐이다. D-글리세르알데하이드는 D계열 알도스의 기본 화합물이고, L-글리세르알데하이드는 L계열 알도스의 기본 화합물이다.

[그림 2-10]에서 단당 모두가 기호 D로 되어 있는 것은 이들 단당이 모두 D-글리세르알데하이드로부터 시작되었기 때문이다.

D-글리세르알데하이드의 카보닐 탄소(1번 탄소)와 2번 탄소 사이에 H-C-

OH 또는 HO−C−H를 삽입하면 3탄당에서 탄소 1개가 늘어 4탄당이 된다. 4탄당의 경우에도 마찬가지로 1번 탄소와 2번 탄소 사이에 H−C−OH 또는 HO−C−H를 삽입하면 5탄당이 된다. 6탄당의 경우도 마찬가지로 5탄당으로부터 형성된다. 이렇게 형성된 단당은 모두 카보닐 탄소로부터 가장 멀리 떨어진 탄소(마지막에서 2번째 탄소)만이 최초의 D−글리세르알데하이드의 입체 배치를 유지하고 있다. 즉, OH가 그대로 우측에 붙어 있다. 이러한 단당을 D계열이라고 한다. D계열에 속하는 단당은 D−글리세르알데하이드에서 기원했음을 나타낸다.

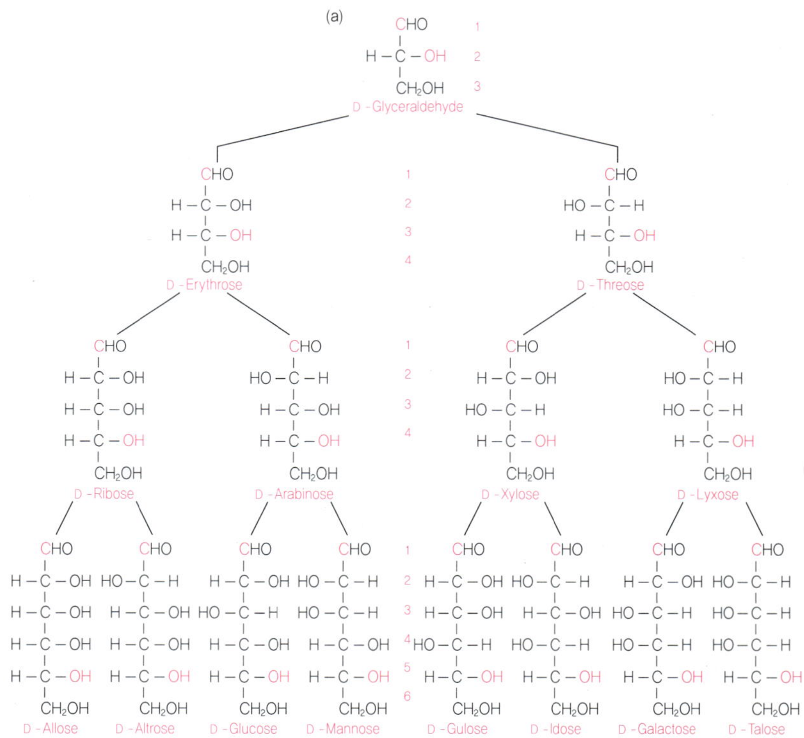


[그림 2-10] D−형 계열의 aldose

L계열도 마찬가지로 L−글리세르알데하이드(L−glyceraldehyde)로부터 출발하면 L계열의 알도스가 형성되며, L계열은 모두 카보닐 탄소로부터 가장 먼 카이랄 탄소의 OH기가 D계열과는 반대로 좌측에 붙어 있다. D계열과 L계열의 4탄당, 5탄

당, 6탄당을 살펴보면, D계열 중 하나의 단당에 대해 반드시 그에 대응하는 거울상 이성질체가 L계열 중에 존재한다. 즉, D-글루코스(D-glucose)에는 L-글루코스(L-glucose)가 존재하며, 모든 카이랄 탄소에 대해 입체 배열이 역으로 되어 있다. D-글루코스는 체내에서 에너지원으로 이용되지만, L-글루코스는 생리적 작용이 없다.

Glyceraldehyde (an aldotriose)　　Dihydroxyacetone (a ketotriose)

[그림 2-11] 3탄당인 aldotriose와 ketotriose의 구조식

② 케토스

케토스(ketose)는 분자 내 케톤기를 가지고 있는 단당류를 말한다. 다이하이드록시아세톤은 세 개의 탄소 원자로 구성되어 있어 케토스 중에서 가장 단순한 형태이다.

탄소의 개수에 따라 케토트로스(ketotrose), 케토테트로스(ketotetrose), 케토펜토스(ketopentose), 케토헥소스(ketohexose)로 명명된다.

### (6) 단당의 물리적 성질과 특성

① 물성

단당류는 대부분 단맛을 나타내며, 단맛은 보통 10% 수크로스 용액과 비교하여 상대 감미도를 나타낸다. 수크로스의 감미도를 100%라고 가정하면 포도당은 60%, 맥아당은 50~60%, 과당은 100~150%, 젖당은 30%이지만 이러한 단맛은 단당의 종류별로 다르다. 녹는점은 185℃이며, 약 200℃에서 갈색 · 비결정질의 구조를 알 수 없는 캐러멜이 된다. 단당류는 물에 잘 녹고 에탄올(ethanol)에는 소량 용해되나 유기용매에는 잘 용해되지 않는다. 단당류의 광회전도는 고유의 값을 가진다.

② 이성질화(Isomerization)

D-글루코스 수용액을 약알카리 상태로 유지하면 D-프룩토스(fructose), D-만노스(mannose)와 같은 이성질체가 생성되는데 이것은 글루코스의 수소 원자의 내부이동으로 인한 알도스 형태의 구조가 케토스 형태로 전환되어 D-프룩토스(fructose)와 D-만노스(mannose)를 생성하게 한다.

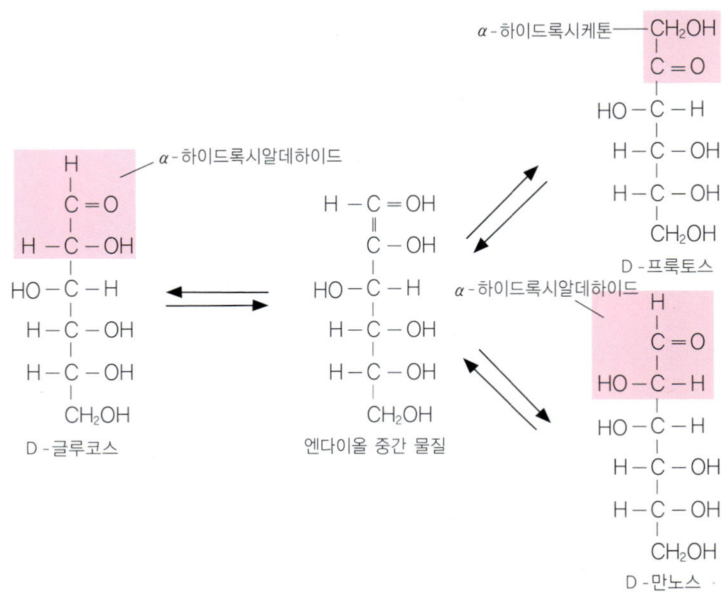


[그림 2-12] D-glucose의 엔다이올 중간물질 전환을 통한 D-mannose와 D-fructose의 이성질화. 엔다이올(endiol)은 한 개의 알켄기에 두 개의 알코올기가 결합된 구조를 말한다.

③ 환원성

단당이 불안정하여 산화가 되면 환원성을 나타내는데 이러한 특징으로 단당을 환원당(reducing sugar)이라고 부른다. 정확히는 $Cu^{2+}$와 $Fe^{3+}$이온을 환원시킬 수 있는 당을 환원당이라 하는데, 이러한 특성을 이용하여 단당의 환원성으로 정성 및 정량법을 개발하였다. 일반적으로 베네딕트 시약(Benedict's reagent)을 이용한 반응이나 펠링 반응(Fehling reaction)을 이용하여 측정하며, 당뇨병 진단에서 혈액이나 소변에 함유된 포도당 검출에 사용된다. 현재 당뇨병 진단에는 글루코스산화효소(glucose oxidase)를 이용한 방법을 사용하고 있다.

$$\text{D-glucose} + O_2 \xrightarrow[\text{Glucose oxidase}]{} \text{D-glucose-}\delta\text{-lactone} + H_2O_2$$

[그림 2-13] Glucose oxidase의 산화에 의한 D-글루콘산(D-glucose-δ-lactone)의 생성 반응

환원당은 글리코사이드성 OH가 존재하는 당으로 거의 모든 단당류가 여기에 해당하며, 맥아당, 유당, 셀로비오스, 루티노스, 멜리비오스 등이 있다. 비환원당은 글리코사이드성 OH가 존재하지 않는 당으로 자당, 트레할로스, 라피노즈, 겐티아노스, 스타키오스, 다당류들이 여기에 속한다.

#### ④ 수산기(OH)의 반응

##### a. 글리코사이드(Glycoside) 결합

글리코사이드 결합은 단당류의 고리 헤미아세탈이 알코올(-OH기)과 반응하여 생성되는 결합을 의미한다. 단당류의 고리 헤미아세탈 또는 헤미케탈의 anomer carbon(1번 탄소)의 수산기(글리코사이드성)가 알코올류 또는 페놀류 등의 수산기(OH)와 탈수축합 반응(dehydration reaction)을 통해 새로운 결합이 생성된다. O-glycoside 결합은 단당류를 연결하여 더 큰 탄수화물이 될 때의 기본단위이며 아세탈이기 때문에 알칼리에 비교적 안정하고 산에는 불안정하다.

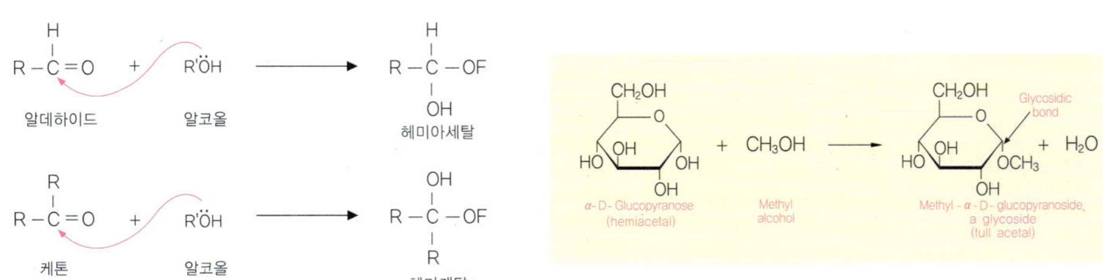


[그림 2-14] 글리코사이드(glycoside) 결합을 통한 헤미아세탈과 헤미케탈의 형성.
(a) 글리코사이드(glycoside) 결합 메커니즘과 (b) α-D-glucopyranose와 methyl alcohol의 결합을 통한 Methyl-α-D-glucopyranoside의 생성

b. 에스터화(esterification)

탄수화물의 자유 하이드록시기(free －OH기)와 산(acid)이 반응하여 에스터(ester)로 전환되는 것을 의미하며, －OH의 H를 $COCH_3$(아세틸기)로 치환해 $-COOCH_3$(초산에스터)로 변환된다.

$$\underset{\text{카르복시산}}{RCOOH}+\underset{\text{알코올}}{R'OH} \xrightarrow{-H_2O} \underset{\text{카르복시산에스터}}{RCOOR'}$$

$$\underset{\text{술폰산}}{RSO_3H}+\underset{\text{알코올}}{R'OH} \xrightarrow{-H_2O} \underset{\text{술폰산에스터}}{RSO_2OR'}$$

$$\underset{\text{무기산}}{HA}+\underset{\text{알코올}}{R'OH} \xrightarrow{-H_2O} \underset{\text{무기산에스터}}{R'A}$$

[그림 2-15] 에스터화 결합 반응

D-글루코스와 ATP와의 인산염 에스터(phosphoric ester) 반응이 대사에너지를 생산하는 ATP 반응 중에 일어나게 된다.

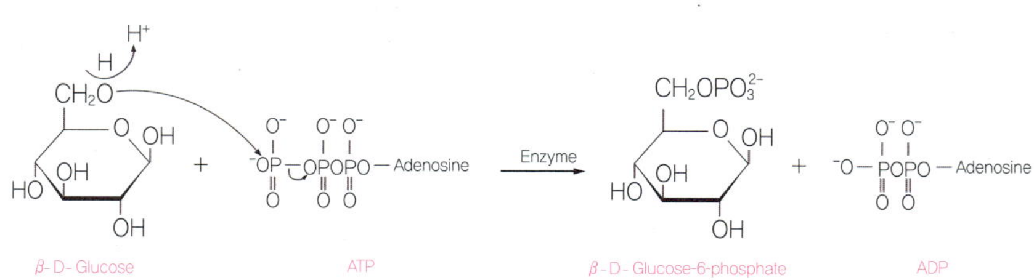


[그림 2-16] β-D-Glucose와 ATP의 결합을 통한 β-D-glucose-6-phosphate의 생성

c. 메틸화(Methylation)

－OH의 －H를 $-CH_3$로 치환하여 $-OCH_3$(methyl ether기)의 형태로 전환시켜 메틸(methyl)화 당을 생성한다.

⑤ 탄화

진한 황산을 가했을 때 강력한 탈수작용에 의해 단당류 분자에서 물이 1분자씩 떨어져 나가 최종적으로 탄소만 남으면서(탄화) 일종의 숯이 되는 현상을 탄화라고 한다.

### (7) 중요한 단당

#### ① 3탄당(triose)

D-글리세르알데하이드(D-glyceraldehyde-aldose 계열)와 다이하이드록시아세톤(dihydroxyacetone-ketose 계열)이 대표적인 3탄당이며, 6탄당 골격이 절반으로 잘라지면 두 개 분자의 3탄당이 생성된다. 이 반응은 체내에서 일어나는 반응으로 세포 호흡에 중요한 역할을 한다.

#### ② 5탄당(pentose)

자일란(Xylan)을 가수분해하면 D-자일로스(Xylose)가 된다. 자일로스는 단맛은 포도당보다 약하지만 에너지로 전환되지 않아 제로칼로리(zero calorie) 감미료로 사용하며, 주로 식물의 줄기, 잎, 과피를 형성하는 물질이다. 5탄당은 효모에 의해 발효되지 않는다.

L-아라비노스(arabinose)는 aldose로 아라비아검(gum arabic)의 구성 당이다. D-리보스(ribose)는 aldose로 핵산 RNA의 구성 당류이며 ATP, NAD, NADP, CoA, Vitamin $B_2$ 및 $B_{12}$의 구성 성분이다.

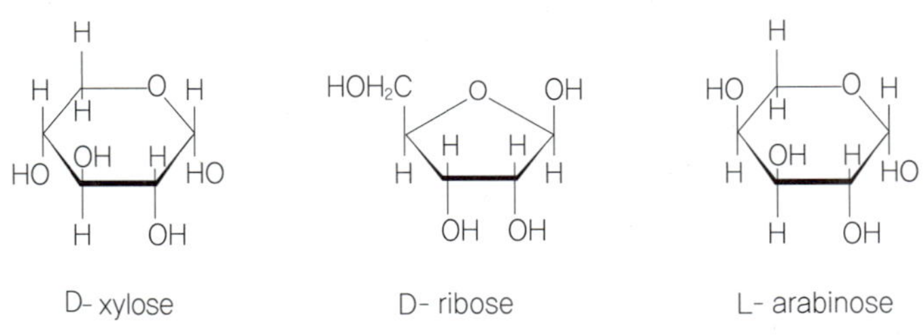


[그림 2-17] 5탄당인 D-자일로스(xylose), D-리보스(ribose) 그리고 L-아라비노스(arabinose)의 분자 구조

#### ③ 6탄당(hexose)

6탄당은 식품 성분으로 중요하며 효모에 의해 발효된다.

a. D-글루코스(포도당, glucose)

D-글루코스는 단당류의 대표적 당으로 식물의 수액, 특히 포도즙 및 과즙, 옥수수, 양파 등 자연계에 널리 존재하는 주요한 단당이다. 쉽게 흡수되고 효율적 이용 가능하며 사람의 혈액 내에 0.1%, 즉 100mg/100ml의 농도로 존재한다. 뇌조직은 글루코스만을 생체의 에너지원으로 사용한다. 당뇨병(Diabetes Mellitus)은 혈당 조절에 이상이 있는 대사성 질병으로 혈중 글루코스의 양을 뜻한다. 혈당이 감소할 때는 간의 글리코겐(glycogen)을 분해하여 글루코스를 보충한다. 광학적으로 우선성(D형, 오른쪽)을 나타내므로 우당(dextrose)이라고도 말하며, 선광성(optical rotation)이 있어 직선편광의 편광면을 회전시키는 물리적 성질을 갖고 있는 화합물이다.

b. D-프룩토스(fructose)

과일 및 벌꿀에 존재하며 단맛이 설탕의 1.5배, 포도당의 2배 정도로 가장 강하다. 직선편광의 편광면을 좌회전시키는 물리적 성질을 가지고 있다.

c. D-갈락토스(galactose)

우유나 모유의 유당(젖당, lactose) 구성 성분(D-galactose + D-glucose)으로 자연계에서는 유리형으로 거의 존재하지 않는다. 지질(lipid)과 결합해 신경 및 뇌 조직을 구성하는 단당이다. 뇌 발달이 필요한 유아에게는 유당에 의한 D-galactose 보급이 필요하다.

d. D-만노스(mannose)

겔(gel)을 만드는 다당인 곤약 만난(mannan)의 구성당 중 하나로 채소류 및 딸기류에 소량 존재하며 인체에서는 대사되지 않는다. 단맛이 갈락토스와 유사하며 만난, 갈락토만난 등 다당류의 구성 성분이고 알파형, 베타형의 두 이성질체가 존재한다.

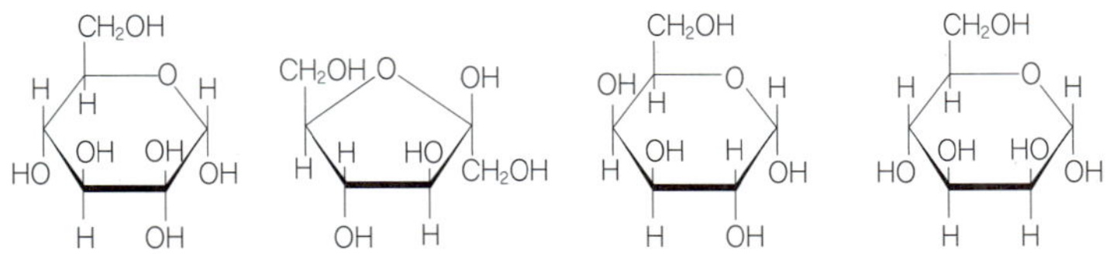


[그림 2-18] 6탄당인 D-글루코스(glucose), D-프룩토스(fructose), D-갈락토스(galactose), D-만노스(mannose)의 분자 구조

## (8) 유도당

### ① 디옥시당(deoxy sugar)

당류의 하이드록시기가 수소 원자로 치환된 당으로 DNA를 구성하고 있는 당이다. 디옥시리보스(deoxy ribose) 또는 2-디옥시-D-리보스(2-deoxy-D-ribose)는 DNA의 구성 성분이다. 푸코스(fucose) 또는 6-디옥시-L-갈락토스(6-deoxy-L-galactose)는 갈조류의 푸코이단(fucoidan)을 구성하는 주성분이며, 람노스(rhamnose) 또는 6-디옥시-L-만노스(6-deoxy-L-mannose)는 식물의 다당류의 구성 성분이다.

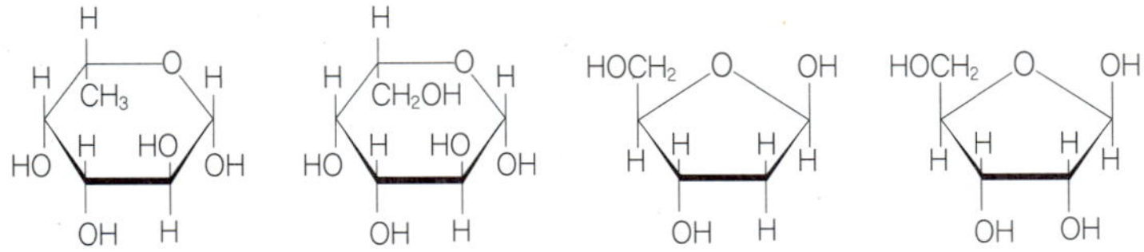


[그림 2-19] β-L-fucose, β-L-galactose, β-D-deoxyribose 그리고 β-D-ribose의 분자 구조

### ② 아미노당(amino sugar)

단당류의 $C_2$의 수산기(-OH)가 아미노기($-NH_2$)로 치환된 당을 의미한다.

글루코사민(glucosamine, chitosamine)은 새우, 게 등 갑각류 껍질의 구성 성분인 키틴(chitin)의 구성 성분이며, 뮤라믹산(muramic acid)과 결합하여 세균의 세포벽 펩티도글리칸(peptidoglycan, mucopeptide)의 골격 구조를 형성한다. 갈락토사민

(galactosamine)은 연골이나 당단백질인 콘드로이틴 황산염의 구성 성분이다. 아미노당은 천연 상태에서는 대부분 N-아세틸-D-글루코사민(N-acetyl-D-glucosamine) 등 아미노기가 아세틸화되어 있다.

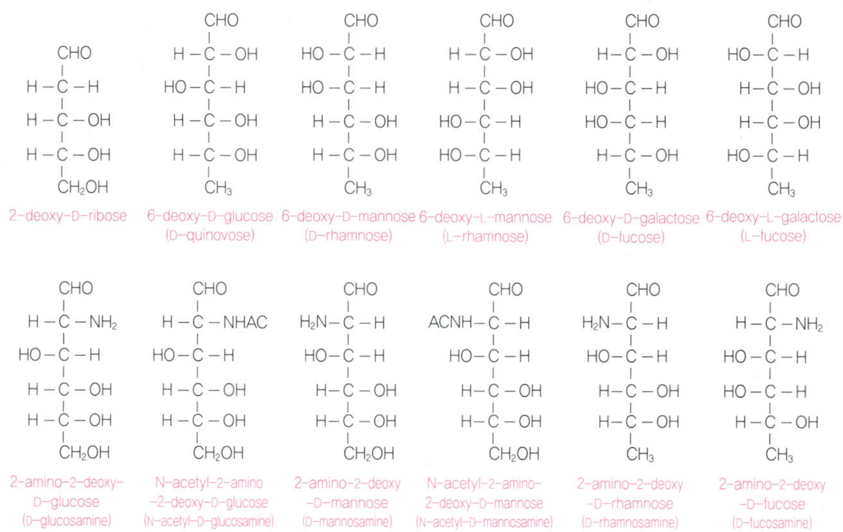


[그림 2-20] 디옥시당과 아미노당의 비교

③ 우론산(uronic acid), 알돈산(aldonic acid), 알다르산(aldaric acid)

효소나 금속 이온 및 산화제에 의해 단당류는 여러 형태의 산화 반응이 일어나게 되는데 단당의 말단 $C_6$의 $CH_2OH$가 산화되어 카르복실기(-COOH)로 전환되면 우론산이 생성되고 알데하이드기가 산화되면 알돈산(aldonic acid)이 생성된다. 또한 알데하이드기와 말단 $C_6$가 $CH_2OH$와 함께 산화되면 알다린산(aldaric acid)이 생성된다.

대부분 효소에 의해 산화되는 우론산은 식물의 점액이나 아라비아고무의 성분이며, 글루코스와 우론산이 결합되면 글루쿠론산(glucuronic acid)이 생성되고, 갈락토스와 우론산이 결합되면 갈락투론산(galacturonic acid)이 생성된다. 그리고 만노스와 우론산이 결합되면 만우론산(mannuronic acid)이 형성된다. 글루쿠론산은 많은 식물점액, 무코다당류의 성분이며, 뼈, 연골(cartilage)과 피부에 함유되어 있다. 또한 해조류에 존재하는 알긴산(alginic acid)은 주로 만우론산으로 구성되어 있다.

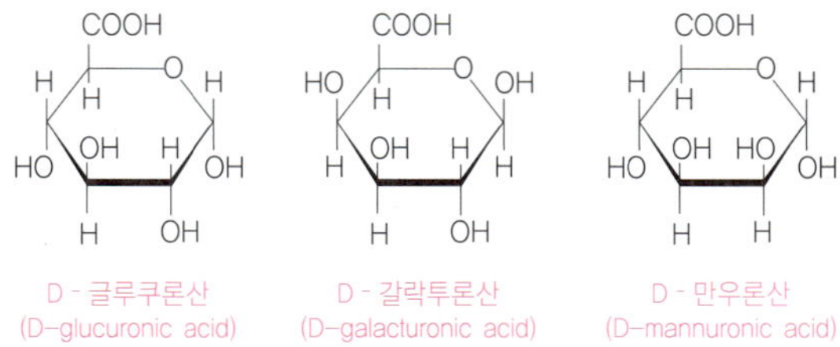


[그림 2-21] D–glucuronic acid, D–galacturonic acid 그리고 D–mannuronic acid의 분자 구조

알돈산의 한 종류인 글루콘산(gluconic acid)은 글루코스가 글루코스 산화효소(glucose oxidase) 등에 의해 산화되어 생성되며 주로 곰팡이와 세균에 존재한다. 글루콘산 칼슘염이나 철염은 각각 칼슘이나 철의 보급제로 이용되고 있으며, 락톤(lactone)형은 두부 응고제나 산미료 등의 식품첨가물로 이용되고 있다.

알다르산의 한 종류인 글루카릭산(glucaric acid) 혹은 글루코사카린산(glucosaccharic acid)은 인도고무나무 유액 중에 대량 존재하며, 갈락토사카린산(galactosaccharic acid) 혹은 갈락타릭산(galactaric acid)은 갈락토스(galactose)의 산화로 생성되고 점액 중에 존재하기 때문에 뮤신산(mucic acid)이라고도 한다.

④ 당알코올(sugar alcohol)

단당류의 알데하이드기(–CHO)가 알코올기($CH_2OH$)로 환원되어 생성되며, 식물체에 많이 존재하며 감미료나 보습제로 많이 이용된다. 당알코올류에는 리비톨(ribitol), 소르비톨(sorbitol), 만니톨(mannitol), 둘시톨(dulcitol), 자일리톨(xylitol), 이노시톨(inositol) 등이 있다. 리비톨(ribitol)의 전구체는 리보스(ribose)이며 비타민 $B_2$(riboflavin)의 구성 성분이고, 소르비톨(sorbitol)의 전구체는 포도당(glucose)이며 청량음료의 감미료나 비타민 C 합성원료로 사용된다. 만니톨(mannitol)의 전구체는 만노스(mannose)이고 균류, 해조류, 버섯 등에 존재하며, 곶감, 건미역, 말린 고구마 표면의 흰가루 성분이다.

둘시톨(dulcitol)의 전구체는 갈락토스(galactose)이며 약간의 단맛이 특징이고,

자일리톨(xylitol)의 전구체는 자일로스(xylose)로 충치 예방에 효과가 있는 것으로 알려져 있다. 이노시톨(inositol)은 고리 구조의 당알코올로 주로 두류, 과실류, 동물의 근육, 뇌, 내장 등에 존재한다. 이노시톨류(inositols)는 여러 형태의 결합체들이 있다.

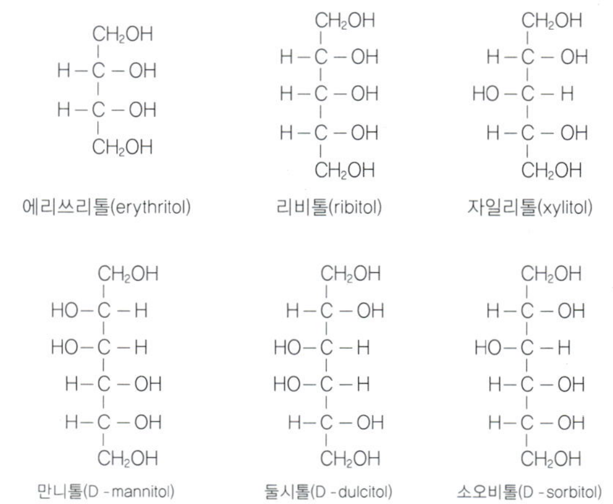


[그림 2-22] 여러 가지 당알코올(sugar alcohol)의 분자 구조

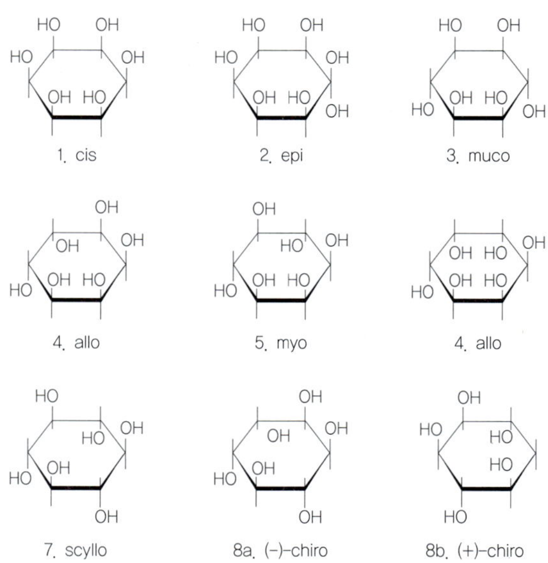


[그림 2-23] 이노시톨(inositol)의 9개 이성체들의 구조

⑤ 배당체

당류의 글리코사이드성 OH기와 비당류물질의 OH기 부분이 결합한 물질로 자연계에는 의학적으로 유용한 배당체가 많이 존재한다. 당 부분을 글리콘(glycone), 비당 부분을 어글리콘(aglycone)이라고 명명하며, 스트렙토마이신(streptomycin)의 경우 항생제로 유용하게 사용되는 배당체이고, 디기톡신(digitoxine)은 디기탈리스 잎에서 뽑아낸 배당체(配糖體)로 강심, 이뇨, 울혈성 심장 기능 상실 따위의 증상에 쓰이는 의약품이다.

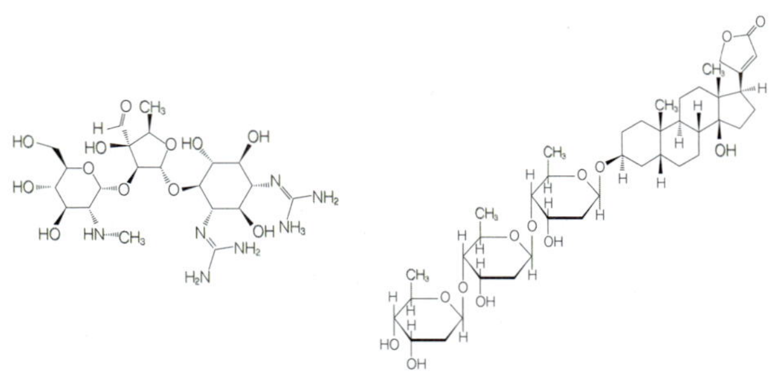

출처 : 위키백과(스트렙토마이신).

[그림 2-24] 스트렙토마이신의 분자 구조와 디기톡신의 분자 구조

## 2) 올리고당(Oligosaccharide)

올리고당은 2에서 10개 이하의 단당이 결합된 중합체를 의미하며, 주로 이당류(disaccharides, 二糖類)가 가장 많다.

이당류는 자당(sucrose, 설탕), 맥아당(maltose), 젖당(lactose)을 비롯하는 식품의 성분들로서, 식품 가공상 중요한 당류이다. 삼당류 이상의 당은 특수한 당들이 많으며 대부분 6탄당들이다.

### (1) 수크로스(sucrose, 설탕, 자당)

수크로스는 자당(蔗糖) 또는 설탕으로 잘 알려져 있으며, α-D-glucopyranosyl-β-D-fructofuranoside로 α-D-글루코스(포도당)와 β-D-프룩토스(과당)가 결합된 구조이다.

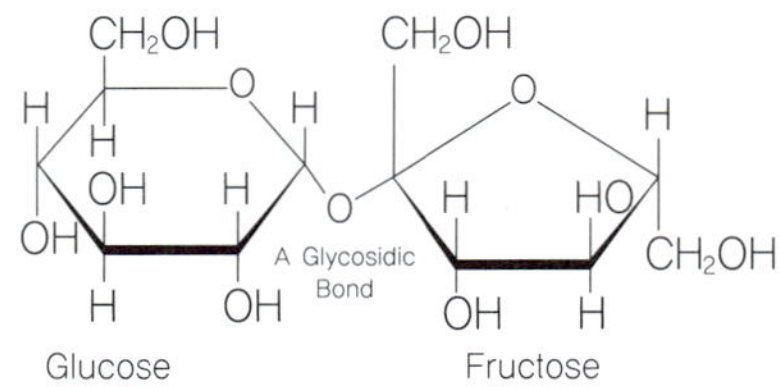


[그림 2-25] 설탕으로 알려져 있는 sucrose의 분자 구조

수크로스는 채소나 과일의 액즙에 많고 특히 사탕수수, 사탕무에 많이 함유되어 있으며, 식품, 음료류의 단맛의 주요 성분으로 대표적 산업용 감미료이다. 주로 사탕무(sugar beet) 또는 사탕수수(sugar cane)의 즙을 농축한 후 결정화하여 얻는다. 수크로스는 특별히 유리된 기능기(free functional group)가 없기 때문에 환원력(reducing power)이 없고, 펠링용액(fehling solution)을 환원하는 성질도 없는 비환원당(non-reducing sugar)이며, 유리된 카보닐기를 분자 내에 갖고 있지 않기 때문에 페닐하이드라진(phenylhydrazine), 세미카아바죤(semicarbazone), 세미카아바자이드(semicarbazide), 옥사임(oxime), 하이드록실아민(hydroxylamine) 등의 유도체를 형성하지 않으며, α-, β-형의 이성체(isomers)가 존재하지 않는다. 설탕이 이성화(異性化)가 되지 않는 것은 바로 이러한 이유 때문이다. 설탕의 전화와 전화당설탕은 묽은 산, 알칼리, 또는 전환효소(invertase)의 작용에 의해서 포도당과 과당으로 가수분해된다.

이 때 설탕의 선광성(旋光性)은 우선성에서 좌선성으로 +66.5° 반전(invert)되기 때문에 이 설탕의 가수분해 과정을 전화(轉化, inversion)라고 하며, 전화 과정으로 형성된 포도당과 과당의 혼합물은 전화당(轉化糖, invert sugar)이라고 한다.

설탕의 가수분해는 비교적 쉽게 이루어지므로 식품에 원래 존재하거나 첨가하여 주었던 설탕 성분은 가열조리, 가공 등의 과정에 의해서 그 일부가 전화당으로 분해되어 존재할 것으로 생각된다. 전화당의 물리적, 화학적 성질은 물론 설탕과 다르며(예, 설탕은 비환원당이며, 전화당은 환원당의 혼합물이다), 또 그 단맛도 다르다. 일반적으로 순수한 설탕보다는 그중의 일부가 가수분해되어 전화당으로 존재할 때, 전체의 용해도는 순수한 설탕만의 용해도보다 크다. 예로서, 0℃에서는 설탕의 최대 용해도(maximum solubility), 즉 용액 내의 설탕의 최대 %함량은 64%이며, 설탕 중의 58%가 전화된 당의 혼합용액에서 그 혼합물의 최고 용해도는 73%가 된다.

한편, 40℃에서 설탕의 용해도는 상당량의 유기산을 함유하고 있으므로 과실과 설탕을 함께 장시간 가열하여 만든 식품, 예로서 잼(jam) 등에 있어서는 그중의 일부 설탕은 언제나 전화당으로 되어 있다고 생각해야 할 것이다. 이와 같이 식품에서 설탕의 일부가 전화(inversion)된다는 사실은 어떤 면에서는 유익하다. 즉, 보통 잼이나 이와 유사한 식품에서는 최하 65%, 최고 70%, 보통 67.5%의 설탕이 함유되고 있으나(Desrosier, N. W., 1970), 이와 같은 잼의 저장온도가 0℃가 될 경우에는 그 속의 설탕이 전혀 전화되어 있지 않다면, 0℃에서의 설탕의 최고 용해도, 즉 용액 내의 설탕의 최고 %함량은 64%이므로 이 속의 설탕이 과포화(supersaturation) 상태에 있는 잼이며, 따라서 일부 과잉상태의 설탕이 결정화되어 석출(析出)될 수 있다. 이와 같은 설탕의 석출은 바람직하지 않다. 하지만, 그중 설탕의 58%가 전화되어 있다고 가정한다면, 설탕과 전화당 혼합물의 0℃에서의 최고 %함량은 73% 정도이므로 설탕은 석출되지 않는다.

보통 시중에서 판매되고 있는 설탕의 순도(purity)는 94.5%에서 99.94%이다. 대체로 160~186℃에서 녹기 시작하기 때문에 계속 가열하여 온도를 높이면 용융된 액상 설탕에서 캐러멜화(caramelization)가 일어나며, 200℃ 이상의 온도까지 계속 가열하면 탈수 반응(dehydration)에 의해서 탄화(炭火, carbonization)가 일어난다.

### (2) 락토스(lactose, 유당, 젖당)

락토스(α-D-lactose, 4-O-β-D-galactopyranosyl-α-D-glucopyranoside)는 식물계에는 존재하지 않고 오직 포유동물(mammals)의 유즙에만 존재한다. 그래서 유당(乳糖, milk sugar)으로도 명명되어진다. 단맛은 설탕에 비해 30% 정도로 적은 편으로 물에 잘 녹지 않으며 소화가 느리다. 따라서 장내 유용한 세균 발육을 촉진하여 정장작용을 하며 칼슘의 흡수와 이용률을 높인다. 유당을 잘 소화시키지 못하여 발생하는 유당불내증(lactose intolerance)은 우유 섭취 후 소장 점막에 존재하는 유당분해효소(lactase)를 사용해서 유당분을 포도당(glucose)으로 분해 흡수하여야 하는데 이 유당분해효소가 부족하거나 존재하지 않을 때는 유당이 분해되지 않아 신체 흡수가 불가능하다. 흡수되지 않은 유당은 연동운동으로 대장으로 전해져 유당이 대장으로 넘어가면 대장균에 의해 가스와 유산(lactic acid)으로 발효된 후 여러 가지 증상을 일으키게 되는 것이다. 모유에는 대체로 유당이 6.7%, 우유에는 유당이 4.5% 가량 함유되어 있는 것으로 알려지고 있다.

공업적으로는 치즈(cheese) 제조에 사용하다 남은 여액(fitrate)인 유장(乳漿, whey)을 결정화(結晶化)하여 얻는다. 젖당은 효모들(酵母, yeasts)에 의해서 발효되지는 않는다.

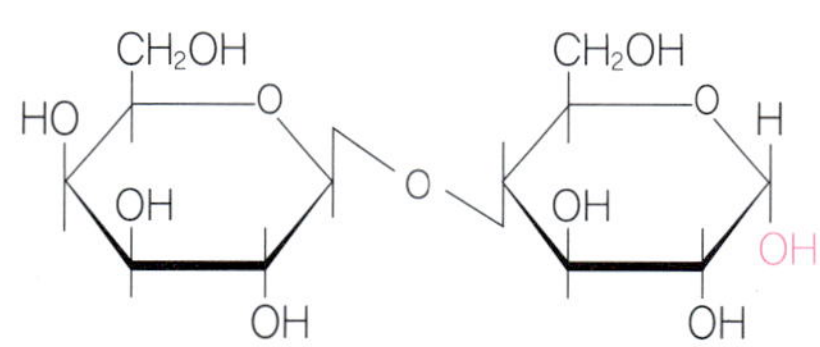


[그림 2-26] 락토스(galactose-β-1,4-glucose)의 분자 구조

### (3) 말토스(maltose, 맥아당)

말토스는 α-포도당(α-D-glucose)과 α- 혹은 β-D-포도당(β-D-glucose) 두 분자가 α-1,4-결합(α-1,4-glucosidic linkage)을 통해서 형성된 이당류(disaccharides) 중의 하나로, α-형과 β-형의 두 형태로 존재한다. 보리에서 맥아가 발아할 때 생성되며, 2분자의 포도당으로 구성되어 있다. 전분의 구성단위이기도 하며, 밥을 오래 씹으면 침 안에 포함되어 있는 효소인 프티알린(ptyalin)에 의해 전분이 분해되어 맥아당이 생성되므로 단맛이 난다.

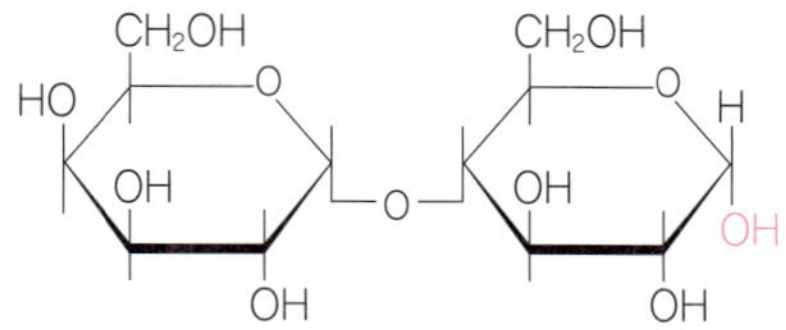


[그림 2-27] 말토스(glucose-α-1,4-glucose)의 분자 구조

### (4) 젠티오비오스(gentiobiose)

젠티오비오스(β-D-gentiobiose, 6-O-β-glucopyranosyl-β-D-glucopyranoside)는 삼당류인 젠티아노오스(gentianose), 또는 배당체(glycosides)의 하나인 아미그달린(amygdalin)의 구성단위이기 때문에 아미그달로오스(amygdalose)라고 명명되기도 한다.

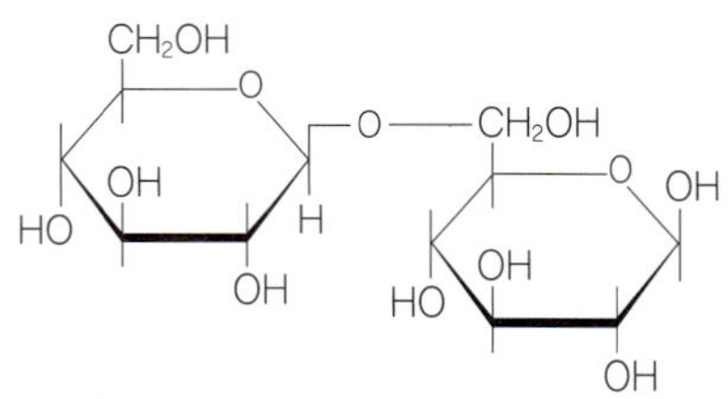


[그림 2-28] 젠티오비오스(β-D-gentiobiose, 6-O-β-glucopyranosyl-β-D-glucopyranoside)의 분자 구조

### (5) 셀로비오스(cellobiose)

셀로비오스는 자연계에 유리 상태로 존재하는 경우는 없으며, 셀룰로스(cellulose, 섬유소)의 구성단위이다. 글루코스 2분자가 β-1,4 글리코사이드 결합을 통해 결합된 이당류이다.

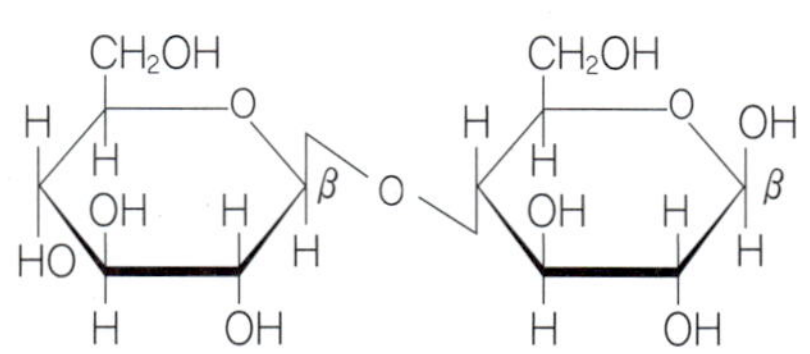


[그림 2-29] 셀로비오스(β-cellobiose, 4-O-β-glucopyranosyl-β-D-glucopyranoside)의 분자 구조

### (6) 라피노즈(raffinose)

라피노즈는 설탕의 포도당기(glucose residue)의 6번 탄소에 갈락토스(α-D-galactose)가 α-1,6-결합으로 결합된 구조이며 환원성이 없다. 각종 식물의 종자들이나 뿌리에 많이 분포되어 있으며, 특히 콩과 식물 종자들(seeds of legumes)의 경우 그 함량이 높다. 대두의 경우 5~7%의 당류를 함유하고 있으나, 이 중 보통 설탕이 4.0~3.5%, 스타키오스가 1.2~2.5%, 라피노즈 0.4~1.0%, 그리고 환원당이 0.1% 내외로 함유되어 있다.

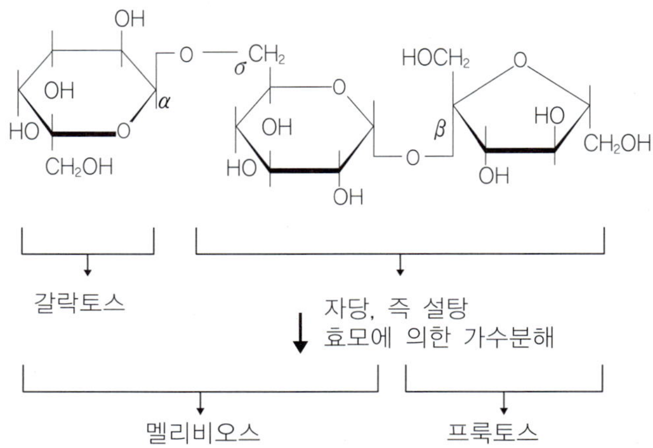


[그림 2-30] 라피노즈(raffinose)의 분자 구조.
라피노즈는 갈락토스가 수크로스에 결합된 구조이다.

### (7) 스타키오스(stachyose)

스타키오스는 라피노즈의 유도체이며 라피노즈의 갈락토스(galactose residue) 6번 탄소에 또 하나의 갈락토스(α-D-galactose)가 α-1,6-결합(α-1,6-glycosidic linkage)을 통해서 결합한 구조이다. 대두(soybean)나 면실(cotton seeds)과 같은 콩과 식물 종자들에 많이 함유되어 있다.

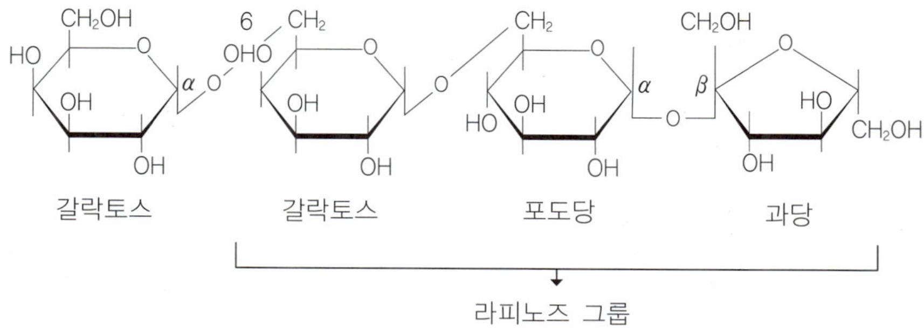


[그림 2-31] 스타키오스(stachyose)의 분자 구조.
스타키오스는 갈락토스가 라피노즈에 결합된 구조이다.

스타키오스는 라피노즈와 함께 대두에 많이 함유되어 있으며, 인체 내에서는 잘 소화, 흡수되지 않는 반면에 장내(腸內), 특히 대장(colon) 내에 기생하고 있는 Clostridium perfringens과 같은 대장균들에 의해서 발효되어 가스를 발생시킨다. 이렇게 생성된 가스는 장내 복통(cramping pains), 복명(borborygmus) 등을 유발시킨다. 따라서 대두를 비롯한 두류를 이용한 가공식품들을 제조하기 전 과당류를 제거하는 방법을 개발하는 데 많은 연구를 하고 있다.

### 3) 다당류(polysacchadide)

대부분의 탄수화물은 다당의 형태이며, 다당류는 에너지의 저장 형태이거나 식물의 구조를 형성하는 물질로, 가수분해될 때 많은 수의 단당류가 형성되는 당류이다. 복합탄수화물로 불리는 다당류는 소화성 다당류(녹말, 글리코겐 등)와 난소화성 다당류(식이섬유소)로 구분된다.

또한 구성하고 있는 단당의 종류에 따라 단일다당류와 복합다당류로 나눌 수 있다.

단일다당류는 한 가지 종류의 단당류로 이루어진 다당으로 셀룰로스(cellulose), 녹말(starch) 등이 있으며, 복합다당류는 두 가지 이상의 단당류 단위로 이루어진 다당으로 히알루론산(글루코닉산과 N-아세틸 글루코사민 분자의 반복적인 결합) 등이 있다.

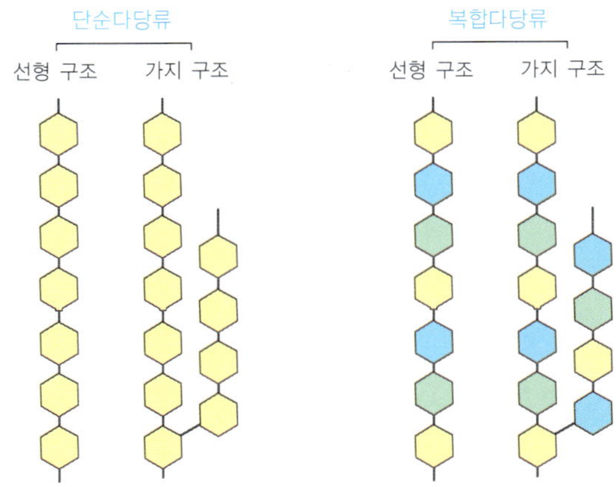


출처 : 조신호(2014). 식품화학(제3판). 교문사.

[그림 2-32] 단순다당류와 복합다당류의 구조

## (1) 단일다당류(단순다당류)

### ① 녹말(starch)

녹말은 대표적인 식물의 저장 탄수화물로 식물이 성장하면서 포도당이 중합하여 형성되며, 결합 형태에 따라 아밀로스와 아밀로펙틴의 두 종류로 나누어진다. 아밀로스는 글루코스 분자가 α-1,4-글리코사이드 결합에 의해 서로 연결된 수백 개 단위가 반복되어 있는 가지가 없는 분자이다. 모든 식물의 전분은 두 종류를 다 포함하고 있으나 일반적으로 아밀로펙틴 분자들이 더 많다.

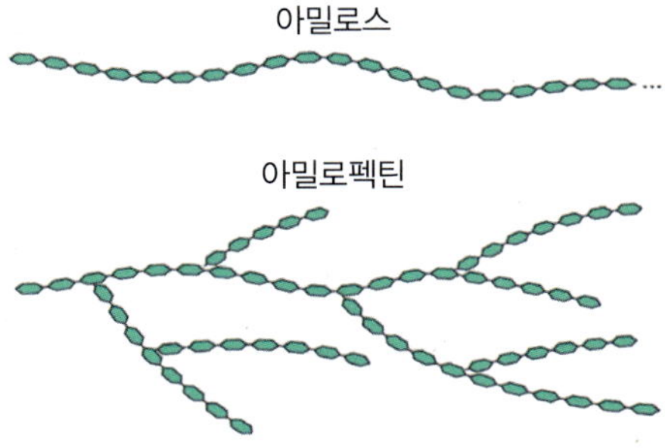


출처 : 이서래(1999). 농업생물화학. 한국방송통신대학교출판부.

[그림 2-33] 아밀로스와 아밀로펙틴의 구조

아밀로스는 α-아밀레이스(α-amylase)와 β-아밀레이스(β-amylase)에 의해 효소적으로 분해되며, α-아밀레이스는 침(saliva)과 췌장액(pancreatic juice)에 존재한다.

α-1,4 결합을 불규칙적으로 가수분해하여 글루코스와 말토스(maltose)의 혼합물을 만든다.

β-아밀레이스는 맥아에 존재하며 α-1,4-글리코사이드 결합을 매우 규칙적으로 가수분해한다.

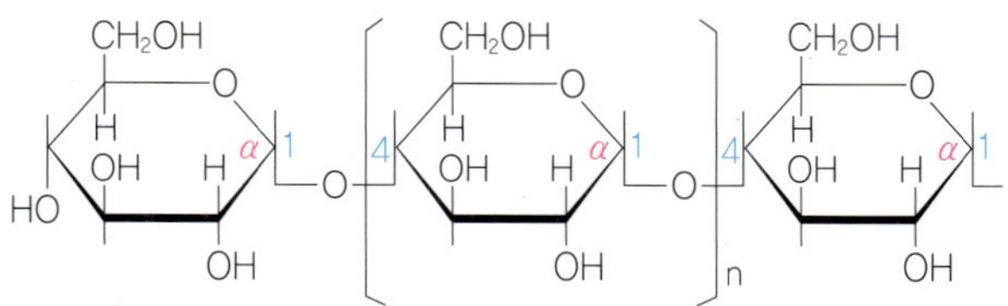


[그림 2-34] 아밀로스의 구조

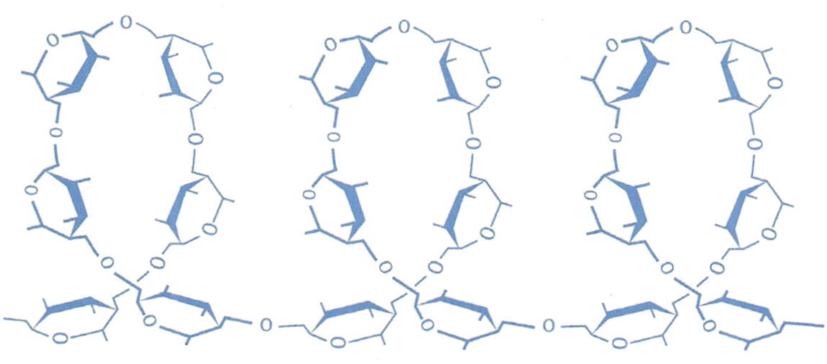

출처 : 조신호(2014). 식품화학(제3판). 교문사.

[그림 2-35] 아밀로스의 나선 구조 모양 구조

아밀로펙틴은 녹말의 두 번째 중요한 구성 성분으로 포도당이 α-1,4-와 α-1,6-글리코사이드 결합에 의해 서로 연결된 매우 가지가 많은 다당류이다. α-1,6-결합은 24~30개의 글루코스 사슬 단위마다 분지점(branch point)이 존재한다.

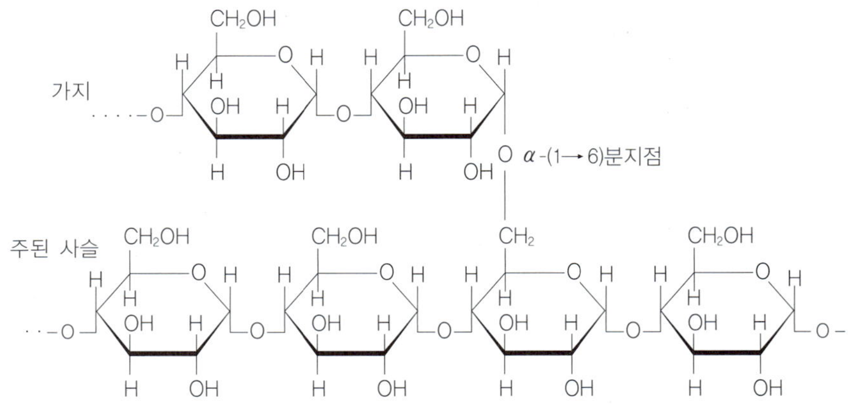


[그림 2-36] 아밀로펙틴의 구조

② 글리코겐

글리코겐은 포도당의 주요한 저장 형태이며 아밀로펙틴과 유사하지만, 곁가지를 더 많이 가지고 있으므로 동물에서의 포도당 저장형으로 간이나 골격근육(skeletal muscle) 세포의 세포질에서 과립을 형성한다.

셀룰로스는 모든 식물세포의 기본적인 골격 성분으로, 지구표면에서 가장 풍부한 탄수화물이다. 글루코스 단위가 β-1,4-글리코사이드 결합에 의해 연속적으로 연결된 구조로, 세포벽에서 다른 탄수화물[펙틴(pectin), 익스텐신(extensin) 및 헤미셀룰로스(hemicellulose)]의 매트릭스(matrix) 속에 단단히 결합된 긴 섬유를 형성한다.

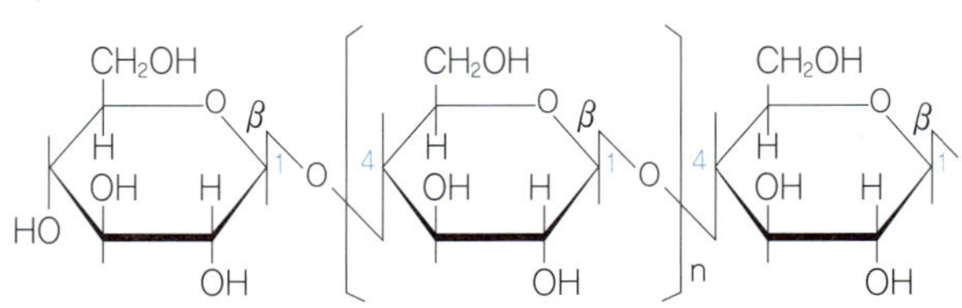

[그림 2-37] 셀룰로스의 구조

## (2) 복합다당류

### ① 히알루론산(hyaluronic acid)

관절에 윤활유 역할을 하는 윤활액(synovial fluid) 속에 존재하며, D-글루쿠론산과 N-아세틸-D-글루코사민이 β-1,3-결합과 β-1,4-결합이 반복되는 구조이다.

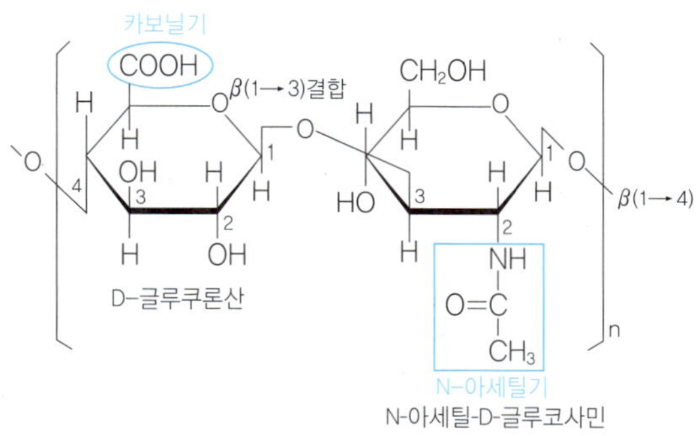


[그림 2-38] 히알루론산의 구조

### ② 콘드로이틴 황산(chondroitin sulfate)

연골조직(cartilage tissue)과 동맥벽(arterial wall)에 존재하며, 음전하를 띤 황산기($SO_3^{2-}$)가 갈락토사민 분자의 4번째 혹은 6번째 탄소에 결합하는 구조이다.

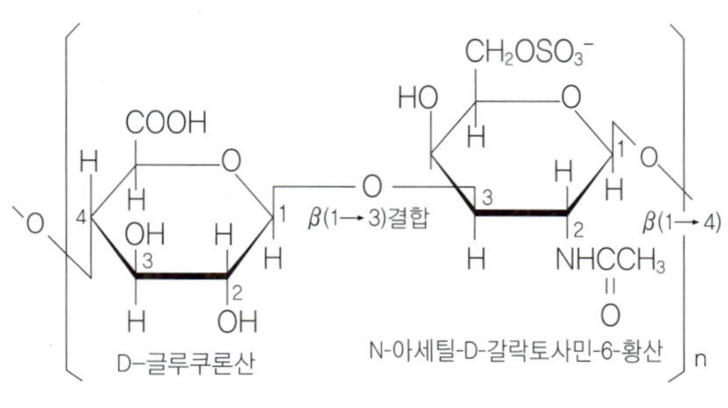


[그림 2-39] 콘드로이틴-6-황산의 구조

### ③ 헤파린 황산(heparin sulfate)

헤파린 황산은 반복되는 글루코사민 분자에 결합되어 있는 골격에 글루콘산과 아이둘론산이 결합되어 있는 구조이다. 헤파린은 주로 동맥혈관벽에서 발견되어지는데, 혈액응고를 저해하고 혈액 속을 순환하고 있는 지질을 분해하는 지질단백지질분해효소(lipoprotein lipase)라 불리는 효소를 방출하여 혈청지질의 수송을 돕는다. 히알루론산을 황산화한 구조로 글루쿠론산과 N-아세틸글루코사민 단위당 2.5~3개의 황산기가 존재한다.

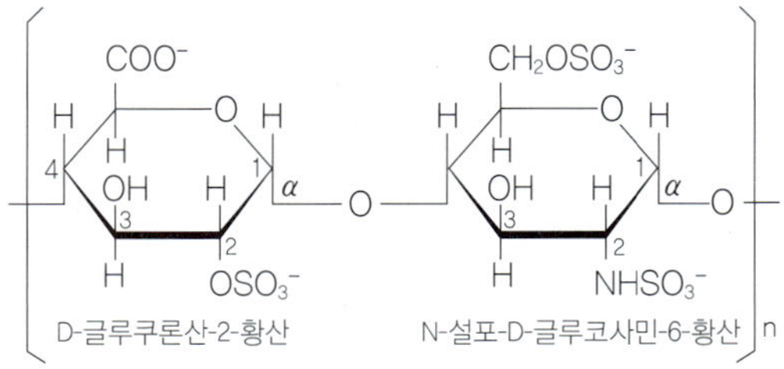


[그림 2-40] 헤파린의 구조

## 3. 탄수화물의 성질

당류는 가열을 하면 달콤한 풍미가 생성되고 음식의 표면에 윤기를 주며 갈색으로 변화시킨다. 이는 당류의 캐러멜화와 아미노-카보닐 반응에 의한 현상이다. 캐러멜화는 일체의 당이 그 분자들이 분해되기 시작하는 지점까지 가열될 때 일어나는 화학작용을 일컫는 말이다. 설탕용액의 경우 가열하여 수분이 증발하고 설탕 구조가 깨지면서 나타나는 현상을 말한다.

### 1) 캐러멜화(caramelization)

설탕은 녹는점 이상으로 가열하면 캐러멜화가 되며 가열을 지속할수록 색이 점점 갈색화되는데, 이러한 색의 변화와 함께 설탕에서 수분이 분리되어 설탕 분자 중 수분 함량이 감소하고 알데하이드, 케톤 등의 분해물질이 증가하면서 단맛은 점점 감소하고 쓴맛이 증가한다. 캐러멜화 반응이 진행될수록 단맛은 줄고 쓴맛과 신맛이 강해진다.

캐러멜화는 당의 정제도가 낮을수록 빨리 일어난다. 또한 알칼리에서 더 잘 일어나며 pH 2.3~3.0일 때 가장 일어나기 어렵고, pH 6.5~8.2일 때 가장 최적으로 일어난다. 특히나 유기산이 존재할 때 쉽게 반응한다. 프룩토스(과당) 110℃, 갈락토스 160℃, 글루코스(포도당) 160℃, 자당 160℃, 맥아당180℃ 이상의 온도에서 캐러멜화가 진행된다.

### 2) 마이야르 반응(maillard reactions)

당과 아미노산이 반응하여 갈색 물질이 생성되는 현상을 일컫는 말로, 당류와 아미노산이 반응에 참여함으로 필수 아미노산의 파괴 등 영양가의 감소를 가져오기도 한다.

빵이나 커피빈, 로스팅비프를 조리하는 과정에서 나타나는 현상이며, 아미노-카보닐 반응이라고도 한다. 마이야르 반응은 가열에 의해 촉진되지만, 된장이나 간장이 만들어지는 과정에서도 가열 없이 반응이 일어나는 갈변현상이다. 식품의 색뿐 아니라 맛이나 냄새에도 영향을 준다.

### 3) 변선광(mutarotation) 현상(변광회전 현상)

변선광은 단당류 및 그 유도체의 수용액이 시간이 경과함에 따라 선광도가 변화하여, 평형에 도달하여 고유한 선광도 값을 갖는 현상을 말한다.

글루코스를 물(수용액)에 용해시킨 직후에는 선광도가 +112.2°(α−D−glucose의 비선광도)와 +18.7°(β−D−glucose의 비선광도)를 나타내며, 시간이 경과하면 비선광도가 증가하여 가역적 이성질화(isomerization)가 일어나 두 용액의 평형 혼합용액이 된다. 시간이 더 경과하면 α−D−glucose와 β−D−glucose 구성 비율이 각각 37%와 63%로 변하여 선광도가 +52.5°로 변화한다. 이것은 고리형 구조인 glucose가 이성질체로 변화하는 가역적 이성화 현상에 의해 선광도가 변하게 되는 것으로 이러한 현상을 변선광(변광회전 현상) 현상이라고 한다. 고리 구조를 이루는 단당류 용액이나 유리 상태의 헤미아세탈 하이드록시기를 가지고 있는 소당류도 공통적으로 나타난다.

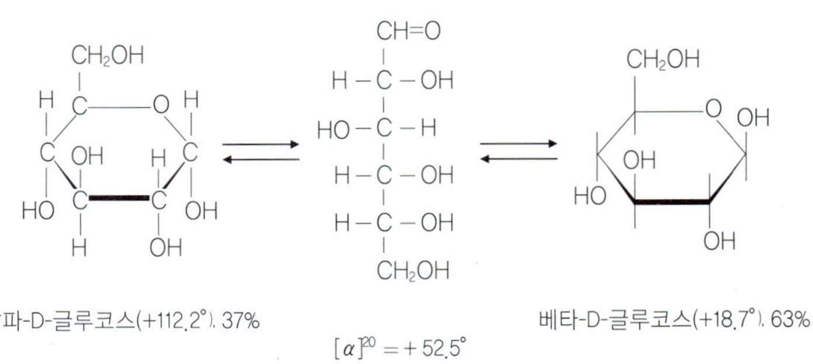


[그림 2-41] 글루코스 수용액의 변선광

#### (1) 환원성

알데하이드(aldehyde)기 또는 케톤(ketone)기를 갖고 있는 당들의 대표적인 특성은 환원성이다. 알도스(aldose)와 케토스(ketose)가 환원당을 형성하기 위해 알도스(aldose)의 C1과 케토스(ketose)의 C2에서 생긴 OH는 다른 탄소에 결합된 OH와 달리 반응성이 크기 때문에 이것을 글리코사이드(glycoside)성 OH 또는 헤미아세탈(hemiacetal) OH, 아노머(anomer)성 OH라고 한다. 이 글리코사이드(glycoside)성 OH는 알데하이드(aldehyde) 또는 케톤(keton)의 성질이 커서 환원성이 있다. 이 환원성을 이용하여 단당류의 정성 또는 정량 반응을 하는 시험법이 고안되고 있다. 펠링 반응(Fehling reaction), 은거울 반응(silver mirror reaction) 등이 대표적인 시험법이다. 단당류는 sodium amalgam이나 $NaBH_4$ 등으로 환원시키면 알도스(aldose)의 알데하이드(aldehyde)기가 1가 알코올로, 케토스의 케톤기가 알코올로 변하여 당알코올이 생성된다. Hexose를 α−amalgam(환원제)이나 $H_2$ 등으로 환원하여 알데하이드기와 케톤기가 환원되어 OH기로 바뀐다. 이러한 생성물을 당알코올(sugar alcohol)이라고 하고 어미에 −itol을 붙인다. 따라서 글루코스에서는 솔비톨이 생성되고, 만노스에서 만니톨이 생성된다. 케토스와 플루토스를 마찬가지로 환원하면 솔비톨과 만니톨이 생성된다. 플루토스의 C2에 수소가 첨가되면 C2 위치에서 이성질체인 글루코스와 만노스의 당알코올이 생성되는데, 솔비톨은 마른 감, 만니톨은 갈조류에 함유되어 있으며 다같이 noncaloric 감미료이다.

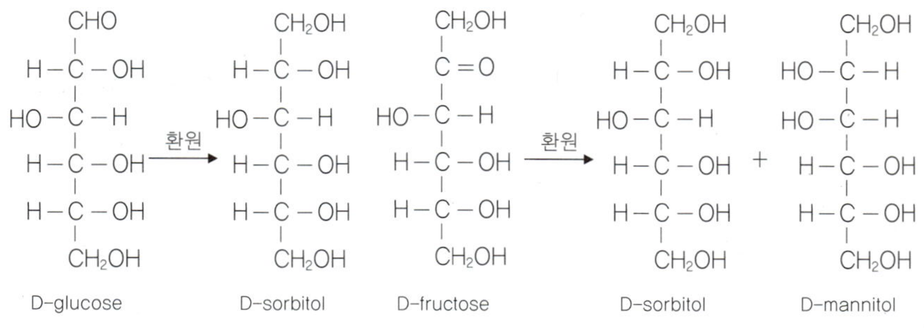


[그림 2-42] D−glucose와 D−fructose의 환원. D−glucose는 C1의 알데하이드기가 알코올기로 환원되어 D−sorbitol을 생성하고 D−fructose는 C2의 케톤기를 환원시켜 알코올기가 되면 D−sorbitol이 되고 C1의 케톤기가 알코올기로 환원되어 D−mannitol이 된다.

글루코스는 액체 상태에서는 C5의 OH기와 C1의 카보닐기가 헤미아세틸(hemi-acetal)의 결합으로 고리를 형성하는 고리 구조이다. 6탄당뿐만 아니라 자일로스 같은 5탄당들도 고리를 형성하고 있지만, 유리 상태의 헤미아세탈기가 존재하면 환원력과 변선광 현상이 나타난다.

### (2) 환원당의 실험

#### ① 펠링(Fehling) 반응

당류의 환원성에 기초를 둔 실험법으로 $CuSO_4$가 알칼리와 반응하여 $Cu(OH)_2$로 되면 이것이 환원성을 가진 당류에 의해 환원되어 적갈색의 $Cu_2O$로 변한다.

#### ② 베네딕트(Benedict) 반응

베네딕트 반응은 펠링 반응과 같이 환원당에 의해서 $Cu_2O$의 적색 침전이 생성되는 원리는 같으나, 베네딕트 시약은 펠링 용액에 비하여 알칼리성이 훨씬 약하므로 더 안정된 것이 특징이다.

$$2CuSO_4 + 2Na_2CO_3 + H_2O \rightarrow Cu_2(OH)_2CO_3 + 2Na_2SO_4 + CO_2$$

#### ③ Tollens 반응(은거울 반응)

Tollens 반응은 은거울 반응이라고 하며, 일반적으로 알데하이드(aldehyde)기의 환원성 검출에 많이 이용된다. Tollens 시약(암모니아성 $AgNO_3$ 용액에 환원당용액을 가하면 알데하이드(aldehyde)기에 의해 환원되어 시험관 내벽에 은(Ag)을 석출하여 은거울을 만든다. 반응식은 다음과 같다.

$$2AgNO_3 + 6NH_3 + 2H_2O \rightarrow 2Ag(NH_3)_2OH + 2NH_4NO_3$$

$$2Ag(NH_3)_2OH + RCHO \rightarrow 2Ag + RCOONH_4 + 3NH_3 + H_2O$$

④ 페닐하이드라진(Phenyl hydrazins) 반응(OsaZone 생성)

알데하이드기나 케톤기를 가지고 있는 화합물은 페닐하이드라진(phenyl hydrazins)과 반응하여 결정성의 phenyl hydrazins 반응을 생성한다. 예를 들면, 알도스(aldose)의 경우는 1몰의 페닐하이드라진(phenyl hydrazins)과 축합하여 페닐하이드라진(phenyl hydrazins)과 반응하여 오사존(osazone)으로 된다. 오사존(osazone)은 결정으로 얻기 쉽고, 그 결정의 형태는 당의 종류에 따라 다르기 때문에 환원당을 확인할 수 있다.

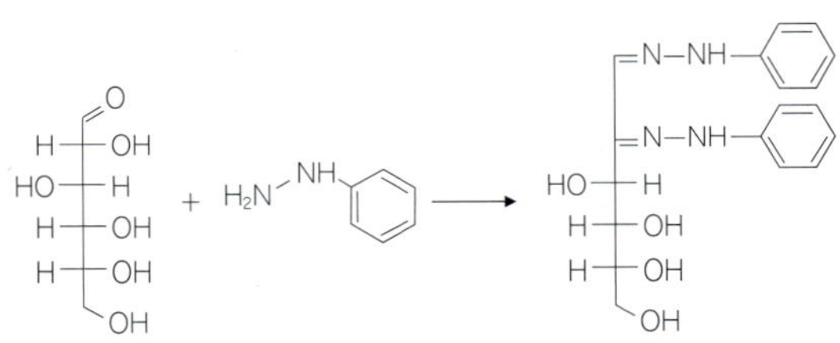

[그림 2-43] Osazone test의 원리

⑤ 요오드 반응(Iodine reaction)

아밀로스(Amylose)는 녹말(starch)의 구성 성분으로 α-helix 구조를 형성하고 있는데, iodine 분자가 이 helix 구조 안으로 들어가 진한 보라색을 나타내게 된다. 이 발색 반응을 요오드화 반응이라고 한다. 그림 [그림 2-44]와 같이 요오드 분자가 아밀로스 사슬에 결합하게 되는데, 멥쌀의 경우 아밀로스가 많아 요오드가 결합하여 복합체가 형성되면 청색에 가까워지고, 찹쌀의 경우 직성 구조의 아밀로펙틴이 많아 멥쌀보다 요오드가 더 적게 결합하게 되어 적자색을 띠게 된다.

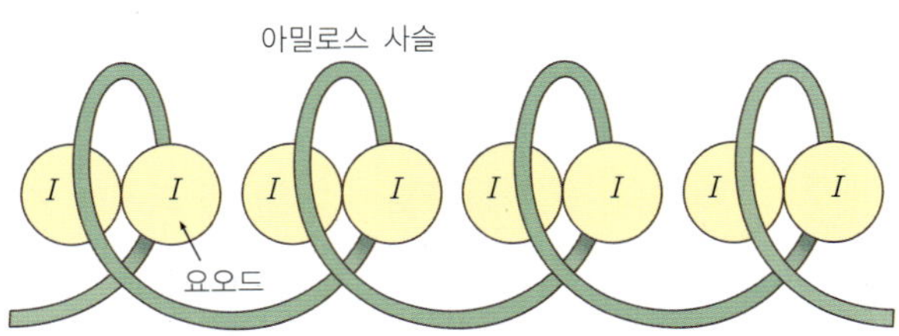


출처 : 조신호(2014). 식품화학(제3판). 교문사.

[그림 2-44] 아밀로스 사슬에 결합된 요오드 분자

## 4. 탄수화물의 기능

### (1) 에너지 공급

우리의 몸 속 세포들은 포도당을 에너지원으로 사용하며, 섭취한 대부분의 탄수화물은 포도당으로 전환되어 에너지대사에 사용된다. 탄수화물은 1g당 4kcal의 에너지를 공급하며, 하루에 섭취하는 에너지의 60~70% 정도를 차지한다. 탄수화물은 뇌와 중추신경계의 에너지원으로, 신체에서 적혈구, 뇌세포 및 신경세포는 거의 포도당만을 에너지원으로 이용한다. 근육 등 다른 세포에서도 식사 후에는 포도당을 사용하여 에너지를 얻는다.

### (2) 단백질 절약 작용

탄수화물의 적절한 섭취는 몸에 있는 체단백질을 절약하는 작용을 한다. 포도당만을 이용하는 세포에 에너지를 제공하고자 할 때, 탄수화물 섭취가 부족하면 단백질로부터 포도당을 합성하여 사용하게 된다. 따라서 탄수화물을 매우 적게 섭취하거나 굶으면, 근육이나 심장, 신장, 간 등 여러 기관에 있는 단백질이 분해되어 포도당 합성에 쓰인다.

### (3) 지방의 불완전 산화 방지(항케톤 효과)

인체에 필요한 에너지가 부족하게 되면 지방을 분해하여 에너지원으로 사용하게 되는데 이 때 탄수화물이 꼭 필요하다. 만일 탄수화물의 섭취가 적다면 지방이 분해될 때 완전히 산화되지 못하고 케톤체가 만들어지게 되는데, 이것이 혈액과 조직에 많이 축적되어 케톤증을 일으킨다. 케톤은 지방이 산화될 때 단지 소량만 정상적으로 생산되는 지방 대사의 중간 산물로서, 지방의 과도한 산화 시 케톤이 축적되고 케톤산증(오심, 구토, 설사)을 일으킨다.

### (4) 장내 운동성 증진

탄수화물인 식이섬유질(dietary fiber)은 장내에서 물을 흡수하여 부드러운 덩어리를 만들고, 이것이 소화기관 근육의 수축을 자극하여 장내에서 음식물이 잘 이동하도록 연동운동을 돕는 역할을 하여 장내 운동성을 증진시킨다.

### (5) 음식에 단맛과 향미 제공

탄수화물은 독특한 단맛과 향미가 있어서 식품의 맛과 수용도를 높이며, 식품 성분과 상호작용하여 식품에 색과 향미를 부여한다.

### (6) 기타 작용

리보스는 DNA와 RNA 구성 성분이며, 유당은 칼슘의 흡수를 돕는 역할을 한다. 또한 점성다당(mucopolysaccharide)과 점성단백(mucoprotein)은 연골, 뼈, 피부 등의 구성 성분이다.

Food Chemistry

Chapter 03

# 지질

1. 지질의 분류
2. 지질의 구조와 종류
3. 지질의 성질
4. 식용유지
5. 지질의 기능

# 1. 지질의 분류

## 1) 구조에 의한 분류(Bloor에 의한 분류)

지질은 물에 녹지 않고 유기용매에 녹는 물질이며, 지방산(Fatty acid)과 글리세롤(glycerol)이 에스터 결합으로 형성된 물질이다. 성상에 따라 고체(지방), 액체(유지)로 구분할 수 있다.

지질은 구조에 따라 크게 단순지질, 복합지질 그리고 유도지질로 나눈다.

### (1) 단순지질(simple lipid)

지방산(fatty acid)과 고급알코올이 에스터(ester) 결합으로 이루어진 물질을 말한다.

중성지방(neutral fat)은 지방산과 글리세롤이 에스터 결합을 하고 있는 물질로 지방(fat, 고체 상태의 지질), 기름(oil, 액체 상태의 지질), 글리세라드(glyceride) 또는 트라이글리세라이드(triglyceride)로 명명된다.

왁스(wax)는 고급알코올(탄소 수가 많은 알코올)과 지방산이 에스터 결합으로 이루어진 물질이다. 왁스는 주로 동·식물의 표면에 많이 존재하여 습윤, 건조 등을 막는다.

스테롤 에스터(sterol ester)는 고급지방산과 스테롤이 에스터 결합으로 이루어진 물질이다.

### (2) 복합지질(complex lipid)

복합지질은 단순지질에 지질 외의 다른 물질이 결합한 지질을 복합지질이라고 한다.

인지질(phospholipid), 당지질(glycolipid), 스핑고지질(sphingolipid) 등이 있다.

### (3) 유도지질(derived lipid)

유도지질은 단순지질이나 복합지질이 가수분해되어 생성되는 물질로 지방산, 고급알코올, 스테롤, 스핑고신, 탄화수소, 지용성 비타민 등이 있다.

〈표 3-1〉 지질의 구조와 특징

| 구조 | 정의 | 종류 | 특징 |
|---|---|---|---|
| 단순지질 | 지방산과 알코올의 에스터 생성물 | 중성지질 | 지방산과 글리세롤의 에스터 결합<br>일반 식용유 |
| | | 왁스류 | 고급지방산과 고급1가 알코올의 에스터 결합 |
| | | 스테롤 에스터 | 고급지방산과 스테롤의 에스터 |
| 복합지질 | 지방산과 알코올의 에스터에 인산, 당 또는 다른 원자단이 결합한 것 | 인지질 | 지방산과 인산을 함유 |
| | | 당지질 | 지방산과 당을 함유 |
| | | 스핑고지질 | 지방산과 스핑고신을 함유 |
| 유도지질 | 단순, 복합지질의 가수분해 생성물 | 지방산류 | 카르복실기를 함유 |
| | | 지방족 고급알코올 | 알코올기를 함유 |
| | | 스테롤류 | 스테로이드의 골격 구조를 함유 |
| | | 탄화수소류 | 스쿠알렌 및 카로틴이 속함 |
| | | 지용성 비타민류 | 비타민 A, D, E K 등 |

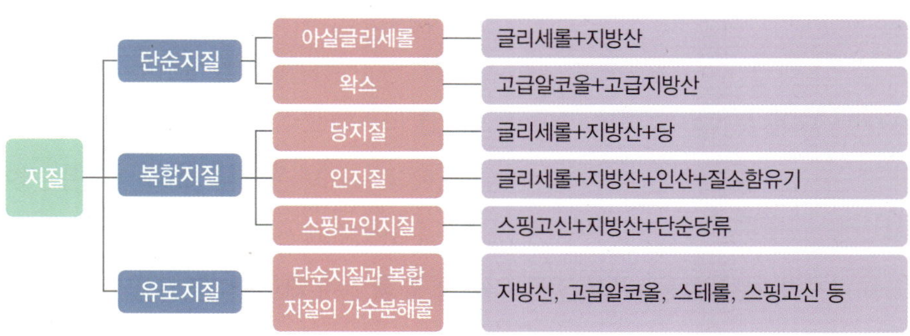


[그림 3-1] 지질의 구조에 의한 분류

## 2) 비누화에 의한 분류

### (1) 비누화 지방질

검화유라고도 지칭하며 알칼리에 의해 가수분해되는 지질로 중성지방(fat, oil), 왁스(wax)류, 인지질(phospholipid) 등이 여기에 속한다.

### (2) 비누화되지 않는 지방질

불검화유라고도 지칭하며 알칼리에 의해 가수분해되지 않는 지질로 지방산이 없어 비누화되지 않는 스테롤류(sterols), 탄화수소(hydrocarbon), 지용성 비타민(Vitamin A, D, E, K) 등이 여기에 속한다.

## 3) 식품의 급원에 따른 분류

### (1) 동물성 지방

포화지방산 함량이 높아 실온에서 고체 상태로 존재한다. 단, 어유는 다가불포화지방산의 함량이 높아 실온에서 액체로 존재한다.

### (2) 식물성 지방

불포화지방산 함량이 높아 실온에서 액체로 존재한다. 팜유(palm oil)와 야자유(coconut oil)는 포화지방산 함량이 높아 실온에서 고체로 존재한다.

## 4) 가시성에 의한 분류

### (1) 가시 지방

육류의 지방이나 식용유처럼 육안으로 쉽게 확인이 가능한 지방을 가리킨다.

### (2) 비가시 지방

실제 지방함량은 높으나 인식하기 어려운 경우를 말한다. 가령, 우유나 튀각, 갈비구이, 감자튀김, 도넛, 크림치즈 등이 여기에 해당한다.

## 2. 지질의 구조와 종류

### 1) 단순지질

1분자의 글리세롤(glycerol)과 3분자의 지방산(fatty acid)으로 구성되어 있는 단순지질은 식품과 체지방에 들어 있는 지질의 주요 형태로 95% 정도 함유되어 있다. 지방산의 수에 따라 모노글리세라이드(monoglyceride), 다이글리세라이드(diglyceride), 트라이글리세라이드(triglyceride)로 구분하며, 구성 지방산의 종류에 따라 중성지방의 물리적 형태가 달라지고 건강에 미치는 영향이 다르다.

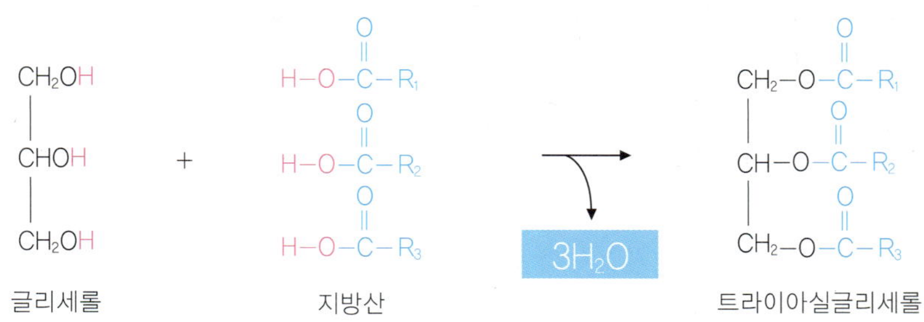


[그림 3-2] 지질의 구조. 글리세롤 1분자와 지방산 3분자가 결합하여 지질을 형성한다.

### (1) 유지

#### ① 지방산

지질의 구성 단위로 탄소 원자를 사슬 모양으로 길게 연결하여 생성되며, 한쪽 끝에 소수성(hydrophobic, 친유성)인 알킬기(alkyl group)와 다른 한쪽 끝에 친수성(hydrophilic)인 카르복실기(carboxyl group)로 구성되어 있다. 보통 탄소 원자가

4개에서 30개 정도이며 짝수의 탄소 원자로 이루어진 화합물이다.

#### a. 포화지방산(saturated fatty acid)

포화지방산은 탄소 간의 결합이 단일결합(−C−C−)으로만 이루어져 있고 이중결합은 가지지 않는 지방산을 일컫는다. 가장 간단한 지질은 지방산(fatty acid)으로, 주로 탄소 16개 또는 18개로 된 탄화수소와 다른 끝 쪽에 카르복실기(−COOH)를 갖고 있다. 불포화지방산은 탄소 원자 사이에 이중결합(cis− 혹은 trans− 형태)을 가지고 있으며, 포화지방산은 모두 단일결합으로 되어 있다. 지방산의 긴 탄화수소 사슬은 오직 비극성인 C−H 결합만으로 되어 있어 물과 친화력이 없다. 대표적인 포화지방산으로는 탄소 수가 16개인 팔미트산(palmitic acid)과 탄소 수 18개인 스테아르산(stearic acid) 등이 있다.

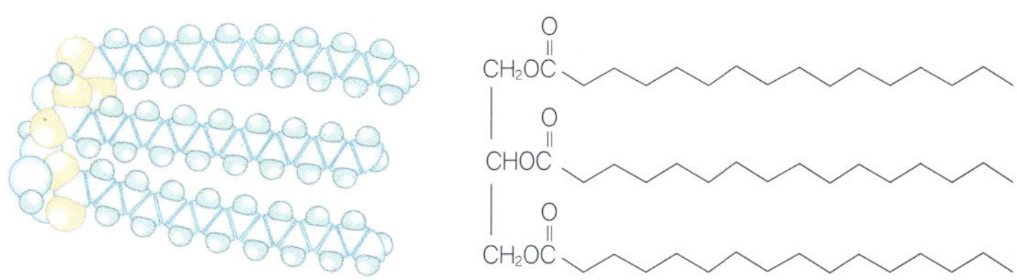


출처 : 조신호(2014). 식품화학(제3판). 교문사.

[그림 3-3] 포화지방산의 구조. 지방산의 탄소결합이 단일결합으로만 이루어져 있다.

| 포화지방산 | 탄소 수 | 표기법 | 구조 | 녹는점 (°C) |
|---|---|---|---|---|
| 카프르산 (capric acid) | 10 | $C_{10:0}$ | 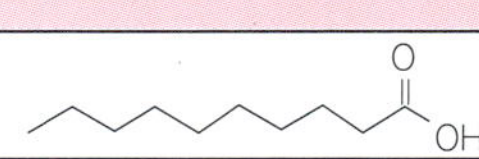 | 32 |
| 라우르산 (lauric acid) | 12 | $C_{12:0}$ | 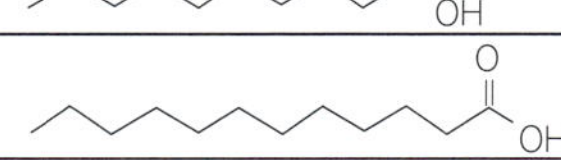 | 43 |
| 미리스트산 (myristic acid) | 14 | $C_{14:0}$ | 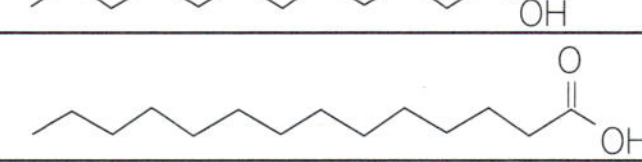 | 54 |
| 팔미트산 (palmitic acid) | 16 | $C_{16:0}$ | 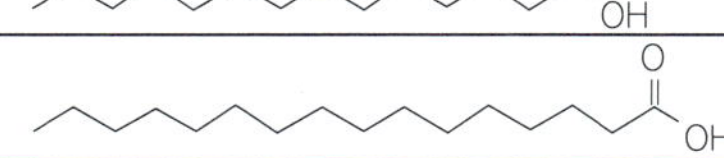 | 62 |
| 스테아르산 (stearic acid) | 18 | $C_{18:0}$ | 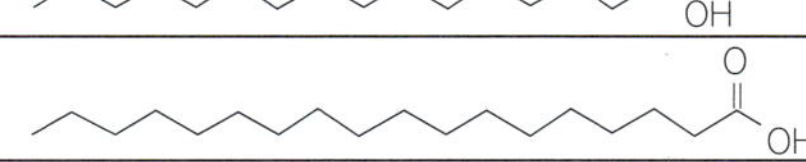 | 69 |
| 아라키드산 (arachidic acid) | 20 | $C_{20:0}$ |  | 76 |

[그림 3-4] 포화지방산의 구조와 녹는점. 탄소 수가 많아질수록 녹는점이 높아진다.

b. 불포화지방산(unsaturated fatty acid)

불포화지방산은 탄소 간의 결합에 이중결합(−C=C−)이 있는 지방산을 일컫는다. 이중결합이 하나인 지방산을 단일 불포화지방산이라고 정의하며, 이중결합의 수가 2개 이상인 지방산을 다가 불포화지방산이라고 한다. 탄소 수가 동일하더라도 이중결합이 많은 것일수록 녹는점(융점, melting point)이 낮은 특징이 있다.

단일 불포화지방산은 올리브유에 많이 포함되어 있으며 상온에서 액체로 존재하고 혈중 콜레스테롤 수치를 낮추는 효과가 입증되었다. 다가 불포화지방산은 탄소 간의 결합 중 이중결합이 2개 이상 존재하는 지방산으로, 콩기름, 옥수수기름에 많이 함유되어 있다.

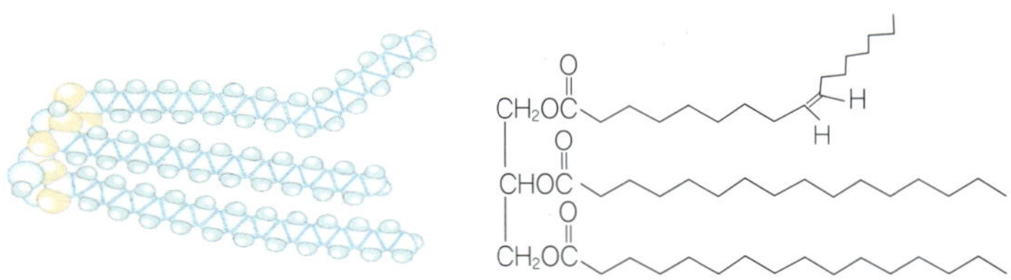


출처 : 조신호(2014). 식품화학(제3판). 교문사.

[그림 3-5] 불포화지방산의 구조. 지방산의 탄소결합이 단일결합과 이중결합으로 이루어져 있다.

| 불포화지방산 | 탄소 수 | 표기법 | 구조 | 녹는점 (°C) |
|---|---|---|---|---|
| 팔미톨레산 (palmitoleic acid) | 16 | $C_{16:1}$ | 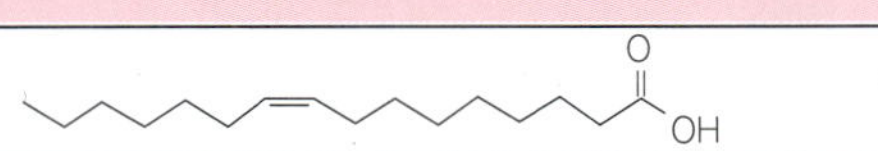 | 0 |
| 올레산 (oleic acid) | 18 | $C_{18:1}$ | 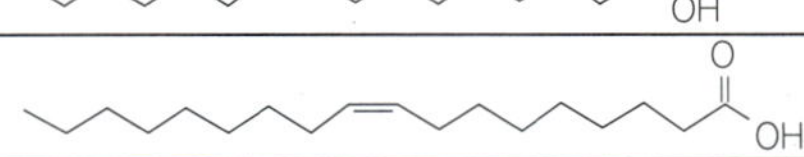 | 13 |
| 리놀레산 (linoleic acid) | 18 | $C_{18:2}$ | 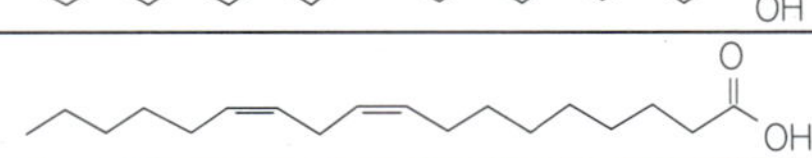 | −9 |
| 리놀렌산 (linolenic acid) | 18 | $C_{18:3}$ | 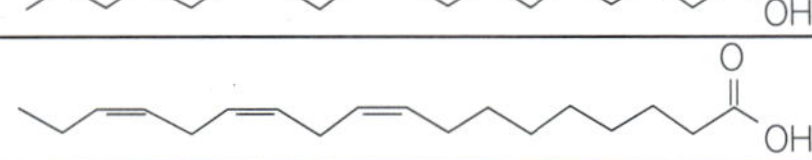 | −17 |
| 아라키돈산 (arachidonic acid) | 20 | $C_{20:4}$ | 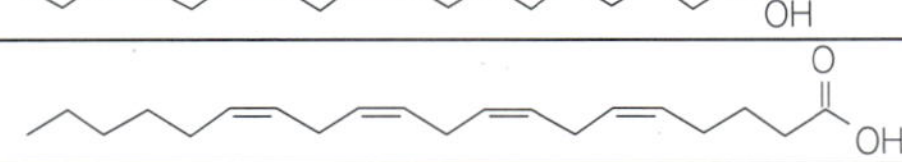 | −50 |

[그림 3-6] 불포화지방산의 구조와 녹는점. 이중결합의 수가 많아질수록 녹는점이 낮아진다.

### c. 오메가 지방산

지방산의 탄소번호는 카르복실기(−COOH)의 탄소를 1번으로 시작하고, 오메가는 카르복실기의 반대편에 있는 메틸기(−$CH_3$)의 탄소를 1번으로 하여 명명한다.

오메가−3 지방산(ω−3 fatty acid)은 불포화지방산 중 첫 번째 이중결합이 메틸기로부터 세 번째 탄소에 있는 지방산을 말한다.

리놀렌산(linolenic acid), 에이코사펜타노익산(eicosapentaenoic acid), 도코사헥사노익산(Docosahexaenoic acid)이 여기에 해당된다. 리놀렌산은 C18:3으로 18개로 이루어져 있으며 그 사이에 3개의 이중결합을 갖는 불포화지방산이며, EPA로 잘 알려져 있는 에이코사펜타노익산(Eicosapentaenoic acid)은 C20:5로 탄소 20개로 이루어져 있으며 그 사이에 이중결합이 5개이다. DHA로 잘 알려져 있는 도코사헥사노익산(Docosahexaenoic acid)은 C22:6으로 22개의 탄소로 구성되며 사이에 이중 결합이 6개이다. 이들은 등푸른 생선, 연어, 크릴새우 엔초비와 같은 어유, 그리고 들깨, 아미씨, 치아씨 등과 같은 식물성 지질 급원식품으로부터 섭취할 수 있다. 총열량의 1~2% 정도 섭취하는 것이 바람직하다. 생리적 효능으로는 두뇌 발달을 돕고, 혈중 콜레스테롤 농도를 저하시켜 심장순환계 질환의 예방이 되고 암 발생을 억제하며 관절염 및 천식 완화 효과가 있다. 오메가−6 지방산(ω−6 fatty acid)은 불포화지방산 중 탄소 간의 첫 번째 이중결합이 메틸기로부터 여섯 번째 탄소에 있는 지방산으로, 동물성지방과 식물성지방에 널리 포함되어 있다. 리놀레산은 C18:2로 탄소 18개로 이루어져 있으며 그 사이에 2개의 이중결합을 가지는 불포화지방산이고, 아라키돈산은 C20:4로 탄소 20개로 이루어져 있으며 그 사이에 이중결합이 4개 있다. 리놀레산, 리놀렌산, 아라키돈산은 체내에서 합성되지 않아 필수지방산이라 부른다. 주로 성장, 생식, 피부 건강에 필수적이어서 반드시 식품으로 섭취해야 한다.

### d. 지방산의 명명법

일반 명칭은 탄소가 짝수인 지방산에 사용하며, 주로 지방산 원재료의 이름에서 유래한다.

계통명은 포화지방산의 경우 IUPAC(International Union of Pure and Applied Chemistry)의 탄화수소 명칭에서 끝의 'e'를 빼고 −oic acid를 붙여 읽는다. 예를 들어, 탄소 수가 4개인 butane의 경우 butanoic acid로 읽는다. 단일 불포화지방산의 경우 탄화수소 명칭의 'ane'을 빼고 −enoic acid를 붙여 읽는다. 예를 들면, tetradecane은 tetradecenoic acid로 명명하면 된다. 고도 불포화지방산의 경우 탄화수소 명칭의 'ane'을 빼고 그 대신 이중결합의 수(di, tri 등)와 enoic acid를 붙여 명명한다. 예를 들면, octadecane는 octadecadienoic acid로 linolenic acid는 octadecatrienoic acid로 명명한다. 간혹 지방질 명칭 앞에 이중결합 위치를 표시하기도 하는데 예를 들면, 9, 12, 15−octadecatrienoic acid와 같이 명명한다.

숫자표기법은 탄소 숫자 뒤에 콜론( : )을 쓰고 이중결합의 수를 표시한다. 예를 들면, 18:2(9, 12), 18:2(Δ9, 12), 18: 2(9t, 12) 등으로 표시하는데, 8:2는 불포화지방산에 들어 있는 탄소 수가 8개이고 이중결합이 2개임을 나타내고 있고, 이중결합의 위치가 말단 C부터 9번째 12번째 탄소가 이중결합임을 나타낸다.

지방산의 종류에서 Δ(델타)와 ω(오메가)의 뜻은 다음과 같다. Δ(델타)는 카르복실기에서부터 탄소 번호를 셀 때의 수를 기준으로 몇 번째 탄소에 이중결합이 있는가를 나타내며, ω(오메가)는 카르복실기 반대쪽 끝부터 탄소 번호를 셀 때의 수를 기준으로 몇 번째 탄소에 이중결합이 있는지를 나타낸다.

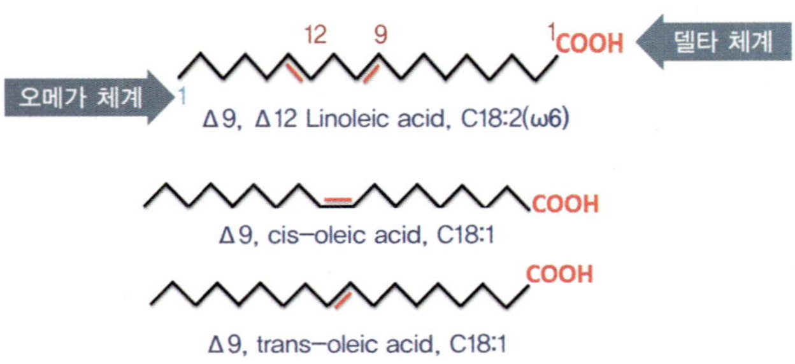


출처 : 이서래(1999). 농업생물화학. 한국방송통신대학교출판부.

[그림 3−7] 지방산 명명법

② 왁스(wax)

고급지방족 알코올과 지방산의 에스터 결합을 통해 생성된 지질로, 동물이나 식물의 표면, 털, 깃털, 과실의 표면에 존재하며 습윤과 건조 등을 방지하는 물질이다. 융점이 높고 영양가치는 없다. 밀납(beewax)이나 카나우바왁스(carnauba wax) 등이 대표적인 왁스이다.

## 2) 복합지질

### (1) 인지질

단순지방은 탄소, 수소, 산소만을 포함하는 지질인 반면, 인지질은 탄소, 수소, 산소 이외에 인(phosphate)를 포함하는 지질이다. 세포막을 구성하는 중요한 성분이며, 이 인지질을 구성하는 지방산의 비율(포화/불포화)이 세포막의 유동성, 유연성, 투과성에 많은 영향을 미친다. 불포화지방산이 부족하고 포화지방산이 많아지면 세포막의 유연성이 떨어지고 포화지방산이 적으면 세포의 안전성이 떨어진다.

인지질은 중성지방을 구성하는 3개의 지방산 중 한 개의 지방산 대신 인산기가 결합된 형태로, 친수성 헤드 부분과 소수성 꼬리 부분으로 이루어지는 양친매성(amphipathic) 구조로 물과 기름이 잘 섞이게 하는 유화제 역할을 한다. 포스파티드산에 질소를 함유한 구조인 글리세롤인지질과 스핑고신에 인산, 지방산, 콜린 등을 결합하고 있는 스핑고인지질이 있다. 글리세롤인지질에는 주로 달걀노른자, 콩류, 땅콩에 풍부하게 들어 있는 포스파티딜콜린(phosphatidyl choline) 혹은 레시틴(lecithin), 포스파티딜세린, 포스파티딜글리세린(phosphatidyl serine), 포스파티딜에탄올아민(phosphatidyl ethanolamine, 세파린 : cephalin), 포스파티딜이노시톨(phosphatidyl inositol) 등이 있고 스핑고인지질에는 스핑고미엘린(sphingomyelin) 등이 있다.

인지질의 기능은 기억력 증대, 치매 예방 등 두뇌 건강에 관여하며, 피로 회복, 혈중 콜레스테롤을 분해, 지방 체내 축적 예방 등의 작용을 한다.

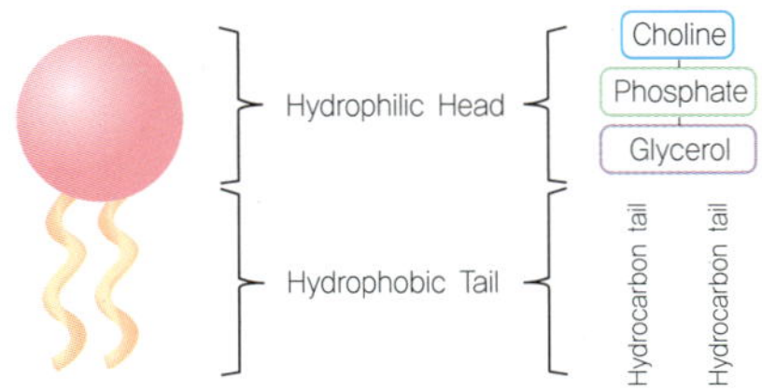


[그림 3-8] 인지질의 분자 구조

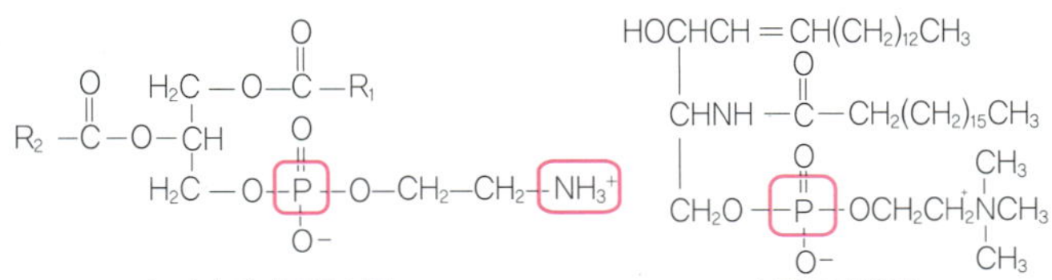

포스파티딜에탄올아민

스핑고미엘린

[그림 3-9] 인지질인 포스파티딜에탄올아민과 스핑고미엘린의 분자 구조

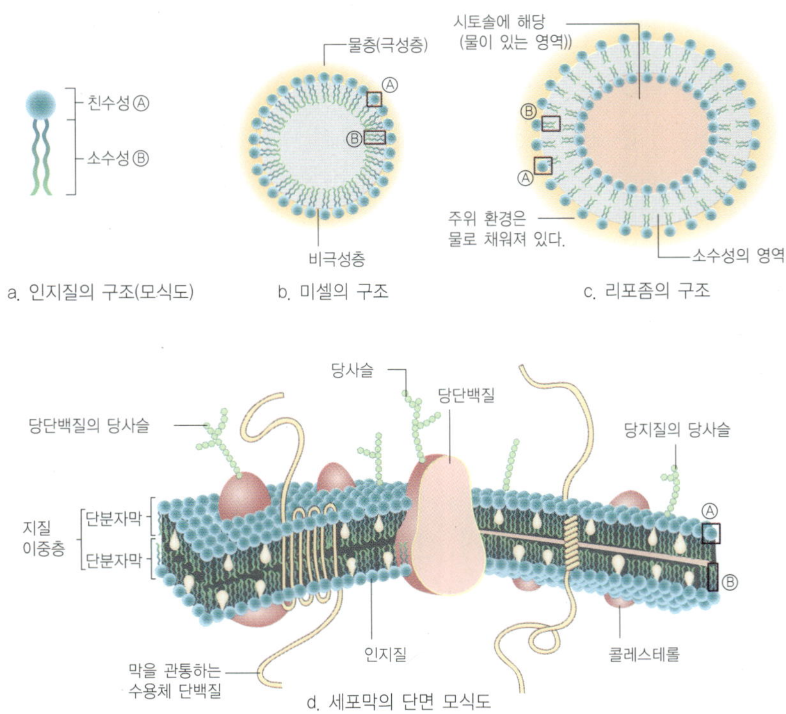


[그림 3-10] 인지질로 구성된 막 구조와 세포막(cell membrane)의 구조

### ① 글리세롤인지질(glycerophospholipid)

#### a. 레시틴(lecithin)

레시틴의 학술 용어를 포스파티딜콜린이라고 한다. 레시틴은 주로 계란의 노른자에 많이 분포하며 계란의 노른자라는 뜻의 그리스어인 레이토스(lekithos)에서 유래하였다. 세포막, 뇌, 신경조직을 구성하는 중요한 물질이다. 레시틴에서 콜린(choline)이 분리되면 아세틸콜린이 되는데, 이 아세틸콜린은 신경전달물질로 중요한 역할을 한다. 계란의 노른자에 풍부하게 함유되어 있지만 대두에도 많이 함유되어 있기 때문에 시중에 판매하는 레시틴은 대부분 대두에서 추출한 제품이다.

#### b. 세팔린(cephalin)

세팔린은 포스파티딜에탄올아민(phosphatidyl ethanolamine)과 포스파티딜세린(phosphatidyl serine)의 두 가지 인지질을 의미한다. 포스파티딜콜린 다음으로 생물계에 많이 존재하는 인지질로, 대장균의 경우 인지질 중 약 80%를 차지하고 있다. 성질은 레시틴과 비슷하지만 유화력은 약간 떨어진다. 뇌, 신경조직, 계란 노른자, 대두 속에 많이 존재하며, 혈액응고에 중요한 역할을 한다.

### ② 스핑고인지질(sphingophospholipid)

스핑고인지질은 스핑고신(sphingosine : 2-amino-4-octadecene-1,3-diol)과 지방산 그리고 인산기로 구성된 물질로, 글리세롤을 포함하지 않는 인지질을 말한다. 뇌와 신경조직에 많이 함유되어 있으며, 스핑고마이엘린(sphingomyelin), 세레브로사이드(cerebroside), 강글리오사이드(ganglioside) 등이 있다.

#### a. 스핑고마이엘린(sphingomyelin)

스핑고마이엘린은 뇌와 신경조직, 신장 등을 이루는 성분으로, 당지방질과 함께 조직을 형성하는 물질로 신경조직의 신경 보호막 역할을 한다. 레시틴과 같이 유화작용을 한다.

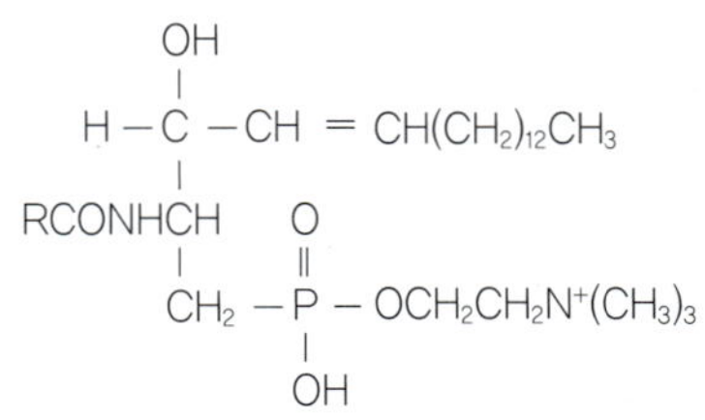

[그림 3-11] 스핑고인지질인 스핑고마이엘린의 구조

b. 세레브로사이드(cerebroside)

뇌지질(腦脂質)의 구성 성분으로, 스핑고신 또는 다이하이드로 스핑고신(dihydrosphingosin)이 지방산과 acid amide 결합을 하고 갈락토스 또는 글루코스와 당이 결합한 물질이다.

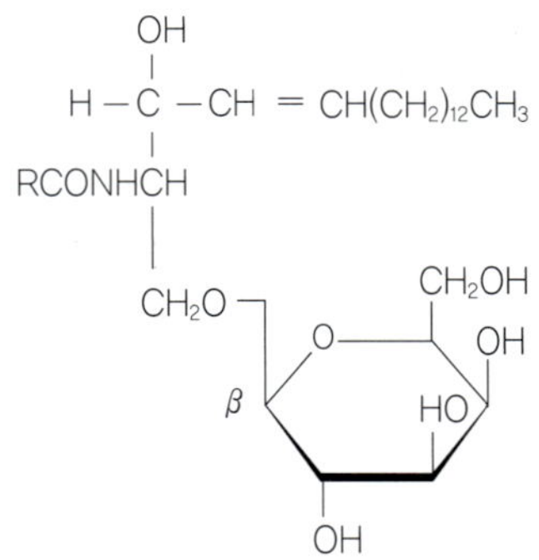

[그림 3-12] 스핑고인지질인 세레브로사이드의 구조

c. 강글리오사이드(ganglioside)

신경 기능과 세포막의 여러 가지 기능에 관여하는 강글리오사이드는 친수성인 당 부분과 소수성인 세라마이드(ceramide)로 구성되어 있는 양쪽성 물질로서, 한 개 이상의 시알산(N−acetylneuraminic acid : sialic acid)을 가지고 있는 당지질(glycosphingolipid)이다.

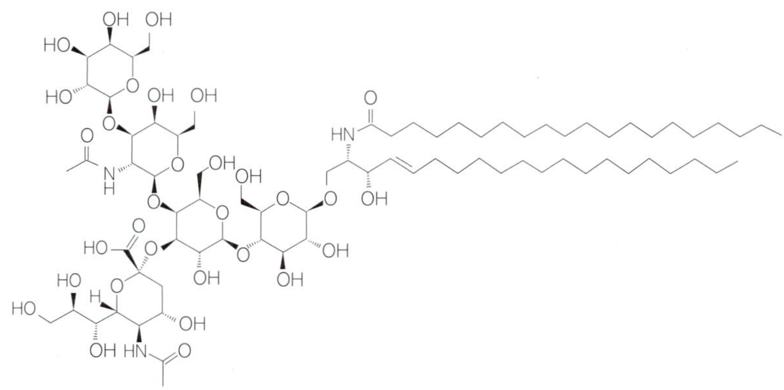


[그림 3-13] 스핑고인지질인 강글리오사이드의 구조

③ 지단백질(lipoprotein)

소화흡수되어 혈액 속으로 들어간 지질이 단백질과 복합체를 이루면 지질단백질이 된다. 지질단백질(lipoprotein)은 밀도(비중)에 따라 크게 4가지로 분류된다. 비중이 낮으면 낮을수록 지질의 비율이 높고 직경이 크며, 반대로 비중이 크면 클수록 단백질이 점유하는 비율이 높고 그 직경이 작다.

a. 카일로마이크론(Chylomicron)

가장 큰 크기의 지질-단백질 복합체로 소장에서 합성되어 소장에서 간으로 음식물 유래의 중성지방을 운반한다. 직경은 80~1,000nm이며 트리글리세라이드가 약 85%를 차지하여 비중이 0.96 이하로 적다.

b. 초저밀도 지단백질(VLDL)

간에서 합성된 트리글리세라이드와 콜레스테롤을 많이 함유하고 있으며, 트리글리세라이드를 말초조직에 전달하는 기능을 한다. 직경은 30~70nm이며 비중은 0.96~1.02이다. 트리글리세라이드가 약 55%를 함유하고 있으며 콜레스테롤을 약 20% 정도 함유하고 있다.

c. 저밀도 지단백질(LDL)

지질단백질 중 콜레스테롤 함유량이 가장 높으며 간에서 합성된 콜레스테롤을 말초조직에 공급한다. 직경은 20~25nm이며 비중은 1.02~1.06이다. 트리글리세라이드가 약 8%를 함유하고 있고 콜레스테롤을 약 50% 정도 함유하고 있으며 아포지질단백질이 약 20% 정도 차지하고 있다.

혈관계를 순환하다가 말초혈관 내부벽에 버려지게 되어 동맥경화증을 일으키는 원인이 되기 때문에 나쁜 콜레스테롤로 불리고 있다.

#### d. 고밀도 지단백질(HDL)

직경은 8~10nm이며 비중은 1.06~1.21이다. 트리글리세라이드가 약 5%를 함유하고 있고 콜레스테롤을 약 20% 정도 함유하고 있으며 아포지질단백질이 약 45%를 차지하고 있다.

저밀도 지단백질과 반대로 혈관계를 순환하다가 말초혈관에 쌓여 있는 콜레스테롤을 걷어내어 간으로 이동시켜 배설되게 하는 청소부의 역할을 함으로 좋은 콜레스테롤로 불리고 있다.

〈표 3-2〉 지단백질의 종류와 특징

| 지단백 종류 | 주요 생성 장소 | 특 징 |
|---|---|---|
| 카일로미크론<br>(chylimicron) | 소장 | 식사에서 얻은 중성지질을 체내로 운반 |
| VLDL<br>(최저밀도 지단백) | 간 | 간에서 합성되는 중성지질을 조직으로 운반 |
| LDL<br>(저밀도 지단백) | 혈액 내에서<br>VLDL이 전환 | 조직으로 콜레스테롤을 운반, LDL 수치가 높을수록 심혈관계 질환에 걸릴 위험도 증가 |
| HDL<br>(고밀도 지단백) | 간 | 콜레스테롤을 간으로 운반하여 체외로 배설되게 함.<br>HDL 수치가 높을수록 심혈관계 질환을 예방함.<br>(항동맥경화성 지단백) |

### (2) 당지질(glycolipid)

당지질은 분자 내에 탄수화물(carbohydrate)이 결합하고 있는 지질을 말하며, 당지질도 인지질과 같이 친수성 부분(당-탄수화물 부분)과 소수성 부분을 하나의 분자 내에 가지고 있고, 생체막의 구성 성분으로서 존재한다. 당지질에는 스핑고신 유도체인 스핑고당지질(sphingoglycolipid)과 글리세롤의 유도체인 글리세로당지질(glyceroglycolipid)이 있다.

## 3) 유도지질 및 기타 지질

### (1) 스테롤류(스테로이드)

1개의 OH기와 4개의 고리를 가진 지용성의 탄화수소 유도체로, 지방산이 없어 비누화되지 않는 지질(nonsaponifiable lipid)이며 세포막의 필수 성분이다.

#### ① 동물성스테롤(cholesterol)

인지질과 함께 콜레스테롤은 뇌와 신경조직 등의 세포막을 구성한다. 간과 소장에서 합성되며 새우, 오징어, 계란 노른자, 가재, 명란젓, 내장 등의 동물성 식품에 많이 함유되어 있다. 에스트로겐, 테스토스테론 등의 성호르몬과 지방의 소화와 흡수에 중요한 역할을 하는 담즙산은 콜레스테롤을 이용하여 체내에서 합성되어진다. 또한 비타민 D의 전구체이다.

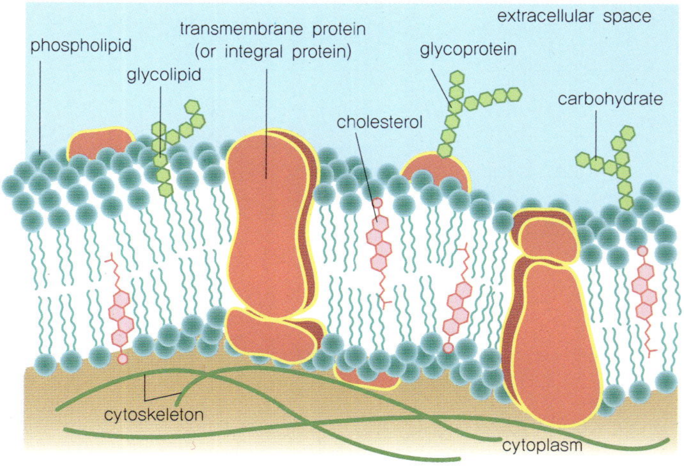


[그림 3-14] 콜레스테롤은 인지질과 함께 세포막을 구성하는 물질로 콜레스테롤 양이 증가하면 세포막의 경도가 단단해진다.

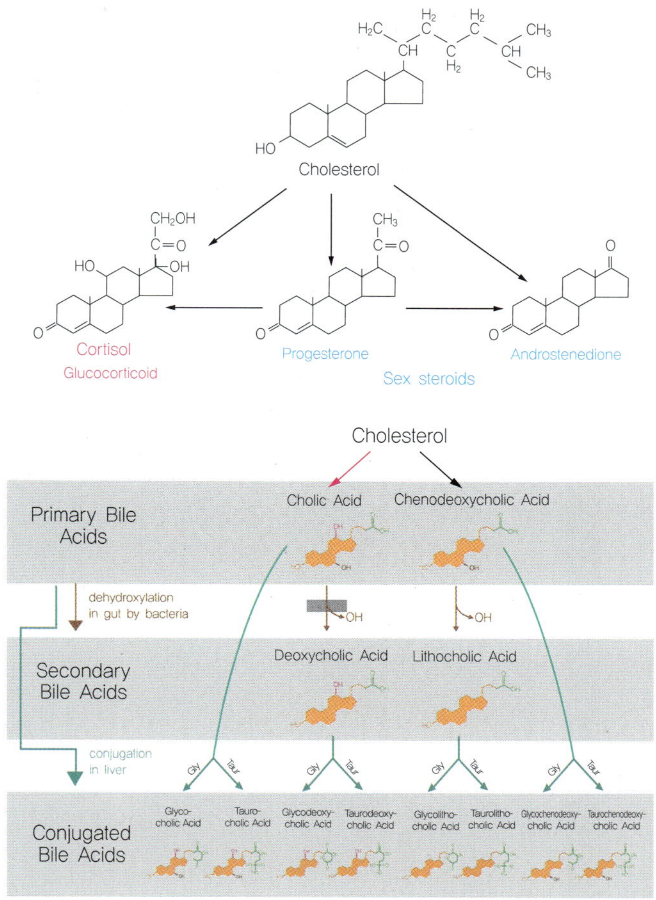


[그림 3-15] 콜레스테롤의 전환

### ② 식물성스테롤(phytosterol)

식물성 유지에 함유되어 있는 식물성스테롤에는 스티그마스테롤(stigmasterol), 시토스테롤(sitosterol), 캄페스테롤(campesterol) 등이 있다.

스티그마스테롤은 프로게스테론의 합성과 많은 관련이 있는 식물성 호르몬이며 안드로겐, 에스트로겐, 코르티코이드 호르몬과 비타민 $D_3$의 전구체로도 많이 사용된다. 시토스테롤은 콜레스테롤의 구조와 비슷하며 식물계에 넓게 분포되어 있다.

캄페스테롤도 콜레스테롤과 구조가 비슷하며 가축의 성장을 촉진하는 동물의 약으로 사용되고, 스포츠 선수들이 몰래 복용하는 금지된 스테로이드성 약물이기도 하다. 캄페스테롤은 소장에서의 콜레스테롤 흡수를 다소 방해하는 것으로 알려져 있다.

③ 미생물스테롤(mycosterol)

미생물스테롤의 대표적인 물질인 에르고스테롤(ergosterol)은 프로비타민 D로 자외선(햇볕)을 받으면 비타민 D로 전환된다. 표고버섯 등의 버섯류와 효모에 많이 포함되어 있고, 에르고스테롤이 풍부한 식품을 햇빛에 말리면 에르고스테롤 함량이 더욱 높아진다. 이렇게 체내로 흡수된 비타민 D는 장에서 칼슘과 인이 흡수되는 것을 촉진하고, 뼈와 치아에 칼슘을 침착시키도록 하여 뼈와 치아를 건강하게 유지할 수 있으며, 골다공증 예방에 효과적이다.

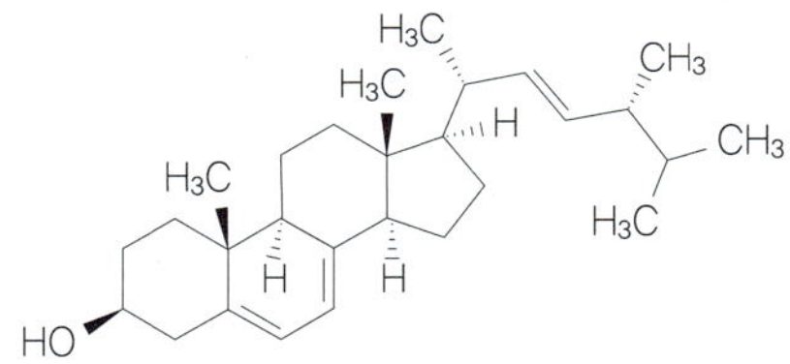


[그림 3-16] 에르고스테롤의 분자 구조

## (2) 탄화수소류(hydrocarbons)

탄화수소는 탄소(C)와 수소(H)만으로 이뤄진 유기화합물로 아이소프렌(isoprene) 구조를 갖는 검화되지 않는 지질류이다. 스쿠알렌이나 비타민 K, 카로틴 등의 색소가 있다.

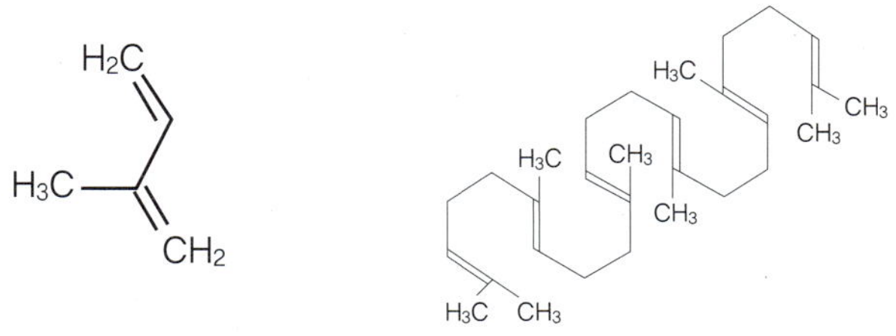


[그림 3-17] 아이소프렌과 스쿠알렌의 분자 구조

### (3) 카로티노이드(carotenoids)

아이소프렌이 8번 반복되는 분자골격을 갖는 물질로, 식물성 식품의 색을 나타내는 물질이다. 당근의 색이나 토마토의 붉은색 등을 나타낸다.

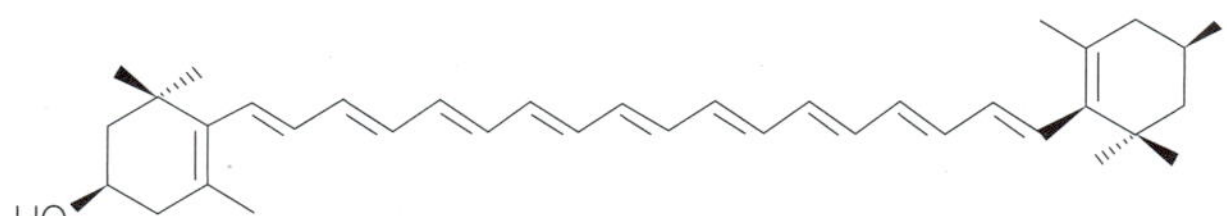

Lutein

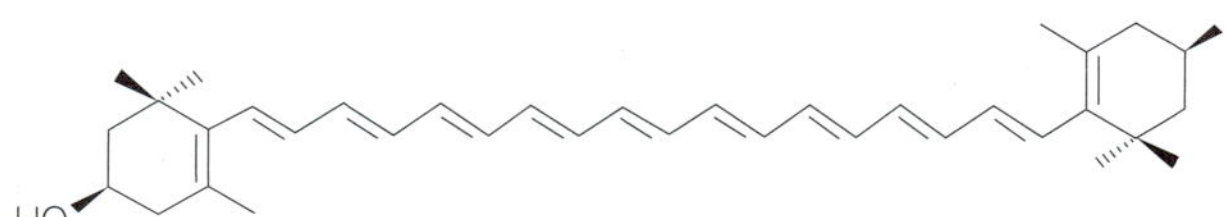

Zeaxanthin

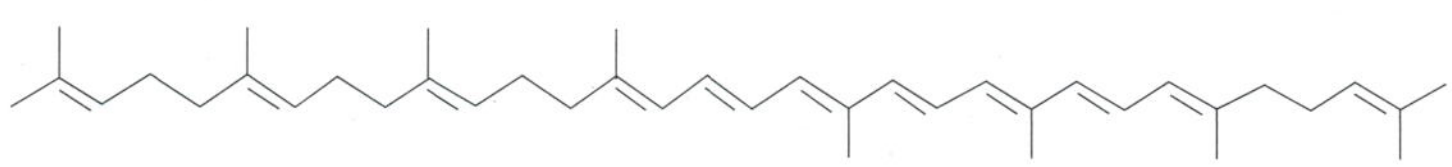

Lycopene

[그림 3-18] 카로티노이드의 일종인 루테인, 제아잔틴, 라이코펜의 분자 구조

## 4) 비누화에 따른 지질

### (1) 비누화 가능 지질

알칼리에 의한 지방의 가수분해 반응이 가능한 지질을 의미하며 중성지방이 여기에 속한다.

### (2) 비누화 불가능 지질

알칼리에 의한 지방의 가수분해 반응이 불가능한 지질을 의미하며 스테롤류, 지용성 색소(oil soluble vitamin A, D, E, K) 등이 여기에 속한다.

# 3. 지질의 성질

## 1) 물리적 성질

### (1) 비중(specific gravity)

지질의 비중은 글리세라이드를 구성하는 지방산의 종류에 따라 다르지만 평균 비중은 15℃에서 0.91~0.99 g/ml로 물보다 적어 물 위에 뜬다.

### (2) 녹는점(melting point)과 동질다형 현상(polymorphism)

고체 상태의 지질이 액체 상태인 기름으로 변하는 온도를 말하며, 그 구성 지방산의 불포화도와 탄소의 수, 이중결합의 위치 등에 따라 달라진다. 따라서 녹는점은 고유값이 아니라 범위값이다.

유지를 구성하는 트리글리세라이드는 한 분자가 여러 개의 결정형을 나타내는 동질다형 성질을 나타낸다. 유지는 단일 혼합물이 아니고 여러 종류의 트라이실글리세롤의 혼합물이기 때문에 하나의 융점을 갖는 것이 아니라 그 범위값을 갖는다.

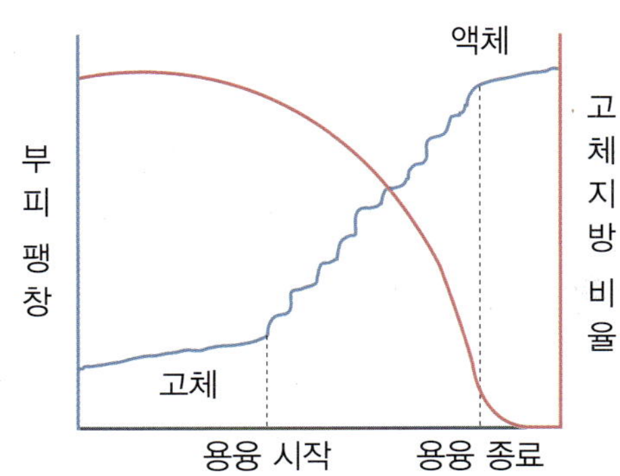


[그림 3-19] 온도에 따른 지질의 부피 팽창 곡선

구성 지방산의 탄소 수가 증가할수록 유지의 분자량은 커지고 그 융점도 높아진다. 반대로 구성 지방산의 이중결합 수가 증가할수록 불포화도가 커지면서 융점은 낮아진다. 즉, 포화지방산은 탄산의 수가 증가할수록 융점이 높아지고, 불포화지방산은 이중결합 수가 증가할수록 융점이 낮아진다. 따라서 불포화지방산 함량이 상대적으로 더 많은 식물성 기름은 동물성 지방에 비해 융점이 낮아 실온에서 액체로 존재한다. 식물성유 중에서도 포화지방산이 많은 코코넛유와 팜유는 상온에서 고체상으로 존재한다. 또한 어유는 동물성이지만 포화지방산보다 다가 불포화지방산을 다량 함유하고 있어서 낮은 온도에서도 기름이 굳지 않는다.

트랜스지방의 경우 시스 형태의 지방보다 입체장애가 적어 더욱 안정하여 더 높은 융점을 갖는다. 트랜스지방은 안정성 때문에 트랜스지방산 2% 증가 시 심장병 발병률이  28% 증가하고 당뇨병 증가률도 39% 정도 상승한다.

또한 한 분자의 트리아실글리세롤도 그 결정형에 따라 각기 다른 융점을 갖는 동질이상 현상을 나타낸다. 동질이상 현상이란 한 가지 물질이 하나의 결정형을 갖지 않고 여러 개의 결정형 또는 무정형으로 존재하는 현상이다.

β'형은 가열하면 54.5℃에서 녹고 α형은 65℃에서 녹으며 β형은 72℃에서 녹는데 이것을 급랭하면 다시 β'형으로 돌아온다. α형 결정형은 녹인 유지를 자연 상태로 방치해서 응고시키면 생성되는데, 고형 유지로서의 특성이 결여되고 불안정한 상태로 녹인 버터가 여기에 해당한다. β형의 경우 녹인 유지를 온도조절(tempering)과 숙성(aging)으로 안정화시킬 때 생성되는 결정형인데 그 구조는 대단히 치밀하다. 카카오 기름이나 라드가 여기에 해당한다.

### (3) 용해성(solubility)

지질은 에스터 결합을 하고 있으므로 비극성 물질이다. 즉, 알킬기가 비극성(소수성)이기 때문에 탄소 수가 증가할수록 지질의 물에 대한 용해도는 낮아진다. 부티르산(butyric acid)은 탄소 수 4개로 가장 적은 탄소를 가지고 있는 지방산이나 물에 녹지는 않고 물과 혼합은 가능하다. 따라서 지질은 일반적으로 물에는 녹지 않고, 에테르, 클로로포름 등의 유기용매에 녹는다.

### (4) 굴절률(refractive index, RI)

지질의 고유한 성질로, 지질을 분석할 수 있는 고유값이다. 지질의 굴절률은 1.45~1.47로 지방산의 불포화도가 증가할수록 굴절률은 커지고, 탄소결합의 길이가 증가할수록 그리고 평균분자량이 증가할수록 굴절률이 더 커진다. 수소 첨가로 요오드가가 감소하면 굴절률도 감소한다. 굴절률은 재현성이 있다. 돼지기름(lard)의 굴절률은 1.4607이고 옥수수유의 굴절률은 1.4733이다.

### (5) 발연점(smoke point), 인화점(flash point), 연소점(fire point)

기름이 가열되면 어느 일정한 온도에서 열분해를 일으켜 지방산과 글리세롤로 분리되어 푸른 연기가 나기 시작한다. 이 온도를 발연점 또는 열분해 온도라고 한다. 콩기름은 181℃ 이상이며, 옥수수기름은 178℃ 이상이다. 발연점에서 발생되는 푸른 연기는 아크롤레인(acrolein)이라고 하며, 이는 트라이실글리세롤이 가열에 의해 가수분해되어 글리세롤 한 분자와 지방산 세 분자로 나뉘고, 글리세롤에서 물 두 분자가 탈수되며 자극적인 냄새와 맛을 지닌 아크롤레인이 생성된다. 인화점은 발생된 증기가 공기와 혼합되어 발화되는 온도로 발연점이 높으면 일반적으로 인화점도 높아진다. 연소점은 유지 연소가 지속되는 온도를 말한다.

### (6) 유화(emulsification)

유화는 섞이지 않는 액체상에서 한 개의 액체가 아주 미세한 크기의 방울 상태로 안정되게 다른 액체에 분산되도록 하는 에멀전 형성을 말한다. 물에 기름이 분산되어 있는 수중유적형(O/W)과 기름에 물이 분산되어 있는 유중수적형(W/O)이 유화의 대표적인 경우이다.

유지와 물은 서로 섞이지 않는 성질을 가지고 있으나, 유화제(emulsifier)를 넣고 강하게 교반하면 유화액이 된다. 유화액 형성에 있어 기계적인 힘을 받으면 두 액체는 분산을 이루며, 가하던 힘이 중단되면 같은 분자끼리의 인력은 크고, 다른 분자끼리는 인력이 작기 때문에 섞여 있던 방울들은 큰 덩어리로 형성된다. 이럴 때 두 가지 물질에 친화력을 가지는 제3의 물질이 있어야 하는데 이를 유화제라고 한다. 분자끼리 서로 끌어당겨 합쳐지려는 힘이 유화제로 인하여 차단되기 때문에 서로 합쳐지지 못하게 되는 것이다. 특히 유화제가 단백질일 경우 보호층에 전하가 존재하므로 기름방울이 합쳐지는 것을 한층 더 방해한다. 분자 중 −OH기, −CHO기, − COOH기, $-NH_2$기 등에는 전하가 편재하므로 이들은 극성기 또는 친수성기라고 부른다. 이에 비해 $-CH_3$, $-CH_2$, −CH와 같은 탄소의 사슬을 알킬기라고 부른다. 유화의 대표적인 예로 마요네즈가 있다. 마요네즈는 기름과 식초, 난황에 있는 레시틴의 유화성을 이용한 대표적인 유화식품이다. 마요네즈의 유화를 잘 시키려면 재료의 온도가 같아야 한다. 또한 마요네즈를 냉장이나 냉동에 보관하면 분리가 되며, 식초 때문에 보존성이 있어 상온에 보관할 수 있다. 그러나 무더운 여름에는 냉장고 문쪽에 보관하는 것이 좋다. 마요네즈를 넣는 샐러드 등은 재료를 차게 한 후 먹기 직전에 마요네즈를 넣어야 맛있고 위생적이다. 만일 재료가 뜨거울 때 마요네즈를 넣으면 마요네즈의 재료인 달걀노른자가 열응고되어 식초만 분리되므로 맛이 없어진다.

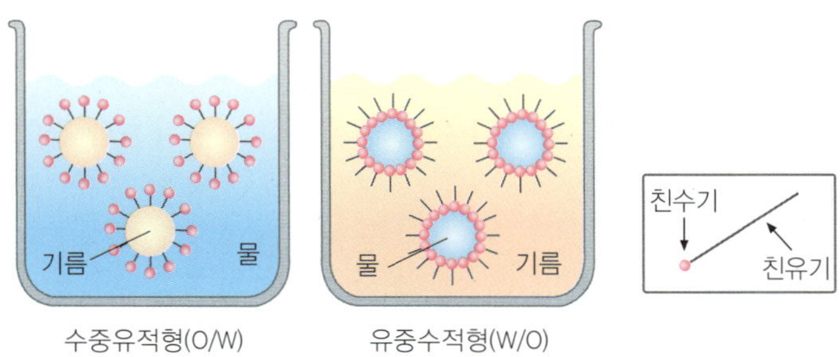


[그림 3-20] 수중유적형(O/W) 유화와 유중수적형(W/O) 유화

### (7) 가소성(plasticity)

물체가 외부에서 에너지나 힘을 받아 그 형태가 변한 뒤 그 힘이나 에너지를 제거해도 원래의 상태로 돌아가지 않는 성질을 말하는데, 유지의 융점이 하나의 값이 아닌 범위값을 가지고 있기 때문에 일정온도 범위에서 식용유지는 액체와 고체가

섞여 있는 상태로 존재하게 되고 이로 인해 유지는 가소성을 가지게 나타낸다. 이런 성질을 유지식품인 버터, 마가린, 쇼트닝에서 볼 수 있다.

## 2) 화학적 성질

### (1) 비누화(saponification, 검화)

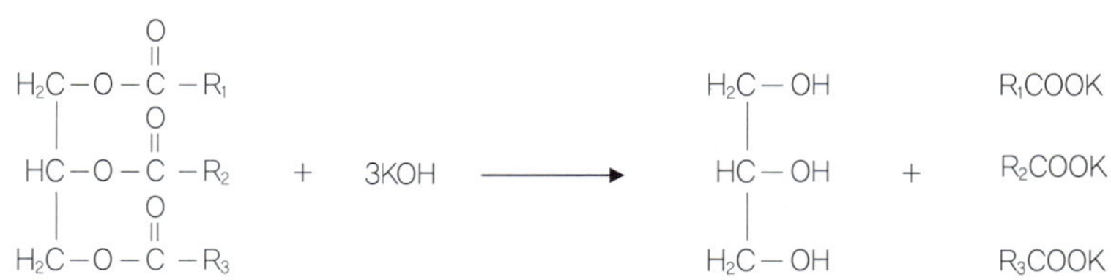

[그림 3-21] 비누화 반응식

유지는 알칼리, 산, 과열증기, lipase 등에 의한 중성지방의 가수분해 반응을 뜻하며, 비누화가는 유지 1g을 비누화하는 데 필요한 KOH의 mg 수를 나타낸다. 저급지방산의 경우 비누화가는 증가하고, 고급지방산은 감소한다. 유지 1몰을 비누화하는 데는 KOH 3몰(3×56=168g)이 필요하므로 유지 1g을 비누화하는 데는 KOH 168,000mg이 필요하다. 따라서 유지의 비누화가는 다음과 같이 계산된다.

$$\text{비누화가} = \frac{168,000}{\text{유지의 분자량}}$$

예를 들면, tributyrate의 비누화가는 556(168,000/302)이며, tripalmitate의 비누화가는 208(168,000/806)이다.

### (2) 요오드가(Iodine Value)

유지에 첨가하는 요오드 양으로 유지의 불포화도를 측정할 수 있는데, 유지 100g에 첨가되는 요오드의 g수를 요오드가라고 한다. Triolein의 이론적인 요오드가를 계산하면$(3\times I_2/C_{57}H_{104}O_6)\times 100=(3\times 127\times 2/884)\times 100$ = 86.2이다. 불포화지방산이 많을수록 요오드가는 증가하고 불포화지방산이 적을수록 요오드가는 감소한다. 건성유의 경우 요오드가 130 이상이고 반건성유는 100~130, 불건성유는 100 이하이다.

[그림 3-22] 요오드 첨가 반응식

### (3) 로단가(Rhodan value)

로단가는 유지의 불포화도를 측정하는 값으로 로단가(rohdan가, 또는 thiocyanogen가)가 있다. 이것은 유지 100g에 첨가되는 thiocyanogen$(SCN)_2$의 양을 당량의 요오드 g수로 환산하여 나타낸 값이다. 이 thiocyanogen과 첨가 반응을 일으키는 이중결합은 매우 선택적이며, 이것이 요오드가와 다른 점이다. oleic acid의 경우 1몰의 oleic acid의 이중결합에는 요오드나 thiocyanogen이 다같이 1몰이 첨가 반응을 일으키기 때문에 요오드가와 로단가는 같다. 그러나 linoleic acid의 경우 요오드 2몰이 첨가되는 데 비해 thiocyanogen은 1몰만 첨가되며, linolenic acid의 경우 요오드는 3몰이 첨가되는 데 반해 thiocyanogen은 2몰이 첨가된다. 따라서 이와 같은 특징은 한 유지 속의 oleic, linoleic, linolenic acid의 함량을 조사하는 데 사용된다. 예를 들면, oleic acid와 linoleic acid의 혼합물이 있을 때 그의 요오드가와 로단가를 알고 있다면, 이 혼합물 중 두 지방산의 함량을 계산할 수 있다.

### (4) 아세틸가(acetyl value)

아세틸가는 존재하는 수산기(−OH)를 가진 hydroxy산의 함량을 표시하여 주는 값이다. 아세틸가는 시료 유지에 무수 아세트산 등을 반응시켜 유지 속에 있는 유리 수산기를 모두 아세틸화(acetylation)시킨다. 다음에 이 아세틸화된 유지 1g을 가수분해할 때 얻어지는 아세트산을 중화하는 데 요하는 KOH를 mg수로 표시한다.

### (5) 에스터 교환 반응(ester interchange)

Triglyceride 분자 중 지방산의 위치나 종류는 에스터 교환 반응에 의하여 변할 수 있다. 에스터 교환 반응에는 유지(triglyceride)와 알코올과의 반응(alcoholysis), 유지와 지방산과의 반응(acidolysis), 유지 간의 에스터 교환 반응(ester interchange, 또는 transesterification)의 세 가지가 있는데, 식용유지 가공에서는 유지의 물리적 성질을 변화시키기 위하여 주로 유지 간 에스터 교환 반응이 이용된다. 또한 에스터 교환 반응은 분자 내 자리옮김 반응(intramolcular rearrangement)일 경우와 분자 간 자리옮김 반응(intermolcular rearrangement)일 경우가 있다.

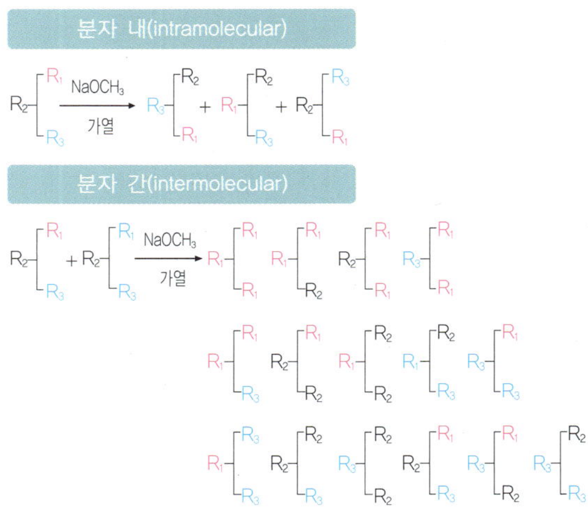


[그림 3-23] 트라이아실글리세롤 분자 내 또는 분자 간에 지방산을 재배열하는 반응

에스터 교환 반응은 Na/K 또는 $NaOCH_3$ 등의 촉매에 의해 glyceride의 acyl기 간에 교환 재배열이 일어나서 glyceride의 조성이 변하고 녹는점도 변하게 된다. 동량의 tristearin과 triolein을 에스터 교환 반응 시켰을 때 6종의 triglyceride가 생성된다. 에스터 교환 반응은 식용유지의 특성인 풍미, 열안정성, 영양성과 직접 관련이 있고, 특히 사용 목적에 알맞은 물성을 갖는 유지로 개량할 수 있다는 것이 가장 중요한 점이다.

## 4. 식용유지

식용유지는 먹을 수 있는 기름과 지방을 말하며, 유지가 많은 동식물의 조직에서 분리해 정제한 것으로, 상온에서 액체이면 기름이고 고체이면 지방이다. 열량을 많이 내는 식품이며, 음식에 넣어 맛을 좋게 하거나 음식의 질감을 변화시킨다. 식용유지에는 식물성유지와 동물성유지 그리고 가공유지가 있다.

### 1) 식용유지의 종류

#### (1) 식물성유지

식물성유지는 대부분 식물의 씨앗에서 얻으며 불포화지방산 대 포화지방산의 비율이 높은 편이다. 참기름, 들기름, 콩기름, 면실유, 해바라기유, 올리브유 등이 있으며, 발연점은 180～200℃ 정도이며  발연점이 250℃로 비교적 높은 카놀라유(캐나다 유채유, 저에루카산)나 포도씨유 등은 튀김유로 많이 사용한다.

#### (2) 동물성유지

동물성유지는 대부분 포화지방산으로 이루어져 있으며 수지, 라드(돼지기름), 버터 따위가 있다. 따라서 상온에서는 고체 상태이므로 찬 음식에는 알맞지 않다.

#### (3) 가공유지

가공유지는 기름이 공기나 빛으로 쉽게 산패되는 것을 막으려고 기름에 수소를 첨가해 고체로 만든 것으로, 버터 대용품인 마가린과 라드 대용품인 쇼트닝이 있다.

경화유는 식물성유지에 수소를 공업적으로 첨가하여 제조하며, 마가린은 불포화지방(불포화지방산)의 이중결합에 수소를 첨가하여 액상을 고형으로 전환시켜 제조한다.

버터는 우유를 원심분리시켜 유지방을 분리하여 굳힌 것으로 구성 성분은 지방이 80% 이상이며, 수분, 무기질, 소금, 단백질인 커드분 등이 함유되어 있다. 융점이 낮고 구용성이 좋으며 독특한 풍미가 있다. 마가린은 식용유지에 물을 가한 후 기타 첨가물을 혼합해 만드는 천연 버터의 대용품으로, 정제한 동·식물성 유지와 경화유를 알맞은 비율로 배합한 후 유화시켜 굳힌 것으로 버터에 비해 산화 안정성이 좋다. 쇼트닝은 지방질이 99.5% 이상인 반고체 상태의 가소성 유지류로, 굳지 않고 부서지기 쉬운 성질(shortness)을 갖고 있다. 쇼트닝성과 크리밍성이 좋아 비스킷, 쿠키 등 바삭한 식감을 원하는 제품에 사용한다.

## 2) 유지의 산패

### (1) 산패의 종류

산패(rancidity)는 유지나 지방이 든 식품 등이 변질되어 맛과 색상이 나빠지며 이취가 발생하는 현상이다. 유지는 물, 산, 알칼리 및 효소에 의한 가수분해적 산패와 산화에 의한 산화적 산패로 구분된다.

#### ① 가수분해적 산패

가수분해는 물, 산, 알칼리와 지방분해효소(lipase)에 의해 발생하는데, 지방가수분해효소가 트라이글리세라이드에 물을 첨가하여 지방산과 글리세롤로 가수분해시킨다.

$$\text{Triglyceride} + H_2O \rightarrow \text{fatty acid} + \text{glycerol}$$

우유 버터 등의 유제품의 불쾌한 냄새와 맛이 변하는 현상이다.

#### ② 산화적 산패

##### a. 자동산화

유지를 상온에서 장시간 보존 시 자연적으로 발생되는 산화이다 이는 유지가 공기와 접촉을 통해 산소와 반응하여 과산화물(hydroperoxide)을 생성하는 것이다.

온도, 빛, 수분은 산화 속도를 촉진하고 생성된 자유라디칼(free radical)에 의해 연쇄 반응으로 진행된다. 비공액(nonconjugated) 결합이 공액(conjugated) 결합으로 변함으로써, 즉 이중결합이 깨어짐으로써 유지의 점도가 증가하고 발연점이 감소하며, 검화가 감소하고 요오드가 감소한다. 산가는 증가하고 과산화물가 역시 증가한다. 카보닐 화합물, 프로피온산, 부티르산, 카프로산과 같은 저급지방산, 그리고 아세톤이나 아세트알데하이드(아크로레인) 같은 성분에 의해 산패취가 발생하게 된다. 또한 시스(cis) 지방산이 트랜스(trans) 지방산으로 전환되기도 한다. 유지의 산패 촉진인자로는 먼저 불포화도(이중결합)가 많을수록 촉진되며, 온도가 높을수록 산패가 촉진된다. 헤모글로빈이나 엽록소(chlorophyll) 혹은 사이토크롬(cytochrome)과 같이 금속을 함유한 생체화합물, 자외선, 수분, 산소 등이 산패를 촉진시킨다.

b. 가열산화

가열산화는 유지를 공기 존재하에 고온(150~200℃)으로 가열 시 유리기의 중합이 생성되어 발생하는 산화이다. 자동산화보다 매우 산화속도가 빠르고, 유리지방산이 생성되고 중합 반응이 일어나 점성이 증가한다. 180℃ 가열 시 실온보다 6만 배 이상 빨라지며 하이드로과산화물(전파 단계) 생성보다 분해가 빠르게 진행되고, 알데하이드, 케톤, 기타 산화물의 축적량이 증가한다.

Triglyceride + 가열 → fatty acid → butyrate, glycerol → 아크로레인(acrolein)

c. 산화효소에 의한 산화

지질의 산화를 촉진하는 효소에 의해 발생되는 현상으로 주로 리폭시게네이스(lipoxygenase), 리포하이드로퍼옥시다아제(lipohydroperoxidase) 등이 산화를 촉진시킨다.

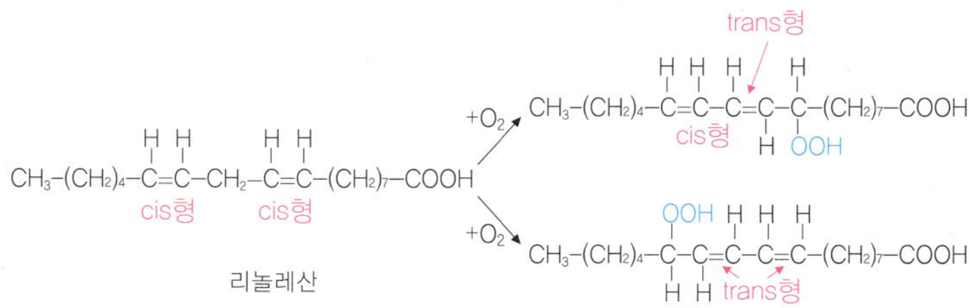


[그림 3-24] 리폭시게네이스에 의한 산화 반응. 리폭시게네이스에 의한 산화 반응을 통하여 cis형과 trans형의 기하학적 이성질체가 생성될 수 있다.

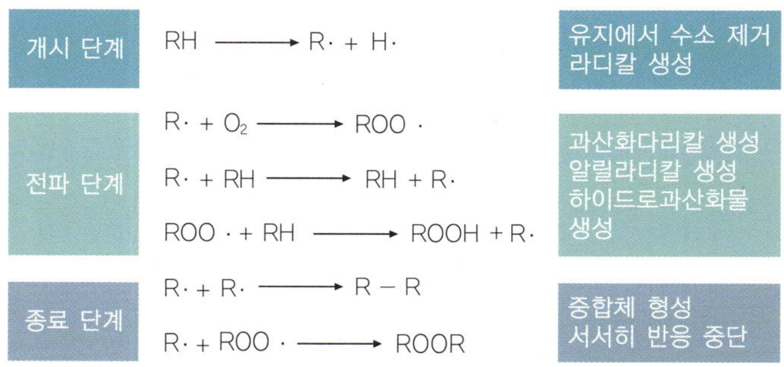


[그림 3-25] 유지의 자동산화 반응.
유지의 자동산화 반응은 개시 단계, 전파 단계, 종료 단계로 일어난다.

## (2) 산패의 반응 메커니즘

### ① 개시 단계

유지의 이중결합 또는 불순물(금속 이온, peroxidase 등)이 가열 또는 햇볕 등의 외부 요인에 의해 유리라디칼(R · )이 형성되어진다.

유도기간(induction period)은 초기에 유지의 산소 흡수 속도가 일정 기간 동안 느리고 그 흡수량도 적은 기간을 말한다. 즉, 유도기간은 유지가 산패되기 전 기간이며, 불포화도가 많을수록 산소 흡수가 원활해지기 때문에 불포화도가 많을수록 유도기간이 짧아지게 되고 유도기간이 끝나면 유리라디칼이 생성되게 된다. 불포화지방산의 이중결합 부위는 열 또는 빛 그리고 금속이나 그 외 불순물 혹은 외부적 요인에 의해 수소가 제거되고 유리라디칼이 생성된다.

② 전파 단계

개시 단계에서 생성된 유리라디칼(R·)은 산소와 결합하여 퍼옥시라디칼(peroxy radical) (혹은 과산화라디칼(ROO·)을 생성시키고, 퍼옥시라디칼은 다른 분자의 수소와 결합하여 하이드로퍼옥사이드(ROOH)를 생성시킨다. 이 때 수소를 잃은 유지 분자는 새로운 유리라디칼(R'·)이 된다. 이렇게 유리된 유지 분자는 반복적으로 산화가 진행되어 과산화물(hydroperoxide, ROOH)이 되며 생성량이 증가하게 된다.

③ 종결 단계

라디칼(R·)들이 서로 중합되어 공유결합을 형성함으로 라디칼 반응은 서서히 종결되어진다. 유지의 풍미가 달라지고 인체 내에서 소화 흡수가 잘 되지 않게 된다.

## 3) 유지 산화에 영향을 주는 인자

### (1) 물리적 인자

① 온도의 영향

유지를 고온에서 가열하면 산화가 가속화되어지며 180℃로 가열하면 실온보다 6만 배 이상 산화속도가 빨라지게 된다.

② 자외선의 영향

햇볕의 자외선이나 방사선은 산화작용을 촉진한다. 파장이 짧은 광선일수록 에너지가 커서 산화가 더 촉진된다. 자외선을 내는 살균등이나 형광등 등의 광선들도 유지의 산화를 촉진시킨다.

③ 산소의 영향

공기 중 산소가 서서히 유지에 흡수되어 산화를 일으킨다. 신선한 유지는 처음에는 산소 흡수 속도가 매우 느리나 유도기간이 지나면 산소 흡수가 급격히 증가하여 카보닐 화합물과 과산화물의 생성이 급격히 늘어난다.

### (2) 화학적 인자

#### ① 생화학적 물질의 영향

지방산의 산화를 촉진시키는 것에는 hemoglobin, cytochrome 등의 heme 화합물, chlorophyll 등의 감광물질, 리폭시다아제, 리포하이드로퍼옥시다아제 등의 효소가 있다.

#### ② 금속의 영향

금속은 미량 존재하더라도 현저한 촉매작용을 하여 유지나 지방산의 자동산화를 촉진한다. 특히 코발트, 구리, 철, 망간, 니켈 등 산화환원 반응이 쉬운 중금속이 문제를 유발시킨다. 공업적으로 정제된 유지일지라도 0.2ppm의 구리 및 아주 미량의 코발트, 철 등을 함유하면 산화가 촉진된다.

#### ③ 수분의 영향

수분은 단분자막을 형성하여 식품 내 지방질이 공기 중의 산소를 차단하는 역할을 한다. 식품의 수분함량이 단일분자층을 형성할 수 있는 양보다 많을 경우에는 수분이 보호막을 형성하여 유지와 산소의 접촉을 차단하지만, 수분의 함량이 적어지면 산소 접촉을 막는 보호막이 깨져 산화가 촉진된다.

## 4) 항산화제

산패 방지 또는 산화 억제 물질을 항산화제라고 하며, 항산화작용을 하는 유지로는 인지질(phospholipid)이 있다. 천연에 존재하는 인지질 중에서 중요한 것은 lecithin과 cephalin이다. 식물유 중에 함유되어 있는 항산화 물질은 tocopherol, sesamol과 flavonoid 등이며, BHT(butylated hydroxytoluene), BHA(butylated hydroxyanisole), 갈레이트(gallate) 등이 있다.

또한 상승제(synergist, enhancer)라 하며, ascorbic acid, citric acid, phytic acid, methyl mercapto succinic acid, 중합인산염 등이 있다.

$$ROO\cdot + AH \longrightarrow ROOH + A\cdot$$
$$A\cdot + BH \longrightarrow AH + B\cdot$$

[그림 3-26] 상승제(AH)의 산화 방지 작용. 자신(AH)은 산화 방지 작용이 없으나 라디칼 저해제 (BH)의 산화 방지력을 상승시켜 라디칼(ROO·)을 소멸시킨다.

## 5) 유지의 산패 측정법

### (1) 과산화물가(peroxide value)

과산화물가는 유지 1kg에 함유된 과산화물의 밀리몰(mM) 수를 의미한다. 산화된 유지에 아세트산과 클로로포름을 용매로 혼합시킨 후 포화 요오드화칼륨(KI) 용액을 첨가하여 요오드 이온($I^-$)을 유지 중의 과산화물과 반응시켜 요오드($I_2$)로 산화시킨다. 여기에 티오황산나트륨($Na_2S_2O_3$) 용액으로 적정하여 과산화물의 함량을 구한다.

### (2) 카보닐가

유지나 지방질 성분의 산화 과정에서 발생되는 카보닐(carbonyl) 화합물의 양을 측정하는 방법이다. 2,4-nitrophenylhydrazine을 사용하는 방법과 hydroxylamine을 사용하는 방법이 사용된다. 카보닐 화합물이 생성되면 2,4-nitrophenylhydrazine과 NaOH 혹은 KOH의 작용으로 붉은색의 2,4-dinitrophenyl hydrazone을 생성하여 430~460nm의 적색을 띠게 되는데, 이 때 비색정량을 통하여 산패를 측정한다.

### (3) TBA가

TBA(thiobarbituric acid)는 고기의 조직 내 지방 산패 정도의 지표로 사용되며, 지방 산화에 의해 발생되는 말론알데하이드(malonaldehyde) 한 분자와 TBA(thiobarbituric acid value) 2분자가 축합하여 붉은색(530nm)을 띠게 되는데, 이 적색 강도는 말론알데하이드 농도에 따라 증가하기 때문에 유지의 산패도로 사용할 수 있다.

## 5. 지질의 기능

지질의 3가지 중요한 기능은 첫째, 에너지 저장 기능이고, 둘째, 세포막의 주성분이며, 셋째, 세포의 신호 전달에서 중요한 역할을 하는 기능이다. 그 외 여러 가지 기능이 있는데, 중성지방과 인지질 그리고 콜레스테롤로 나누어 알아보도록 하자.

### 1) 중성지방

#### (1) 고효율의 에너지 공급원 및 에너지 저장

지방산은 3개의 지방산과 한 분자의 글리세롤(glycerol)이 결합된 triacylglycerol (또는 지방)의 형태로 저장된다. Triacylglycerol은 물에 녹지 않으며, 따라서 세포질 내에서 자기들끼리 모여 지방 덩어리 (fat droplet)를 형성한다. Triacylglycerol은 필요한 경우 분해되며 에너지를 발생시킨다. 지질은 1g당 9kcal의 고에너지를 공급하는 영양소이다. 1g당 4kcal를 제공하는 탄수화물이나 단백질보다 2배 이상의 에너지를 낼 정도로 효과적으로 에너지를 저장한다. 그러므로 지방은 탄수화물과 같은 에너지를 내기 위해 반 정도의 무게만을 저장해도 된다. 체내 저장 에너지의 80% 이상은 중성지질 형태로 저장되며, 장기적으로 고에너지를 저장한다. 또한 지방은 수분이 없이 저장되기 때문에 저장 시 적은 부피를 차지할 수 있다는 효율성을 갖고 있다. 음식물 중 지질의 95%는 트리글리세리드이다. 생체 내 트리글리세리드는 대부분 지방조직 등에 저장되고, 생체의 활동에 대응해서 트리글리세리드는 가수분해되어 생긴 지방산이 에너지원으로 사용된다. 생체는 친수성의 글리코겐과 소수성의 중성지방을 에너지원으로 저장하지만, 양적으로 보면 중성지방이 압도적으로 많다.

#### (2) 단백질 절약작용

탄수화물과 마찬가지로 음식으로 섭취된 지질도 단백질 절약작용을 한다. 당질과 지질 섭취량이 낮은 경우 혈당과 에너지 부족이 발생하게 된다. 또한 체조직 합성에 사용되어야 할 단백질이 혈당과 열량 부족을 채우기 위해 분해되어 사용된다.

#### (3) 지용성 비타민의 급원 및 흡수 촉진

지질은 지용성 비타민의 공급원이며, 지용성 비타민의 흡수와 운반도 돕는다.

#### (4) 필수지방산의 공급

음식 섭취 시 지질의 95% 이상이 중성지질 형태로 공급된다. 필수지방산은 중성지질을 구성하는 지방산의 형태로 공급되므로 중성지질을 섭취하지 않으면 필수지방산의 공급이 불가능하다.

#### (5) 체온조절 및 장기 보호 기능

지방은 열전도율이 낮아 체내의 절연체의 역할을 하므로 외부의 온도 변화로부터 체온의 변화를 막아 준다. 또한 외부 충격으로부터 신체를 보호하는 쿠션 기능을 담당하기도 한다.

#### (6) 식품에 포함되어 맛, 향미, 포만감 제공

지방은 음식의 맛과 향미를 풍부하게 해주어 식욕을 돋워 주며, 탄수화물이나 단백질보다 위장관을 통과하는 시간이 길어 위장에 오래 머무르기 때문에 포만감을 준다.

### 2) 인지질과 콜레스테롤

#### (1) 세포막과 신경조직의 구성 성분

인지질(phospholipid)은 세포막의 주성분이며, [그림 3-27]에서와 같이 극성인 머리(head) 부위에 두 개의 지방산이 연결된 구조로 되어 있다.

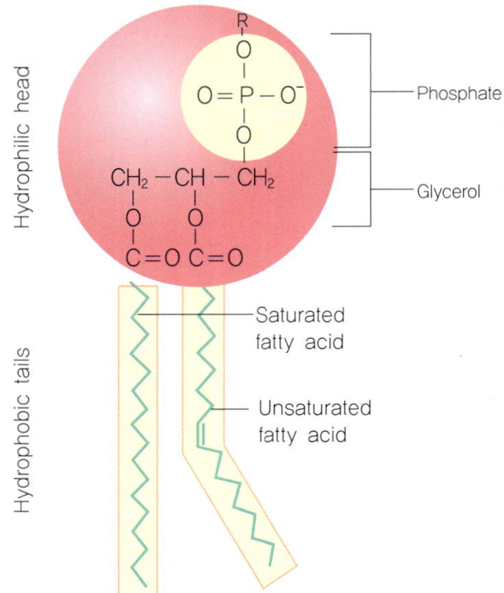


[그림 3-27] 인지질의 구조

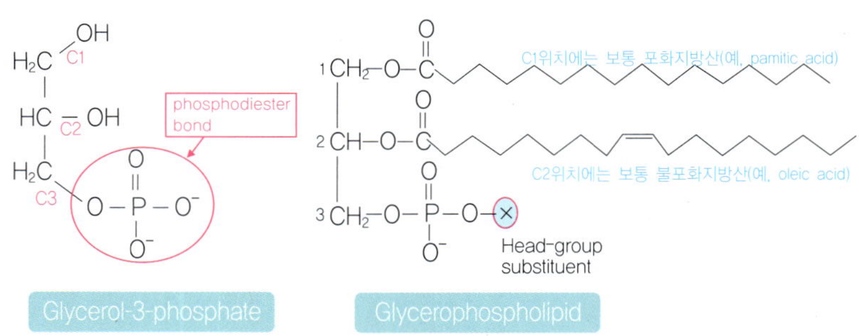


[그림 3-28] glycerol-3-phosphate와 glycerophospholipid

인지질은 triacylglycerol에서처럼 글리세롤의 탄소 원자에 두 개의 지방산이 각각 결합되어 있고, 글리세롤의 세 번째 탄소 원자에는 인산이 결합되어 있다. 이 인산에는 또다시 콜린(choline), 세린(serine), 이노시톨(inositol), 에탄올아민(ethanolamine) 같은 작은 극성 분자들이 결합된다. 생체막에서 유일하게 글리세롤을 갖지 않고 있는 sphingomyelin은 글리세롤이 아닌 세린으로부터 만들어진 머리 부위

(head)에 두 개의 탄화수소 사슬이 연결된 구조를 갖고 있다. 모든 인지질은 소수성(hydrophobic)인 탄화수소로 되어 있는 꼬리 부위(tail)와 인산기와 인산기에 부착된 극성물질로 이루어진 친수성(hydrophilic) 머리 부분으로 되어 있다. 결과적으로 인지질의 일부는 물에 녹고 일부는 물에 녹지 않는 양친매성(amphipathic) 분자 구조를 갖고 있다. 이러한 인지질의 구조는 생체막을 형성하는 데 있어 필요하다. 인지질은 지질이중층(lipid bilayer)을 형성하기 때문에 막(membrane)의 내부가 소수성으로, 막의 외부가 친수성으로 존재한다. 생체막에는 인지질 외에 당지질(glycolipid)과 콜레스테롤(cholesterol)이 들어 있다. 당지질은 탄수화물을 함유하고 있는 머리 부위에 두 개의 탄화수소 사슬이 연결된 구조를 갖고 있다. 그러므로 당지질 역시 양친매성 분자로서 기본적으로 인지질과 구조가 비슷하다. 반면에 콜레스테롤은 탄화수소 사슬 대신에 4개의 탄화수소 고리를 갖고 있다. 콜레스테롤의 탄화수소 고리 부분은 역시 강한 소수성이며, 수산기(OH)가 있는 부분은 약한 친수성을 띠고 있기 때문에 콜레스테롤도 역시 양친매성 분자이다.

### (2) 세포 신호 전달

지질은 세포에서 신호를 전달하는 물질로서의 기능을 갖고 있다. 에스트로겐(Estrogen) 및 테스토스테론(testosteron)과 같은 스테로이드 호르몬(steroid hormone)은 콜레스테롤 유도체이다. 이들 호르몬은 4개의 탄화수소 고리에 다양한 작용기가 결합함으로써 다양한 신호 전달 물질이 된다. 일부 인지질의 유도체 역시 세포 표면수용체로부터 세포 내부의 표적까지 신호를 전달하는 신호 전달 물질로서의 기능을 갖기도 한다.

### (3) 체내 활성 물질 합성

콜레스테롤은 에스트로겐, 테스토스테론 등 스테로이드계 호르몬이나 담즙산, 비타민 D를 체내 합성해서 전구체로 작용한다. 또한 지용성 비타민(A, D, E 및 K)의 흡수를 돕는다.

# Food Chemistry

Chapter 04

# 단백질

1. 단백질의 분류
2. 단백질의 구조와 종류
3. 아미노산의 성질
4. 단백질의 성질
5. 단백질의 품질 평가
6. 단백질의 기능

## 1. 단백질의 분류

단백질(protein)의 어원은 proteios로 '가장 중요한 것'이라는 뜻이다. 생명 유지에 가장 중요하며 생체조직세포의 구성 성분이고, 효소, 항체, 호르몬 등의 주요 성분으로 생리기능 유지에 중요한 역할을 한다. 단백질은 아미노산 분자들이 펩타이드(peptide) 결합을 통해 구성되는 고분자 화합물로 보통 산소 50~55%, 수소 6~8%, 산소 20~23%, 질소 14~18%, 황 0~4% 등으로 구성된다. 펩타이드 결합은 카르복실기(−COOH)와 아미노기(−$NH_2$)가 반응하여 형성되는 화학결합으로 반응 중 물 분자가 생성되는 탈수 반응을 한다.

단백질은 이화학적 특성에 따른 분류방법과 그 형태에 따른 분류, 그리고 영양학적 특징으로 분류할 수 있다. 이화학적 분류방법은 산(aicd), 알칼리(alkali), 염용액(salt solution), 유기용매(organic solvent) 등에 대한 용해도의 차이에 따라 분류하며, 형태적인 분류방법은 단백질의 모양으로 분류를 하며, 영양학적 분류는 동물 성장 실험과 관련된 결과를 바탕으로 분류할 수 있다.

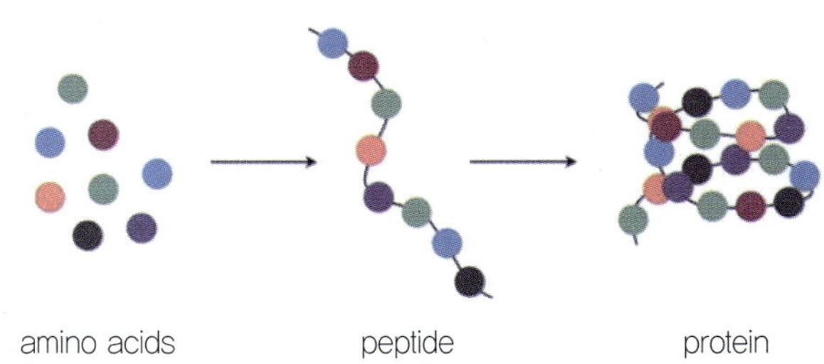


[그림 4-1] 아미노산은 펩타이드를 구성하고 펩타이드는 단백질을 구성한다.

### 1) 이화학적 특성에 따른 분류

단백질은 단백질 부분에 비단백 요소가 결합되어 있는지 여부에 따라 단순단백질(simple protein), 복합단백질(conjugated protein) 및 유도단백질(derived protein)로 나뉜다.

### (1) 단순단백질

아미노산으로만 구성된 구조가 비교적 간단한 단백질로 가수분해에 의하여 단순히 아미노산으로 쪼개지는 단백질을 말한다. 물, 묽은 산, 알칼리, 염류용액에 녹으며 분자의 모양이 구상이다.

① 알부민(albumin)

물, 묽은 산(acid), 알칼리, 염류용액에 용해되며 열과 알코올에 의해 응고된다. 혈청알부민, 우유알부민, 오브알부민(달걀흰자), 미오겐(근육), 레구멜린(콩), 리신(피마자) 등이 있다.

② 글로불린(globulin)

물에 녹지 않고 묽은 산, 알칼리에 용해된다. 중성염류(NaCl)에도 녹지만 열에 의해 응고되는 특성이 있다.

③ 글루텔린(glutelin)

물, 염류에 녹지 않고 묽은 산 또는 알칼리에 용해된다. 글루테닌(밀), 오리제닌(쌀), 호데닌(보리) 등이 있다.

④ 프롤라민(prolamin)

물, 염류용액에 녹지 않고 묽은 산 또는 알칼리에 녹는다. 글리신을 적게 가지고 있으며 글리아딘(밀)과 제인(옥수수) 등이 여기에 속한다.

⑤ 히스톤(histone)

염기성 아미노산 함량이 많고 가열에 의해 응고되지 않는다. 핵산과 결합하는 단백질이다.

⑥ 프로타민(protamine)

염기성 아미노산이 많이 함유되어 있으며 핵산과 결합되어 있는 단백질이다.

### (2) 복합단백질

단순단백질(simple protein)에 비단백질 성분이 함유된 단백질로 어떤 성분이 함유되어 있는가에 따라서 핵단백질, 당단백질, 인단백질, 지방단백질, 색소단백질로 나뉜다.

〈표 4-1〉 복합단백질의 종류와 예

| 구분 | | 예 |
|---|---|---|
| 단순단백질 | | 알부민(달걀흰자), 글로불린(달걀노른자), 콜라겐(뼈, 피부) |
| 복합단백질 | 핵단백질 | 디옥시리보핵단백질(염색체), 리보핵단백질(리보솜) |
| | 당단백질 | 뮤신(점막 분비물) |
| | 인단백질 | 카세인(우유), 펩신(우유) |
| | 지단백질 | HDL, LDL |
| | 색소단백질 | 헤모글로빈, 미오글로빈 |

#### ① 핵단백질(nucleoprotein)

핵산과 단백질이 결합되어 있는 단백질로 체내의 단백질 합성에 중요한 역할을 하는 물질이다. 세포핵의 주성분으로 흉선(thymus)에 있는 뉴클레오히스톤과 어류 정액의 뉴클레오프로타민 등이 있다.

#### ② 당단백질(glycoprotein 또는 mucoprotein)

당단백질은 당질 또는 그 유도체와 단백질이 결합된 것을 의미한다. 혈청의 세로글리코시드, 세로뮤코시드 등이 있다.

#### ③ 인단백질(phosphoprotein)

핵산 및 레시틴 이외의 인을 함유하는 물질과 단백질이 결합된 것으로 우유의 카세인과 난황의 오보비텔린 등이 있다.

#### ④ 지단백질(lipoprotein)

지단백은 혈청 중에 함유되어 있는 킬로미크론, LDL, VLDL과 HDL이 대표적이다. 그 외에 혈액응고에 작용하는 트롬보플라스틴이 있다. 식품 중 난황에는 리보비텔린과 리보비텔리닌이 있다.

⑤ 색소단백질(chromo proten)

색소단백질은 색소 성분과 결합된 복합단백질로서 혈액 중의 헤모글로빈이 대표적인 단백질이다. 헤모글로빈은 헴과 글로빈 단백질이 결합된 것으로, 체내의 산화-환원에 중요한 역할을 하며, 호흡 효소도 이것과 같은 종류의 것이다. 색소 성분으로는 헴과 플라빈 등이 있으며, 이들은 각각 헤모글로빈과 플라보프로테인이라 한다.

헤모프로테인(hemoprotein)으로는 헤모글로빈, 미오글로빈이 있고, 체조직 일반에는 카탈라아제(catalase)나 퍼옥시다아제(peroxydase) 등의 산화효소(oxidase)가 있다. 색소 성분 중에 특히 금속이 들어 있으면, 금속단백질(metalloprotein)이라고 부른다. 철, 구리, 아연 등과 단백질이 결합된 것이 있으며, 철단백질인 페리틴, 구리단백질로는 헤모시아딘으로 연체동물의 혈액이 이에 해당한다. 아연단백질(zinc protein)로는 인슐린(췌장호르몬)이 있다. 클로로필 프로테인은 마그네슘을 함유한 금속단백질 중의 하나이다.

### (3) 유도단백질

자연에 존재하는 단백질이 산, 알카리, 또는 효소에 의하여 부분적으로 변성된 단백질을 말한다. 변성된 정도에 따라 제1차 유도단백질과 제2차 유도단백질로 분류된다.

① 제1차 유도단백질(the first derived proteins)

산, 알칼리, 효소, 가열 등에 의해 약간 변성된 것으로, 단백질의 구조는 변하였으나 분자량은 변화가 없다. 용해도 감소 현상이 많은 편이다.

제1차 유도단백질에는 콜라겐(collagen)의 가수분해 결과 형성된 젤라틴(gellatin)과 수용성 단백질이 산, 알칼리 또는 가열 등에 의해서 불용성이 된 프로테안(proteans) 등이 있다.

### ② 제2차 유도단백질(the second derived proteins)

제2차 유도단백질은 자연단백질이 산, 알칼리, 또는 가열 등에 의해서 펩타이드 결합이 끊어져 아미노산이 되기까지의 중간체를 의미하며, 분자량이 감소하고 용해도가 증가하는 특징이 있다.

제1차 유도단백질보다 가수분해 또는 변성이 더 진행된 단백질로, 프로테오스(proteose), 펩톤(peptone) 그리고 펩톤보다 더 가수분해가 진행된 펩타이드류(peptides)가 있다.

## 2) 형태에 따른 분류

단백질은 구조와 형태에 따라 섬유상 단백질(fibrous protein)과 구상 단백질(globular protein)로 분류한다.

### (1) 섬유상 단백질(fibrous proteins)

섬유상 단백질은 한 축(axis)을 따라 뻗어난 polypeptide chain을 가진, 물에 녹지 않는 불용성의 실과 같은 긴, 비교적 단순하고 규칙적인 분자이다. 섬유상 단백질은 일반적으로 물이나 묽은 염 용액에는 녹지 않는다. 대부분의 섬유상 단백질은 구조적 역할을 하거나 보호기능을 가지고 있다. 전형적인 섬유상 단백질의 예로는 머리카락과 양털의 α-keratin, 명주실(silk)의 fibroin, 힘줄(tendon)의 collagen, 수축 단백질인 actin과 myosin이 있다.

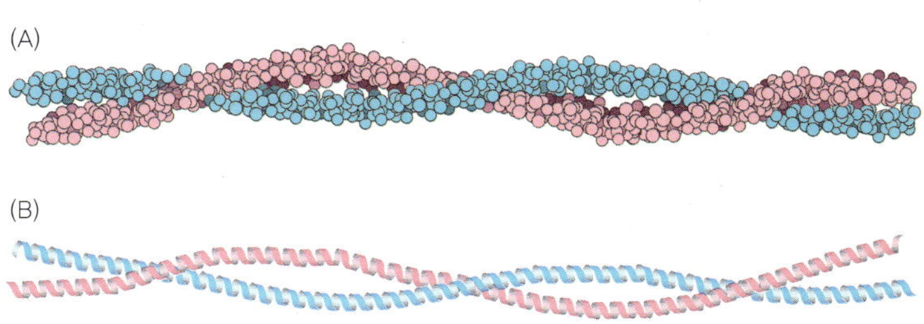


[그림 4-2] 섬유상 단백질

### (2) 구상 단백질(globular protein)

구상 단백질은 형태가 구 모양으로 형성된 단백질로 생체 내 대부분의 단백질은 구상 단백질이다. 구상 단백질은 polypeptide chain이 조밀하게 접혀(folding) 있어서 소수성 아미노산 곁사슬은 단백질 내부에 위치하며 친수성 아미노산 곁사슬은 외부에 위치하여 물과 같은 용매에 매우 잘 녹는다. 구상 단백질은 대개 세포작용을 매개하며 거의 모든 효소와 헤모글로빈(hemoglobin)과 같은 혈액 수송 단백질, 항체, 영양 저장 단백질 등이 여기에 속한다.

〈표 4-2〉 구상 단백질에서의 아미노산 위치

| 외부(친수성) | 내부(소수성) | 내부, 외부(중간극성) |
|---|---|---|
| 아스파르트산<br>글루탐산<br>아스파라긴<br>글루타민<br>리신<br>아르기닌<br>히스티딘 | 페닐알라닌<br>류신<br>이소류신<br>메티오닌<br>발린<br>트립토판 | 프롤린<br>트레오닌<br>세린<br>시스테인<br>알라닌<br>글리신<br>타이로신 |

## 3) 영양학적 특징으로 분류

단백질은 그 급원에 따라 식물성 단백질(plant protein)과 동물성 단백질(animal protein)로 나누어지고, 이들은 다시 세부적으로 분류된다.

체내에서 합성되지 않는 9가지 아미노산을 필수 아미노산이라고 하고, 합성되는 11가지 아미노산을 불필수 아미노산이라고 한다. 동물성 단백질은 모든 필수 아미노산을 다량 가지고 있기 때문에 완전단백질이고, 식물성 단백질은 동물성 단백질에 비해 적은 양의 단백질을 함유하고 있다.

식물성 단백질에는 곡류 단백질(cereal protein), 콩류 단백질(legume protein)이 있으며 동물성 단백질에는 육류 단백질(meat protein), 난류 단백질(egg protein), 우유 단백질(milk protein), 어류 단백질(fish protein) 등이 있다.

## 2. 단백질의 구조와 종류

단백질(蛋白質)은 알(egg)의 흰자 부분을 지칭하는 뜻이며, 영문표기인 protein은 그리스어인 proteios, 즉 '중요한'이라는 의미를 가지고 있다. 생명체의 대사 과정에 관여하거나 생리현상을 조절하는 중요한 물질이며, 신체를 구성하거나 물질을 저장하는 등의 생명현상을 수행하는 데 필수적인 기능을 가지는 물질이다. 생체 내에는 그 기능과 형태가 다양한 수많은 단백질이 존재하나 이들은 20가지의 아미노산으로 구성되어 있으며, 이 아미노산의 결합 순서와 개수에 의하여 단백질의 구조 및 기능이 달라지게 된다.

단백질의 구조는 1차, 2차, 3차 및 4차 구조로 되어 있으며 아미노산들이 펩타이드 결합에 의해 구성되어 있는 폴리펩타이드(polypeptide)를 1차 구조(primary structure), 폴리펩타이드 사슬이 수소 이온이나 이온결합에 의하여 나선 구조(α−helical structure)나 병풍 구조(β−plated sheet structure)를 형성한 것을 2차 구조(secondary structure), 1차 구조와 2차 구조의 폴리펩타이드 사슬들이 이온결합, 수소결합, 소수결합, −S−S− 결합 및 펩타이드 결합 등에 의하여 구부러지고 압축되어 구상이나 섬유상의 복잡한 구조를 형성한 것을 3차 구조(tertiary structure)라 한다. 3차 구조의 구형단백질이 소수성결합, 수소결합 등에 의해 2개 이상 소단위(subunit)가 결합하여 다시 입체적으로 배열된 구조를 형성한 것을 4차 구조(quaternary structure)라 한다.

### 1) 1차 구조(primary structure)

단백질의 1차 구조는 단순히 펩타이드 결합(polypeptide bond)을 통해 아미노산이 연결되어 있는 상태의 구조를 말한다. 아미노산은 각각의 곁사슬과 아미노기, 카르복실기를 가지고 있어 곁사슬의 종류에 따라 아미노산이 구별되며, 아미노산의 개수와 종류에 따라 단백질의 모양과 종류가 결정된다. 아미노산의 아미노기와 카르복실기가 서로 축합 반응하여 펩타이드 결합이 이루어지며 이 때 물 분자가 생성되어 떨어져 나가게 된다. 이렇게 단순히 아미노산이 결합되는 구조를 단백질의

1차 구조라고 한다.

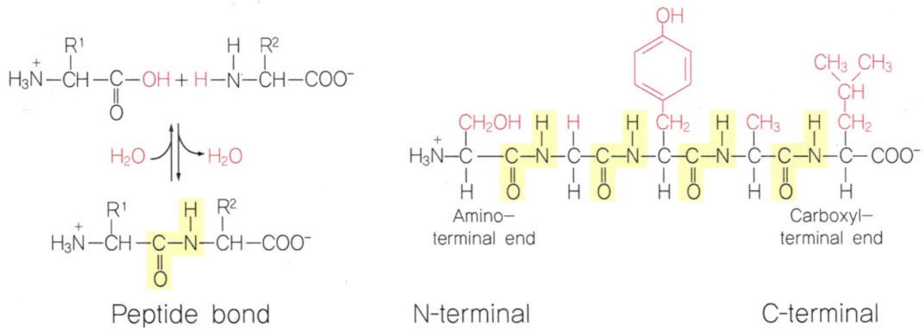


[그림 4-3] 펩타이드 결합과 펩타이드 결합을 통해 생성된 1차 구조의 단백질(레닌저 생화학)

이렇게 아미노산이 펩타이드 결합을 통해 어느 정도 연결되면 폴리펩타이드(polypeptide)라고 하는데, 폴리펩타이드가 더 길어져 기능성을 갖게 되면 이것을 단백질(protein)이라고 말할 수 있다. 펩타이드도 생리활성 또는 기능성을 갖기도 하지만 체내에서 단백질이 하는 기능과는 차이가 있어 따로 분류하기로 한다. 단백질과 폴리펩타이드의 기능적 차이와 별도로 크기의 차이로 구별할 수 있는데, 그 한계는 보통 분자량(Molecular Weight) MW 10,000을 기준으로 한다. 단백질의 크기를 기술할 때 그 질량을 기준으로 삼게 되는데 이 때 돌턴(Da: dalton)이란 단위를 사용한다. 1 dalton은 원자량 1과 같고, 단백질을 구성하는 아미노산의 평균 분자량은 113이다.

펩타이드 결합은 공명(resonance)에 의하여 안정된 구조이며, 탄소(C)와 질소(N)의 단일결합은 40%의 이중결합 성질을 갖는다. 카보닐 결합(C=O 이중결합)은 40%의 단일결합의 성질을 갖는다.

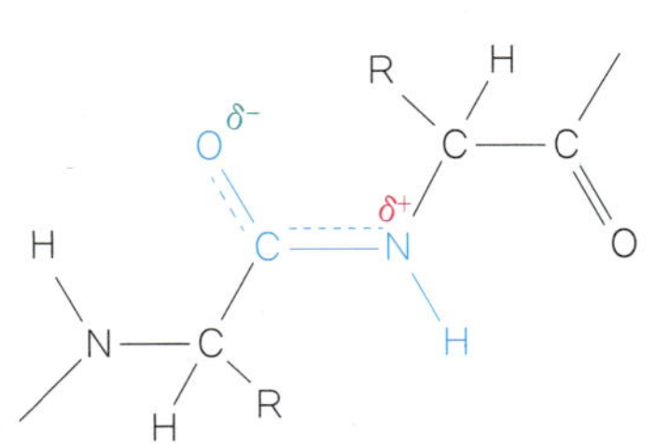

[그림 4-4] 아미노산의 펩타이드 결합

## 2) 2차 구조(secondary strucutre)

단백질의 2차 구조는 단백질의 1차 구조가 펩타이드 결합 간의 수소결합(H-bond)으로 인해 생성되는 구조를 말한다. 단백질의 2차 구조에는 α-나선 구조(α-helix)와 β-병풍 구조(β-pleated sheet)가 있다.

### (1) α-나선 구조

α-나선 구조는 Pauling과 Corey에 의해 명명되어졌다. α-나선 구조는 결합된 펩타이드들이 나선모양으로 회전되어 생성되는 구조로, 한 바퀴(360o) 회전하는 동안 약 3.6개의 아미노산이 들어가며 오른쪽 방향으로 회전하여 나아간다. 이 회전은 한 아미노산의 수소와 다른 아미노산의 산소 사이의 수소결합에 의지하며, 이러한 형태의 수소결합이 반복적으로 확립되면서 회전모양이 안정화된다.

이 때 아민기의 N과 카보닐기의 옆 알파 탄소(Cα)의 회전각도(N-Cα의 회전각도)를 'Φ(phi)'라고 하고 알파 탄소(Cα)와 카보닐 탄소의 회전각도(C-Cα의 회전각도)를 'Ψ(psi)'라고 한다.

단일가닥 α-나선 구조의 길이는 4nm 정도이며, 긴 것은 100nm 이상인 것도 있다. 1회전의 길이는 0.54nm(5.4Å) 정도이며 아미노산 잔기당 0.15nm의 길이를 나타낸다.

α-나선 구조의 대표적인 단백질로는 머리카락을 구성하고 있는 케라틴(keratin)이 있다. 케라틴은 α-나선이 몇 가닥씩 함께 꼬여 있는데, 보통 3~6개의 α-나선이 서로 꼬여 이황화결합(disulfide bond)으로써 연결되어 있다.

단백질의 종류에 따라 α-나선의 함량은 다르다. 헤모글로빈(Hb)이나 미오글로빈(Mb)은 대부분 α-나선으로 구성되어 있는 반면, 키모트립신(chymotrysin)의 경우에는 α-나선이 거의 없다. 글리신(glycine)이나 프롤린(proline)이 함유되면 α-나선 구조를 이루지 못하게 되는데, 글리신(glycine)의 경우에는 역회전(reversing turn)이 가능하고 프롤린(proline)의 경우에는 Φ와 Ψ 각을 안정적으로 유지할 수 없기 때문이다.

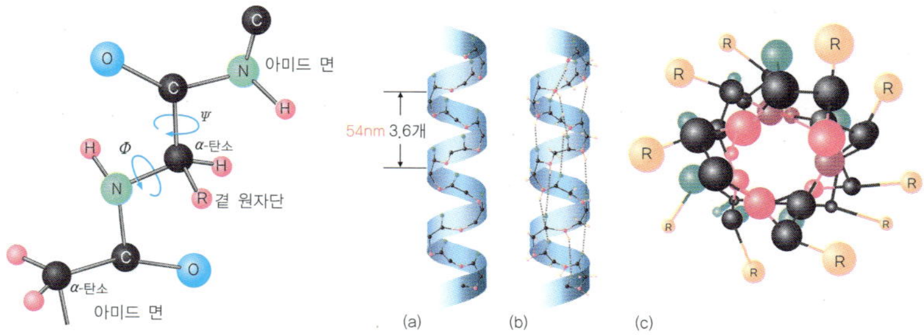


[그림 4-5] 펩타이드 결합과 결합각

### (2) β-병풍 구조(β-pleated sheet)

β-병풍 구조는 두 개 이상의 사슬이 사슬 간 수소결합에 의해 안정화(inter chain hydrogen bonds)되어 있는 병풍모양의 구조로 평형병풍 구조(parallel β-pleated sheet)와 역평형병풍 구조(antiparallel β-pleated sheet)로 나눌 수 있다. 역병풍 구조일 때 아미노산 잔기당 0.35nm(3.5Å)의 길이이며, α-나선 구조가 아미노산 잔기당 0.15 nm(1.5Å) 길이일 때에 비하여 굉장히 느슨하게 결합하고 있다. 단백질 내부에는 β-병풍 구조가 일반적으로 4~5개 정도 존재한다.

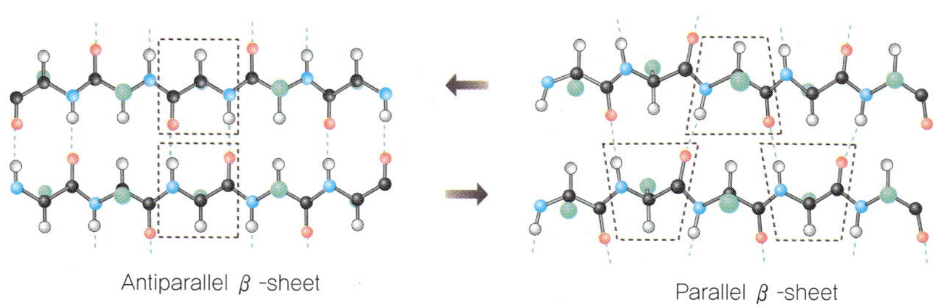


[그림 4-6] 역평형병풍 구조(antiparallel β-pleated sheet)와 평형병풍 구조(parallel β-pleated sheet)

## 3) 3차 구조(tertiary structure)

단백질의 3차 구조는 2차 구조를 포함하여 이황화결합(disulfide bond), 소수성 상호작용(hydrophobic interaction), 반데르발스 힘(van der Waals force), 쌍극자 간

인력(dipole-dipole interaction), 이온결합(ionic bond), 염다리(salt bridge) 등의 곁사슬 간의 상호작용으로 단백질이 안정화되며 굽힘이나 접힘에 생기는 구조이다.

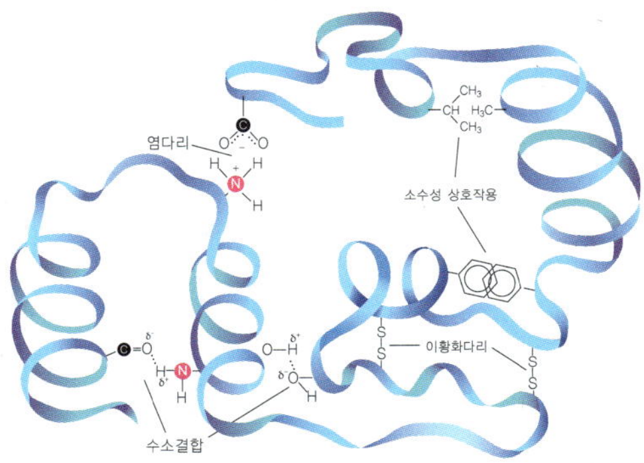


[그림 4-7] 단백질 3차 구조를 유지하는 힘

단백질의 안정화에 관여하는 결합은 비공유성 결합인 수소결합, 이온결합, 소수성 인력 등이 있고 공유결합인 이황화결합(disulfide bond)이 있다.

단백질은 끓음(boiling), 유기용매(organic solvent), 우레아(urea), 계면활성제(detergent), pH(강산, 강염기), 중금속, 기계적 스트레스변성에 의하여 변성이 생겨 3차원 구조가 파괴되면 그 기능을 잃는다. 파괴된 구조가 다시 재생되어 기능을 갖게 되는 것을 재생(renaturation)이라고 한다.

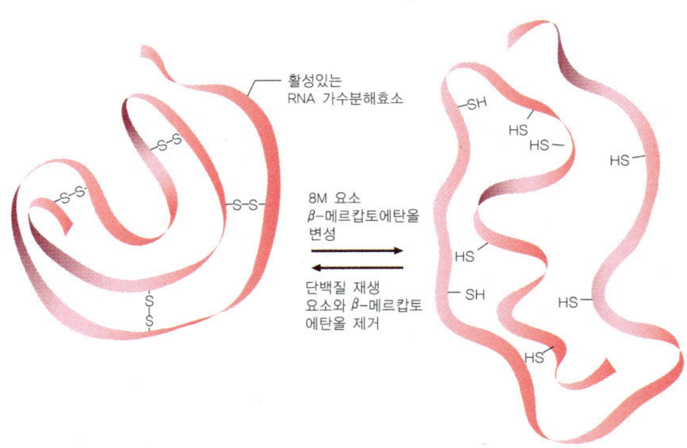


[그림 4-8] 요소에 의한 단백질의 변성.
요소에 의하여 이황화결합이 깨어져 3차원 구조가 변하게 된다.

## 4) 4차 구조(quaternary structure)

단백질의 4차 구조는 3차 구조를 형성한 단백질이 여러 개 모여 새로운 회합체(complex)를 만드는 구조라고 할 수 있다. 이렇게 모인 회합체를 올리고머(oligomer)라고 하며 소단위(subunit)의 개수에 따라 단량체(monomer), 이량체(dimer), 삼량체(trimer), 사량체(tetramer)라 한다. 단백질이 4차 구조를 가지는 것에 의해 한정된 유전정보로 거대한 구조단백질을 만들 수 있으며, protomer(subunit)의 상호작용으로 생물활성을 조절할 수 있다.

헤모글로빈(Hemoglobin)의 경우 2개의 α-protomer와 β-protomer로 된 불균일 4차 구조를 가지며 $\alpha_2\beta_2$로 표시되는 oligomer 단백질이다.

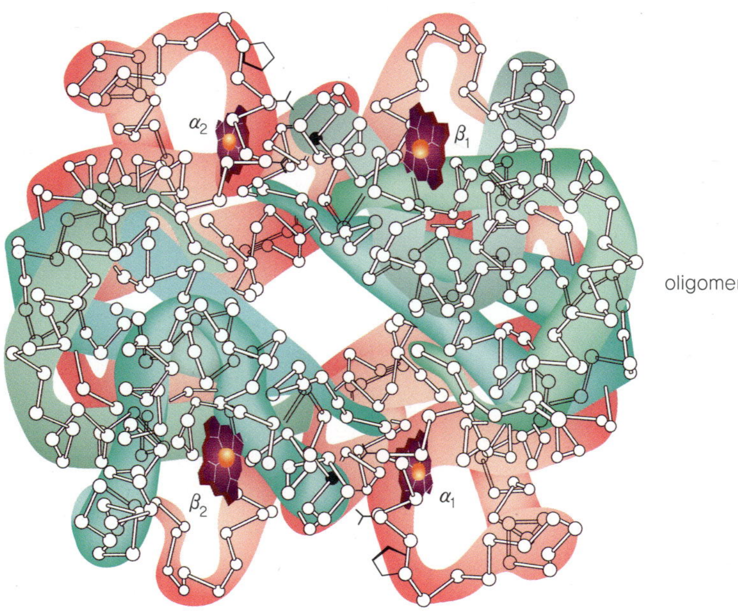


[그림 4-9] 단백질 4차 구조를 형성하고 있는 헤모글로빈 분자

## 3. 아미노산의 성질

아미노산은 한 분자 안에 아미노기와 카르복실기를 가지는 유기화합물로 아미노산이 펩타이드 결합을 통하여 연결되어 있어 단백질을 형성하게 된다. 아미노산은 여러 가지 구조식을 가지고 있지만, 단백질을 구성하는 아미노산의 일반 구조식은 $RCH(NH_2)COOH$이다(여기서 C는 탄소, H는 수소, N은 질소, O는 산소, R은 아미노산마다 구조가 다른 잔기). R은 잔기(residue)를 나타내며 가장 단순한 경우, R = H(글리신)이다. 글리신을 제외한 다른 아미노산에서 R은 지방족, 방향족 또는 헤테로사이클릭 잔기이며, 다른 작용기는 〈표 4-3〉에 나와 있다.

〈표 4-3〉 지방족, 방향족, 헤테로사이클릭 외 다른 작용기

| 아미노산 | 작용기 | 작용기의 간략한 표기 |
|---|---|---|
| 세린 | 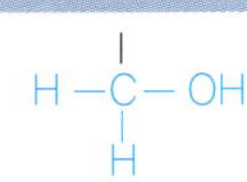 | $-CH_2-OH$ |
| 트레오닌 | 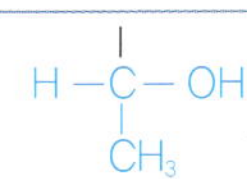 | $-CH(OH)-CH_3$ |
| 글루탐산 | 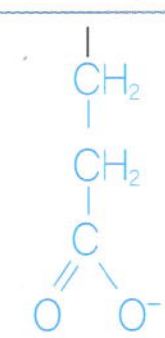 | $-CH_2CH_2-COOH$ |
| 아스파르트산 | 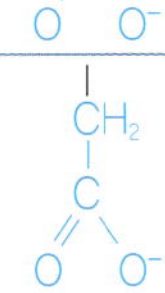 | $-CH_2-COOH$ |
| 글루타민 | 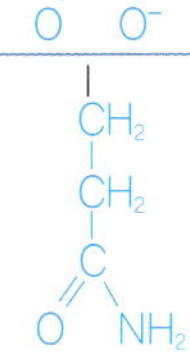 | $-CH_2CH_2-CONH_2$ |
| 아스파라긴 | 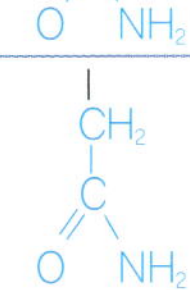 | $-CH_2-CONH_2$ |

| | | |
|---|---|---|
| 라이신 |  | $-(CH_2)_4-NH_2$ |
| 아르기닌 | 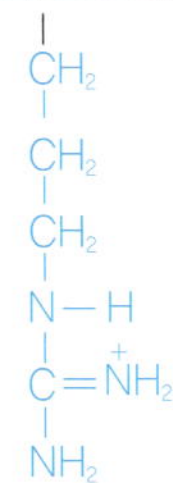 | $-(CH_2)_3-NH-C(=NH)-NH_2$ |
| 히스티딘 | 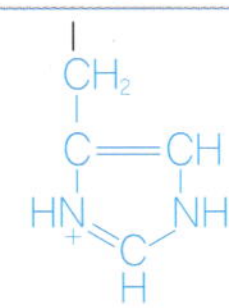 | 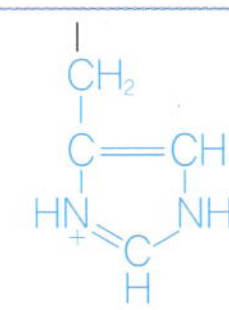 |
| 프롤린 | 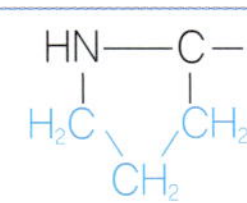 | 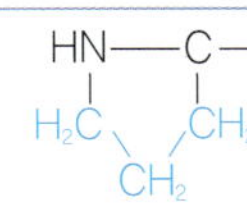 |

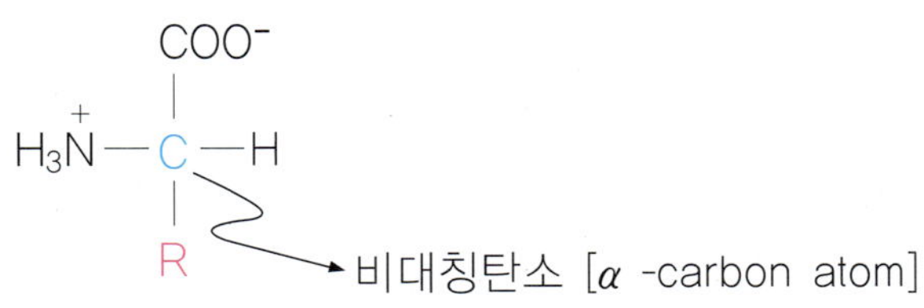


[그림 4-10] 아미노산의 구조

아미노산은 펩타이드 결합으로 서로 연결되어 긴 사슬을 형성하며, 단백질은 대부분 100개 이상의 아미노산으로 이루어져 있으나 생물체에서 발견되는 대부분의 단백질은 20가지의 아미노산으로 한정되어 있다. 각 아미노산은 여러 번 반복되면서 정해진 순서대로 1줄로 연결된다. 아미노산의 종류, 개수, 결합 순서에 따라서 물리적, 화학적 성질이 달라진다.

## 1) 아미노산의 구조와 특성

### (1) 아미노산의 구조

아미노산은 분자 내에 아미노기(−$NH_2$)와 카르복실기(−COOH)를 가진 화합물을 가리키며, 단백질을 구성하는 아미노산은 20종이다.

아미노산의 구조적 특징은 한 분자 내에 염기성인 아미노기(amino group, −$NH_2$)와 산성인 카르복실기(carboxyl group, −COOH)가 동시에 존재한다.

아미노산이 가지고 있는 고유한 곁사슬(residue)이 아미노산을 결정짓는 요인이기 때문에 20가지 아미노산을 분류하는 방법은 일반적으로 다음과 같이 잔기의 특징에 따라 크게 4가지로 분류하고 있다. 잔기 부분은 pH 7.0을 기준으로 극성과 비극성, 음전하와 양전하를 갖는 특징으로 나뉜다. 또한 아미노산은 3문자 약어와 1문자 약어로 표기가 가능하다.

- 비극성 잔기(비전하) : 글리신(Glycine, Gly, G), 알라닌(Alanine, Ala, A), 발린(Valine, Val, V), 류신(Leucine, Leu, L), 아이소류신(Isoleucine, Ile, I), 프롤린(Proline, Pro, P), 페닐알라닌(Phenylalanine, Phe, F), 트립토판(Tryptophan, Trp, W) 및 메티오닌(Methionine, Met, M).
- 극성 잔기(비전하) : 세린(Serine, Ser, S), 트레오닌(Threonine, Thr, T), 시스테인(Cysteine, Cys, C), 타이로신(Tyrosine, Tyr, Y), 아스파라긴(Asparagine, Asn, N) 및 글루타민(Glutamine, Gln, Q).
- 음전하 잔기 : 아스파르트산(Aspartic acid, Asp, D), 글루탐산(Glutamic acid, Glu, E)
- 양전하 잔기 : 라이신(Lysine, Lys, K), 아르기닌(Arginine, Arg, R), 히스티딘(Histidine, His, H)

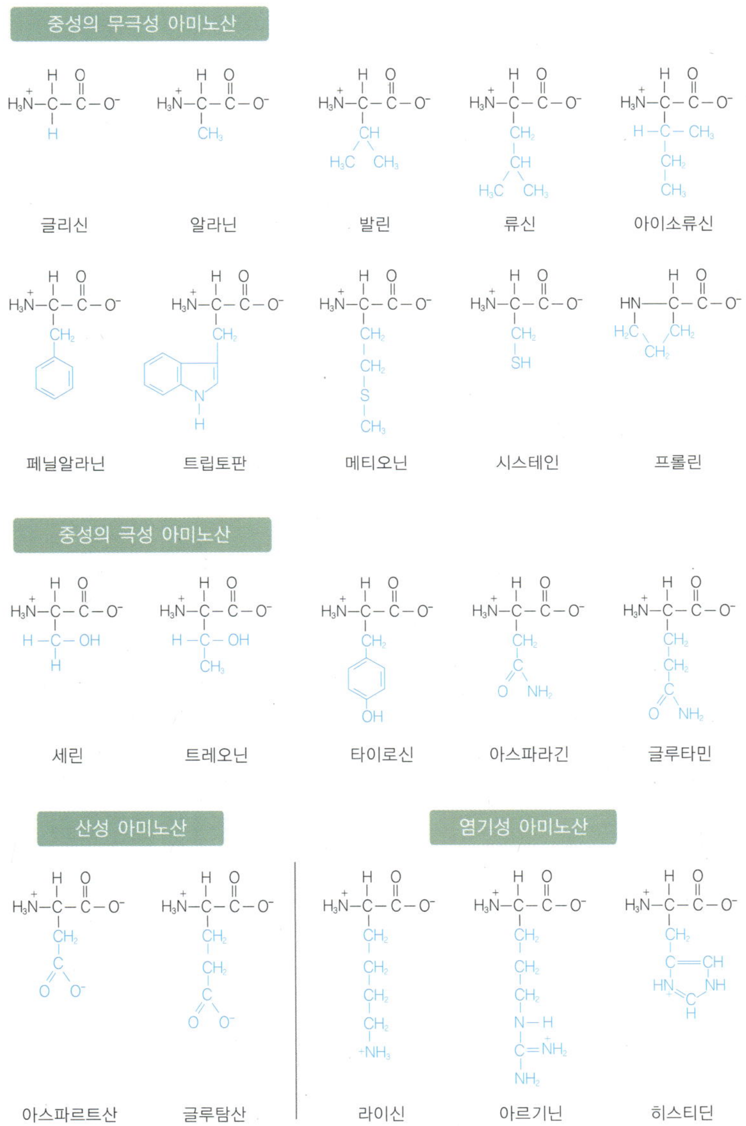


[그림 4-11] 필수 아미노산의 종류와 분자 구조

또한 그들의 영양·생리학적 역할에 기초하여 아미노산은 다음과 같이 구분할 수 있다.

- 필수 아미노산 : 발린, 류신, 아이소류신, 페닐알라닌, 트립토판, 메티오닌, 트레오닌, 히스티딘(유아에게 필수), 라이신 및 아르기닌.
- 준필수 아미노산 : 글리신, 알라닌, 프롤린, 세린, 시스테인, 타이로신, 아스파라긴, 글루타민, 아스파르트산 및 글루탐산.

### (2) 아미노산의 특성

아미노산이 공통적으로 가지고 있는 α-탄소의 카르복실기와 아미노기가 아미노산의 공통적 화학 특성의 원인이 된다.

#### ① 산 · 염기적 특성

아미노산은 아민기와 카르복실기를 동시에 가지고 있기 때문에 수용액상에서 쌍극이온을 가질 수 있다. pH의 변화에 따라 양성자($H^+$)를 내어 놓을 수 있는 산(acid)으로 작용할 수 있으며, 양성자($H^+$)를 받아들일 수 있는 염기(base)로도 작용할 수가 있다. 아미노산의 산 · 염기적 특성은 protein의 물리적, 생물학적 특성을 이해하는 데 중요하다.

등전점(pI, Isoelectric point)은 아미노산의 네트 차지(net charge)가 0일 때의 pH를 등전점이라 한다. 등전점에서 전기장(electric field) 내의 아미노산은 이동하지 않는다.

$$pI = \frac{pKa_1 + pKa_2}{2}$$

#### ② 쌍극자 이온(Zwitter ion)

앞에서 설명한 것과 같이 아미노산은 수용액상에서 카르복실기와 아미노기가 이온화하여 음전하나 양전하를 띨 수 있기 때문에 한 분자 안에 음전하와 양전하가 동시에 존재할 수 있다. 이러한 분자를 쌍극자 이온이라고 한다.

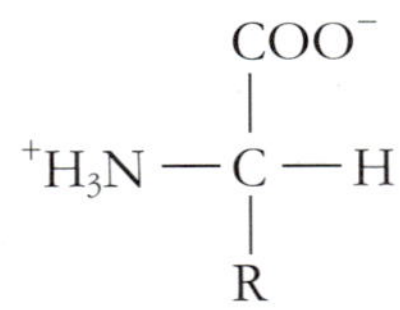

[그림 4-12] 쌍극성 아미노산(쯔비터 이온)의 분자 구조

③ 아미노산의 적정곡선

아미노산은 카르복실기와 아미노기를 가지고 있어 수용액에서 쌍극 이온으로 존재하고, 양성이기 때문에 pH에 따라 하전상태가 다르며, 하전상태의 변화는 적정곡선으로 설명될 수 있다.

알라닌은 산성수용액에 NaOH를 첨가하면서 알라닌의 하전상태의 변화를 보여주는 적정곡선을 보면 알라닌의 적정 초기 단계인 pH1 근처에서는 카르복실기와 아미노기 모두 양성자와 결합하고 있는 상태($^{+}NH_3CHCH_3COOH$)이며, pH가 증가하면 카르복실기의 양성자가 먼저 이탈하고, pH가 더욱 증가하면서 아미노기의 양성자가 이탈한다.

알칼리가 첨가됨에 따라 카르복실기는 양성자를 잃게 되어 $^{+}NH_3CHCH_3COO^{-}$으로 되며 pH가 증가하여 2.34에 도달했을 때 $^{+}NH_3CHCH_3COOH$와 $^{+}NH_3CH$-$CH_3COO^{-}$가 동량이 존재하게 되는데, 이 때의 pH가 알라닌 카르복실기의 pK인 것이다. 알칼리를 더욱 첨가하여 pH가 6.02에 이르렀을 때 모든 카르복실기의 양성자가 이탈하여 알라닌은 $^{+}NH_3CHCH_3COO^{-}$의 쌍극 이온으로 존재하는데, 이 때의 pH를 등전점(isoelectric point, PI)이라 한다. 알칼리를 더욱 첨가하면 아미노기의 양성자가 이탈하여 $NH_2CHCH_3COO^{-}$가 증가하게 되고, pH가 9.69에 도달했을 때 $^{+}NH_3CHCH_3COO^{-}$와 $NH_2CHCH_3COO^{-}$가 동량이 되며, 이 pH가 알라닌의 아미노기의 pK가 되는 것이다. pH가 더욱 증가하여 12에 도달하면 모든 아미노기에서 양성자가 이탈하여 알라닌은 모두 $NH_2CHCH_3COO^{-}$의 형태로 존재하게 된다.

이와 같이 아미노산의 pH 2.34와 9.69에서는 pH의 변화가 매우 완만하여 pK

부근에서 이 아미노산은 완충능력을 가진다.

쌍극 이온으로 존재하는 등전점인 pH 6.02는 두 pK의 산술평균[(2.34+9.69)/2]임을 알 수 있다. 등전점에서 알라닌이 양전하와 음전하를 동시에 가지나 결과적으로 나타나는 알짜전하는 없게 되어 전장(電場)에서 이동하지 않으며, 용매에 용해하지 않고 침전한다. 등전점보다 낮은 pH에서 알라닌은 양의 알짜전하를 가지고, 등전점보다 높은 pH에서는 음의 알짜전하를 가진다. 알라닌과 같이 이온화하지 않는 R기를 가지는 아미노산은 적정곡선, pK, 등전점 등이 알라닌과 유사하나, 이온화하는 R기를 가지는 아미노산의 적정곡선은 매우 복잡하며, 3단계의 이온화 과정을 거치고 pK값도 3개이며 등전점도 다양하다.

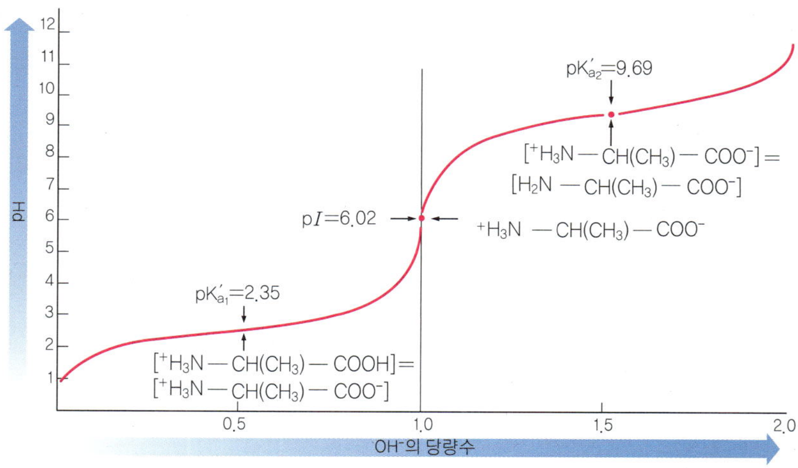


[그림 4-13] 알라닌의 적정곡선

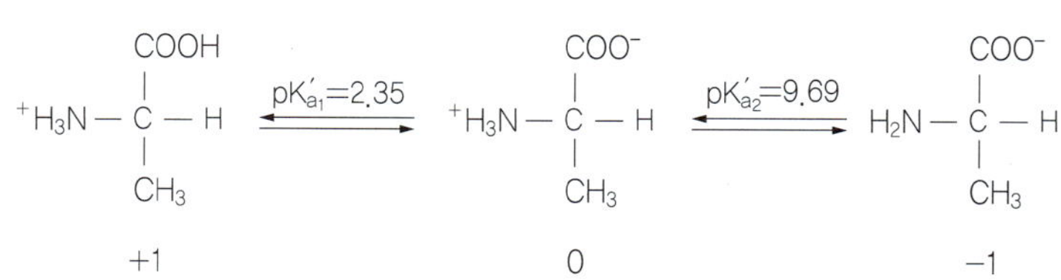


[그림 4-14] L-알라닌의 두 해리 상태의 구조

# 4. 단백질의 성질

## 1) 용해도

단백질의 용해성은 단백질의 종류에 따라 다르고 물, 묽은 산이나 알카리, 염용액, 유기용매에 대하여 각각 다른 용해도를 갖는다. 따라서 용해도는 단백질을 분리하는 방법으로 사용한다. 염용(salting in)은 묽은 염류 용액이 이온으로 해리되어 단백질과 작용하여 단백질의 용해도가 증가되는 것이고, 염석(salt out)은 염농증가 시 염 이온과 물 분자의 결합이 증가되어 단백질이 침전되게 하는 것이다. 염석은 단백질 정제에 이용되는 실험방법이기도 하다.

## 2) 양성 전해질과 등전점

단백질 구성 물질인 아미노산은 쯔비터 이온으로 산성 혹은 염기성에 의해 단백질 이온이 양이온, 혹은 음이온 그리고 중성을 띠기도 한다. 등전점에서는 단백질이 이온성이 없어져 단백질 침전이 용이하며, 따라서 단백질 분리 및 정제가 가능하다. 또한 등전점 차이에 의해 전기영동으로 단백질 간 분리와 정제가 가능하다.

[그림 4-15] 여러 가지 단백질의 등전점

## 3) 응고성

양성 전해질의 단백질은 음이온과 양이온을 모두 가지고 있으나 유기 침전체(trichloroaceticacid, sulfosalicylicacid, tannic acid, picric acid 등)나 중금속 염류($Hg^{2+}$, $Cd^{2+}$, $Pb^{2+}$ 등), 유기용매(acetone, alcohol 등)에 의해 불용성 염을 형성하여 침전이 되게 된다. 응고성도 용해성과 마찬가지로 단백질의 분리 및 정제 그리고 순도 검정에 이용된다.

## 4) 변성

물리적, 화학적, 효소학적 요인 등에 의한 단백질의 구조 변화가 생기며, 3차원 구조의 변화로 인하여 생물학적 활성을 잃게 된다. 물리적 요인에 의한 변성은 가열, 동결, 건조에 의한 변성이 있으며, 화학적 요인에 의한 변성은 pH에 의한 변성, 염류에 의한 변성, 금속 이온에 의한 변성이 있고, 효소에 의한 변성은 다양하다. 변성은 단백질을 이루고 있는 아미노산의 성질 변화가 아니라 단백질의 3차 구조의 변화이다.

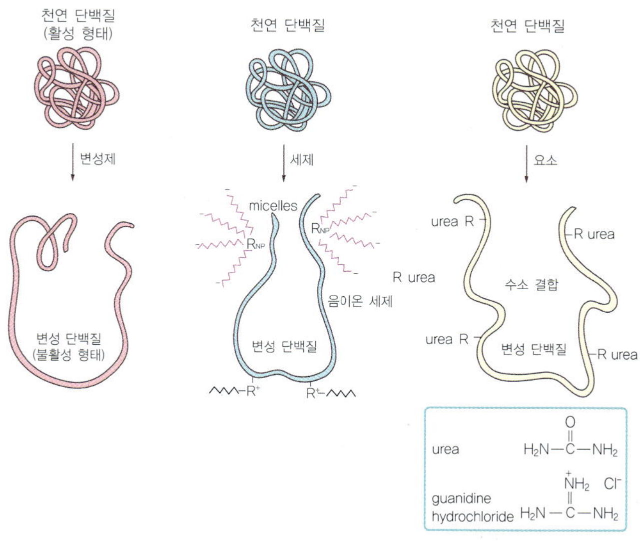


[그림 4-16] 단백질의 변성 과정

### (1) 물리적 요인

#### ① 열에 의한 변성 : 60 ~ 70℃

수용성 단백질이 불용성 단백질로 변성되거나 불용성 단백질이 수용성 단백질로 변성된다. 주로 열에 의한 변성은 응고 형태로 일어나며, 단백질의 가수분해가 일어나 아미노산이 파괴된다. 주로 달걀, 우유 등의 알부민(삶은 달걀)이 열에 의한 변성으로 응고된다. 열변성 영향인자는 온도, 수분 고함유량, 염(염화물, 황산염, 인산염), 등전점 등이다.

#### ② 동결(냉동)에 의한 변성 : −5 ~ −1℃

육류의 단백질은 동결하여 장시간 보관하여도 변성이 일어난다. 식품 중의 물이 동결되면 조직이 파손된다. 조직 내 수분이 동결되면 무기물 성분이 농축되어 단백질 변성을 일으키며, 냉동육을 해동하여도 변색이 일어나고 육질이 물러지며 드립의 유출로 풍미가 떨어진다. 동결건조(freeze drying)는 냉동, 건조 시 단백질의 변성을 최소화하는 가공방법이다.

#### ③ 건조에 의한 변성

수분 제거로 인하여 저장성은 향상되지만 단백질과 지방질의 산화를 촉진시킨다. 미오신의 경우 건조에 의해 불용화된다.

### (2) 화학적 요인

#### ① pH에 의한 변성

단백질을 구성하고 있는 아미노산은 쯔비터 이온(zwitterion)으로 pH에 따라 그 특성이 사라지게 된다. 산이나 알칼리에 의해 등전점이 변화하여 단백질이 침전(응고)된다. 요구르트 치즈의 경우 젖산에 의해 카세인이 응고되는 현상이 여기에 해당한다.

#### ② 염류에 의한 변성

염화나트륨(NaCl), 황산나트륨($Na_2SO_4$), 황산암모늄($(NH_4)_2CO_3$)과 같은 염류는 등전점 변화에는 영향을 미치지 않으나 물이 상대적으로 단백질보다는 염류를 녹이는 데 사용되어 단백질의 용해도가 떨어져 침전되게 된다. 다량의 염을 이용하여 단백질을 침전시키는 염석(salting out) 현상이 이러한 경우이며, 염석은 단백질 추출에 많이 이용되는 실험방법이다.

③ 금속 이온에 의한 변성

두부의 응고가 이 현상에 해당하며 대두단백질 그리시닌(glycinin)에 칼슘 이온($Ca^{2+}$)과 마그네슘 이온($Mg^{2+}$)을 적량 가하면 글리시닌의 카르복실기에 이온들이 결합하여 분자 간 가교화를 일으킨다.

④ 유기용매

단백질 용액에 알코올이나 아세톤(acetone)과 같은 친수성 유기용매를 넣으면 물 분자가 친수성 유기용매와 결합하여 단백질의 용해도를 떨어뜨려 단백질이 불용성으로 바뀌게 된다.

### (3) 효소

우유 속에 함유되어 있는 레닌(rennin)은 우유를 굳어지게 하는 효소이다. 레닌은 카세인을 분해하여 수용성 파라카세인(paracasein)으로 만드는데, 파라카세인은 다시 우유 속에 함유되어 있는 칼슘 이온($Ca^{2+}$)과 결합하여 응고되어 불용성으로 바뀌게 된다. 이 응고물을 커드(curd)라고 하며 일반적으로 잘 알려진 떠먹는 요구르트의 유제품이다.

## 5) 정색 반응

아미노산은 카르복실기와 아미노기의 화학적 특성으로 인해 특정 시약과 발색 반응을 하며, 이러한 성질은 단백질 정량 및 정성분석에 이용된다.

### (1) 닌히드린 반응(Ninhydrin Reaction)

유리 상태의 α-아미노기를 가지는 아미노산은 충분한 양의 닌히드린(ninhydrin)

과 함께 가열하면 자색의 생성물이 형성되는데, 이를 570nm에서 흡광도를 측정하여 아미노산을 정량할 수 있다. 닌히드린을 아미노산의 중성용액에 가하면 아미노기의 작용에 의해서 닌히드린 2분자가 축합하여 아미노산의 종류에 따른 특유한 색을 나타내는 원리이다. 예를 들면, histidine은 청자색을 띠며 proline은 노란색(황색)을 띠게 된다. 이러한 발색은 예민하여 50~100만분의 1 정도의 감도(感度)를 나타내므로, 아미노산 및 단백질의 확인에 보편적으로 쓰일 뿐 아니라 아미노산의 정량에도 사용된다.

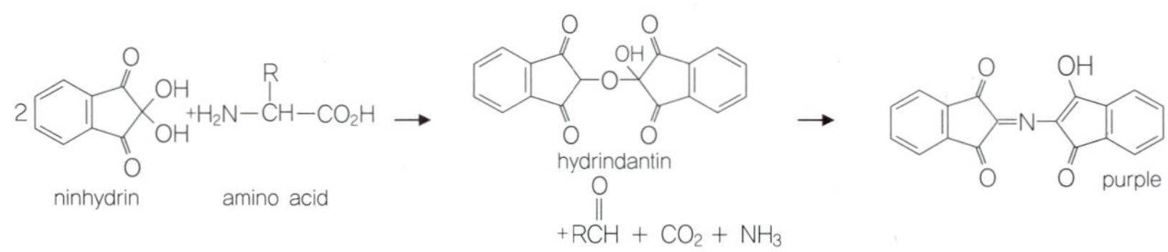


[그림 4-17] 닌히드린과 아미노산의 발색 반응

### (2) 뷰렛 반응(Biuret Reaction)

뷰렛(biuret, $NH_2-CO-NH-CO-NH_2$)의 펩타이드 결합과 유사한 부위와 $Cu^{2+}$의 반응 결과 보라색의 착화합물이 생성되는데, 이 경우 뷰렛의 반응과 유사한 반응을 보이므로 뷰렛 반응이라 한다. 알칼리성 환경에서 두 개 이상의 펩타이드 결합을 가진 화합물은 뷰렛 반응의 결과 청자색 또는 적자색을 나타낸다. 즉, 2개 이상의 펩타이드 결합 유무를 판정하는 반응으로 양성 반응은 트라이펩타이드 이상, 펩토오스, 프로테오스(자색)이고 음성 반응은 아미노산이나 다이펩타이드이다.

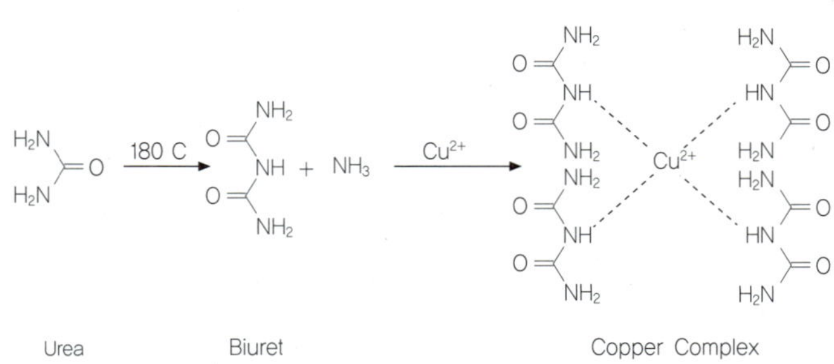


[그림 4-18] 뷰렛 반응의 발색 원리

### (3) 잔토프로틴 반응

방향족 아미노산 유무에 의해 단백질을 정성하는 반응으로 단백질과 질산이 결합하여 가열하면 노랑색을 띠게 된다.

### (4) 밀론(Millon) 반응

타이로신(Tyr)의 존재 유무를 측정하는 방법으로 단백질과 밀론 시약이 결합하여 가열하면 적색을 띠게 된다.

### (5) 홉킨스-콜(Hopkins-Cole) 반응

트립토판(Trp)의 유무를 측정하는 반응으로 양성일 때 적자색을 띤다. 단백질과 glyoxylic acid와 황산($H_2SO_4$)이 반응하여 적자색을 나타낸다.

### (6) 사카구치(Sakaguchi) 반응

아르기닌이 포함된 단백질의 정성 반응으로, 알칼리성 단백질 수용액에 α-naphthol과 NaOCl를 첨가하여 적색으로 반응하는지 측정한다.

### (7) 유황 반응

시스테인이 포함된 단백질의 정성 반응으로, 알칼리성 단백질 수용액을 가열하고 여기에 초산납(lead acetate)을 가하여 주면 흑색 침전이 생긴다. 메티오닌은 황을 함유한 아미노산이지만 유황 반응은 나타나지 않는다.

## 6) 거품 형성과 안정성

거품은 단백질이 액상 중 기포를 둘러싸 신축성과 응집력이 있는 피막을 형성한 것을 의미한다. 거품 형성의 요인은 저분자이고 기체 접촉 표면이 소수성이고 용해성이 양호한 단백질이어야 한다. 반대로 거품의 억제 요인으로 지방질이나 유기용매는 단백질의 소수성 피막을 파괴함으로 거품 생성이 억제된다.

거품의 안정성은 빵, 과자, 맥주 등 다양한 식품에서 응용되고 있다.

## 7) 겔 형성(gelation)

졸(sol)은 액체와 같이 유동성이 있는 상태이고, 젤(gel)은 고체와 같이 유동성이 없는 상태를 의미한다. 젤라틴을 예를 들면, 졸은 젤라틴 분자가 물 속에 분산되어 있는 상태이고, 겔화는 젤라틴 그물 구조에 물이 분산되어 있는 상태이다. 이 두 상태는 열에 의한 가역적 변화로, 겔이 가열되면 졸로 변하고 졸이 냉각되면 겔로 변한다. 겔 형성에 영향을 미치는 인자는 pH, 염류, 아미노산의 종류, 효소 등이 관여한다.

pH의 경우 등전점 부근에서 겔 형성이 촉진되고, 염류가 많을수록 단백질 침전이 촉진되어 겔 형성이 잘 된다. 시스테인은 이황화결합을 할 수 있어 겔의 강도를 높이는 특성이 있다.

## 8) 유화작용(emulsification)

유화(emulsion)는 우유와 같이 뿌옇게 변하는 것을 의미하는데, 학술적으로는 두 개 이상의 혼합되지 않은 액체로 구성된 분산 체계를 의미한다.

양성 전해질은 유화 안정화 작용을 하며, 단백질의 용해도가 증가할수록 유화력이 증가하고 등전점에서는 유화력이 최저 상태가 된다. 단백질은 우수한 유화제로 식품에서는 우유, 아이스크림, 버터, 마가린, 마요네즈 등을 생산하는 데 매우 유용하게 사용된다.

## 9) 향미 성분 결합능(flavor binding)

식품 제조 시 향미 성분과 결합시켜 관능적 성질이 부여됨으로 단백질 제조 식품에서 향미 성분 보유제(flavor carrier) 혹은 향미 성분 변형제(flavor modifiers)로 사용될 수 있기 때문에 인조육(meat analogues) 제조 시 사용한다.

### 10) 점성

점성은 용액의 흐름성을 나타내는데, 단백질 용액의 점성은 분자 입자의 크기와 수화 정도에 따라 결정된다. 분자 입자의 크기는 질량이 같은 단백질이라도 크기가 크면 점성이 증가하고 수분흡수력이 크면 점성이 증가하게 된다. 액상식품과 반고형식품의 기호도를 결정하는 요인으로 수프나 음료 등 반고형제품을 선호하는 제품군이 형성되어 있다.

### 11) 반죽 형성

밀가루를 반죽하게 되면 점탄성이 생겨 반죽 후 발효 단계에서 기포를 포획할 수 있게 된다. 밀가루의 저장 단백질인 글루텐의 내부 이황화결합을 통해 가교화가 형성되어 밀가루 반죽의 견고성과 탄성을 나타낸다.

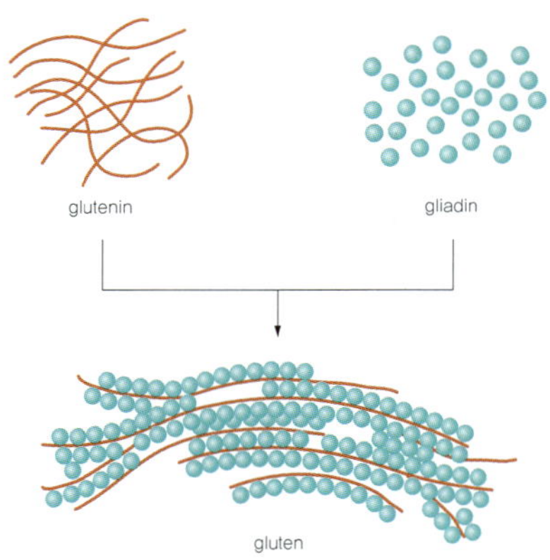


[그림 4-19] 글리아딘과 글루테닌 중 이황화결합의 환원

## 5. 단백질의 품질 평가

단백질의 품질 평가방법에는 필수 아미노산의 조성을 화학적으로 분석하는 방법과 성장동물을 이용한 성장속도나 질소 보유율을 측정하는 생물학적 방법이 있다.

〈표 4-4〉 화학적 방법과 생물학적 방법의 단백질의 품질 평가

| 화학적 방법 | 생물학적 방법 |
|---|---|
| • 화학가<br>• 단백가<br>• 아미노산가<br>• 필수 아미노산 지수 | • 단백질 효율비<br>• 생물가<br>• 소화율<br>• 정미 단백질 이용률 |

## 1) 화학적 분석법

### (1) 화학가(아미노산가)

1957년 FAO(Food and Agriculture Organigation)에서 기준 필수 아미노산 분포를 제정하였는데, 이것은 필수 아미노산 분포를 그 속의 각 필수 아미노산 함량을 전체 필수 아미노산 1g에 대한 함량으로 산출한 결과, 달걀단백질 중의 필수 아미노산 분포와 비슷함을 알게 됨에서 기인하였다. 이후 1965년 FAO/WHO에서는 달걀단백질에 함유된 전체 필수 아미노산 1g에 대한 각 필수 아미노산의 mg수로 표시된 새로운 필수 아미노산의 표준분포도를 제정하였다.

이 평가의 의미는 단백질 시료 중의 필수 아미노산 함량이 기준 필수 아미노산 분포 중의 해당 필수 아미노산의 함량에 대한 % 비율로 표시한 것으로 제한 아미노산이 존재해서는 안 된다는 뜻이다. 여기서 제한 아미노산(limiting amino acid)은 필수 아미노산을 전부 함유하더라도 그중 하나가 필요량보다 적은 아미노산을 말한다.

#### ① 아미노산가의 계산방법

평가 단백질의 필수 아미노산 조성을 분석하여 인체 단백질 합성에 이상적인 단백질의  필수 아미노산 조성과 비교한다.

$$\text{화학가} = \frac{\text{평가 단백질의 g당 제1제한 아미노산의 mg}}{\text{이상적인 단백질의 g당 위와 같은 필수 아미노산의 mg}} \times 100$$

(이상적인 단백질 : 달걀이나 우유 단백질 등 완전단백질)

• 단점 : 표준 단백질의 선택에 따라 그 값이 달라지며 생체 이용률이 고려되지 않았고, 평가 단백질의 구성 아미노산 간의 균형이 평가되지 않는다.

〈표 4-5〉 필수 아미노산과 비필수 아미노산

| 화학적 방법 | 생물학적 방법 |
|---|---|
| 체내에서 합성되지 않기 때문에<br>식품으로 섭취해야 되는 아미노산<br>(=불가결 아미노산) | 생체에서 충분히 합성되거나 대사산물로부터<br>얻어지기 때문에 체외로부터 섭취하지 않아도<br>되는 아미노산 |
| 페닐알라닌(phenylalanine)<br>트립토판(tryptophan)<br>발린(valine)<br>류신(leucine)<br>아이소류신(isoleucine)<br>메티오닌(methionine)<br>트레오닌(threonine)<br>라이신(lysine)<br>히스티딘(histidine)<br>아르기닌(arginine, 소아의 경우) | 글리신(glycine)<br>알라닌(alanine)<br>프롤린(proline)<br>타이로신(tyrosine)<br>세린(serine)<br>시스테인(cysteine)<br>아스파테이트(aspartate)<br>글루타메이트(glutamate)<br>아스파라긴(asparagine)<br>글루타민(glutamine) |

메티오닌과 시스테인은 모두 유황 함유 아미노산이며, 메티오닌 섭취량이 적더라도 시스테인을 섭취하면 유황 함유 아미노산 필요량을 채울 수 있으므로 보통 두 아미노산을 합하여 표시하기도 한다.

페닐알라닌도 그 필요량을 70~75% 타이로신으로 대체할 수 있어 합하여 표시한다.

② 아미노산가의 영양학적 의미

완전단백질은 필수 아미노산을 종류와 양적으로 모두 충분히 함유한 단백질을 의미한다. 대표적인 예로 계란이 있다. 불완전단백질은 한 가지 또는 그이상의 필수 아미노산이 결여된 단백질을 의미한다. 제한 아미노산이 있으므로 생명체 성장 및 유지를 위해 충분히 함유되지 못한다. 대표적인 예로 라이신은 쌀의 제한 아미노산이며, 라이신, 메티오닌, 트레오닌은 밀의 제한 아미노산이다.

### (2) 생물가(BV : biological value)

식품단백질의 아미노산 조성이 체단백질(근육 등)의 아미노산 조성과 유사할수록 단백질 합성에 효율적으로 이용되어 흡수된 질소량의 대부분이 체내에 보유되므로 체외로 배설되는 질소량은 줄어들게 된다. 따라서 변(feces)과 뇨(urine)의 질소량과 섭취 질소량을 측정한 후 생물가를 구할 수 있다.

$$BV = \frac{\text{보유된 질소 (식품 질소 − 변중 질소) − 뇨중 질소}}{\text{흡수된 질소 식품 질소 − 변중 질소}} \times 100$$

생물가 측정은 소화된 단백질이 얼마나 사용되어졌는지 측정하기 위한 척도이므로 흡수된 질소를 기준으로 단백질의 질을 판정한다. 따라서 소화흡수율에 차이가 있는 식품단백질의 경우 평가로 적절하지 못하다. 일반적으로 BV가 70 이상이면 이용할 만한 단백질로 평가된다.

### (3) 단백질 효율비(PER : protein efficiency ratio)

성장하는 동물의 체중 증가량을 총단백질 섭취량으로 나눈 값으로, 단백질 이용을 기준으로 단백질의 질을 평가하는 방법이다. 주로 성장속도가 빠른 흰쥐를 대상으로 하여 실험한다.

$$PER = \frac{\text{실험기간 동안의 체중 증가량(g)}}{\text{실험기간 동안의 총단백질 섭취량(g)}}$$

생물가의 경우 식품단백질의 소화흡수율이 고려되지 않은 것과 달리, 식품단백질의 흡수율까지 배려된 평가방법이다. 하지만 체중 증가가 반드시 단백질 보유량과 비례하지 않을 수 있고, 동물의 생장이 생리적 차이나 실험 여건에 따라 동일 단백질 투여 시에도 차이가 나기 때문에 일관성 있는 값을 구하기 어렵다.

### (4) 순단백질 이용률(NPU : net protein utilization)

단백질 효율비는 섭취 단백질의 체내 보유량을 성장하는 동물에서 측정하는 방법이고, 생물가는 흡수된 단백질이 몸 안에서 이용되는 것을 나타내지만 소화율이 고려되지 않은 데 비하여, 순단백질 이용률은 소화율을 배려한 값이다.

$$\text{NPU} = \frac{\text{체내 축적 질소량}}{\text{섭취 질소량}} = \text{생물가 X 소화흡수율}$$

#### (5) 소화율이 보정된 아미노산가(PDCAAS)

단백질의 아미노산가를 100으로 나눈 값에다가 소화율을 곱한 것으로 최대값이 1.0이다.

### 2) 생물학적 분석법

반추동물에서 단백질은 반추위에서 아미노산과 암모니아로 분해되어 미생물체 단백질로 합성되는 분해 단백질(gradable protein)과 반추위에서 분해되지 않는 미분해 단백질(degradable protein)로 나뉜다. 미생물체 단백질과 미분해 단백질은 제4위와 소장에서 소화흡수된다. 반추동물에서는 미생물체 단백질의 비중이 크다. 따라서 사료단백질의 반추위 내 분해 정도로 단백질을 평가한다.

#### (1) 단백질 용해도(protein solubility) 측정법

단백질의 용해도는 사료단백질의 분해율을 간접적으로 추정하는 방법이다.

용해도는 일정 시간 사료를 용매에 배양한 후 여과지를 통해 여과 후 미용해된 부분으로부터 계산하거나, 배양 후 액상 부분으로 이양된 질소량을 추정함으로써 측정한다.

#### (2) 분해율 측정법

사료단백질이 반추위 내에서 암모니아로 분해되는 정도를 분해율이라 한다. 분해율은 사료의 종류, 가공 정도, 사료 섭취량, 동물의 상태에 따라 차이가 있으며, 동일한 단백질도 제1위 내 체류시간에 따라 분해율이 달라진다.

• 분해율 측정법에는 *in vivo, in situ, in vitro* 방법이 있다.

그중 *in vivo* 방법은 가장 바람직한 방법으로 알려져 있으며, 소장 상단, 십이지장, 제4위 등에 캐뉼라를 설치하여 하부장기를 통과하는 내용물 전체를 수집, 분석하는 방법이다.

## 6. 단백질의 기능

단백질은 탄수화물이나 지방과 같이 에너지를 내는 기능이 있을 뿐 아니라 신체의 구성기능이 있다. 단백질은 기능별로 효소(enzyme), 구조단백질(structural protein), 수송단백질(transport protein), 운동단백질(motor protein), 저장단백질(storage protein), 신호단백질(signaling protein), 조절단백질(gene regulatory protein) 등 크게 7가지로 나눌 수 있으며, 수용체단백질(receptor protein), 특수목적단백질(special purpose protein)로 기능을 추가하여 9가지로 나누기도 한다.

### 1) 효소(enzyme)

효소는 영양소를 단위체 단위로 분해하여 음식 섭취에 도움을 주는 단백질로서 공유결합의 절단, 형성을 촉매한다. 단백질 가수분해효소인 펩신(pepsin), DNA를 합성하는 DNA 중합효소(DNA polymerase), 단백질 활성을 조절하는 단백질 인산효소(protein kinase) 등이 대표적인 효소들이다.

### 2) 구조단백질(structural protein)

구조단백질은 세포와 조직을 기계적으로 지지하는 역할을 하는 단백질이다. 피부를 구성하는 콜라겐(collagen), 엘라스틴(elastin)이나 근육을 형성하는 튜블린(tubulin), 그리고 머리카락을 구성하는 α-케라틴(α-keratin)이 대표적인 구조단백질이다.

### 3) 수송단백질(transport protein)

체내의 작은 분자나 이온을 운반하는 단백질로, 헤모글로빈(hemoglobin)이나 알부민(albumin)은 혈액이나 림프에 있는 물질을 몸 전체로 운반한다. 또한 지단백(lipid protein)은 지방이 혈액 내에서 운반될 수 있도록 해준다. 흡수된 철분의 경우 트란스페린(transferrin)과 결합하여 혈액 내에서 운반되도록 한다. 이렇게 운반을 도와주는 단백질의 기능이 없다면 영양소는 세포로까지 운반되지 못하거나 체내 대사활동이 원활하지 못하게 된다.

### 4) 운동단백질(motor protein)

운동단백질은 세포와 조직의 움직임을 생성하는 단백질들로서 액틴(actin)과 미오신(myosin)은 근육을 형성하며 근육의 움직임에 관여하는 단백질이며, 키네신(kinesin)은 세포 속에서 기계적 움직임에 관여한다.

### 5) 저장단백질(storage protein)

저장단백질은 작은 분자나 이온들을 저장하는 역할을 하는 단백질이다. 페리틴(ferritin)은 체내 철분을 저장하는 단백질이며, 오브알부민(0valbumin)은 아미노산을 저장하는 단백질이다.

### 6) 신호단백질(signaling protein)

신호단백질은 세포와 세포 간의 이온 전달을 하는 단백질이다. 혈중 포도당 조절에 관여한다고 알려져 있는 인슐린(insulin)은 세포막에 부착되어 포도당 수송에 관여하는 포도당 수송체인 GLUT4(Glucose Transporter Type 4) 조절에 관여한다. 또한 표피성장인자인 EGF(epidermal growth factor)는 세포 성장과 분화에 관여한다.

### 7) 수용체단백질(receptor protein)

수용체단백질은 세포 간 신호를 감지하고 감지된 신호를 세포의 반응기구로 전달한다. 아세틸콜린 수용체(acetylcholine recept)는 신경세포 사이에서 신호를 전달하는 신경전달물질인 아세틸콜린이 결합하는 부위이며, 아세틸콜린이 분비되게 하여 근육을 움직이게 한다. 로돕신(rhodopsin)은 눈을 통해 들어오는 빛을 감지하는 단백질이다.

### 8) 유전자조절단백질(gene regulatory protein)

유전자조절단백질은 유전물질의 조절에 관여하는 단백질들이다. DNA에 결합하여 유전자의 발현을 조절하는 단백질로 lactose repressor 등이 있다.

### 9) 기타 단백질

체내에 꼭 필요한 단백질은 아니지만 특수한 목적으로 만들어진 단백질들을 일컬으며, 녹색 형광 단백질(Green Fluorescent Protein) 등이 있다.

[그림 4-20] 녹색 형광을 띠는 해파리(Aequorea victoria)

Food Chemistry

Chapter 05

# 무기질

1. 알칼리 생성 원소와 산 생성 원소
2. 다량 무기질
3. 미량 무기질
4. 식품에서 무기질의 적용

무기질은 생물체의 중요한 구성 성분으로 탄소, 수소, 산소, 질소를 제외한 나머지 단일 원소를 말하며, 약 60여 종의 무기질 중 인간이 필요로 하는 영양소는 22종류이다. 뼈나 치아 등 경조직을 구성하며, 신경자극물질과 호르몬의 구성 성분 등으로 쓰이고, 여러 가지 생체 기능의 조절 작용을 수행한다. 인체의 영양상 중요한 무기질은 필요량에 따라 칼슘(Ca), 인(P), 마그네슘(Mg), 나트륨(Na), 칼륨(K), 염소(Cl), 황(S)을 다량 무기질로, 소량을 필요로 하는 철(Fe), 아연(Zn), 구리(Cu), 망간(Mn), 요오드(I), 코발트(Co), 셀레늄(Se) 등을 미량 무기질로 분류한다.

## 1. 알칼리 생성 원소와 산 생성 원소

섭취된 무기질은 체내에서 그 특성에 따라 이온으로 존재하는데, 금속 이온은 양이온으로 비금속 이온은 음이온으로 작용한다. 식품의 산성과 알칼리성은 구성되어 있는 무기질의 특성에 따르며 식품의 연소 후 최종적으로 남아 있는 무기질 원소로도 구별한다.

$Na^+$, $K^+$, $Ca^{+2}$, $Mg^{+2}$, $Fe^{+2}$, $Zn^{+2}$, $Cu^{+2}$, $Co^{+2}$ 등은 양이온성 원소로 체내에서 알칼리성으로 작용하며, 주로 과실류, 채소류, 감자류 등에 많이 포함되어 이들을 알칼리성 식품이라고 한다. 음이온성 무기질인 $Cl^-$, $SO_4^{2-}$, $PO_4^{3-}$, $Br^-$, $I^-$ 등을 많이 함유하고 있는 곡류, 어류, 육류, 달걀, 버터, 치즈 등은 산성 식품으로 본다. 곡류의 경우 음이온성 무기질 이외에도 탄수화물을 많이 함유하고 있어 체내 산화분해로 인해 탄산($H_2CO_3$)이 생성되고, 탄수화물의 불완전 연소로 인한 젖산과 피루브산의 생성으로 산성화가 된다. 과실류의 경우, 예를 들면 사과 같은 신맛을 내는 과일은 식품 자체는 산성을 띠지만 유기산이 많이 함유되어 있어 섭취 후 체내에서 유기산이 이산화탄소와 물로 분해되고 칼륨이나 나트륨 등과 같은 알칼리 생성원소가 많이 남기 때문에 알칼리성 식품이다. 반면 크랜베리나 자두는 함유되어 있는 유기산이 체내에서 잘 분해되지 않고 산성으로 남아 있어 산성 식품이다. 즉, 신맛

을 내는 과일류라 하여 모두 산성 식품도 알칼리 식품도 아니며, 분해 후 체내에 남아 있는 형태로 구분하는 것이다. 식품의 산도와 알칼리도 정도는 식품 100g을 연소하여 얻은 회분(ash)을 중화하는 데 소비되는 0.1N의 알칼리나 산 용액의 mL 수로 표시한다.

〈표 5-1〉 식품의 산도와 알칼리도

| 산성 식품 | | 알칼리성 식품 | |
|---|---|---|---|
| 식품명 | 산도 | 식품명 | 산도 |
| 육류 | 10 - 20 | 미역 | 15.60 |
| 어류 | 10 - 20 | 시금치 | 12.0 |
| 달걀 | 10 - 20 | 무 | 10 |
| 굴 | 10 | 당근 | 10 |
| 곡류 | 5 - 10 | 고구마 | 7 |
| 버터 | 4.00 | 과일류 | 4 - 6 |
| 땅콩 | 3.00 | 양배추 | 5 |
| 완두 | 3.00 | 콩 | 2.20 |
| 치즈 | 1.00 | 우유 | 0.30 |
| 파 | 1.00 | 호박 | 1.0 |

출처: 한명규(2003). 최신식품화학. 형설출판사.

산성이나 알칼리성 음식의 유입에 따른 산도 변화가 생겨도 우리 몸은 혈액의 pH를 7.4로 유지하는 항상성 작용을 하기 때문에 음식물 자체에 의한 혈액의 산도가 크게 변한다는 것은 어려운 일이다. 하지만 과도하게 산성 식품을 섭취한다면 혈액이 산성으로 치우쳐 체내의 알칼리성 원소를 소모하며 중화를 하는데, 이 상태가 장기간 지속된다면 결국 중화능력이 떨어져 산중독증이 되어 여러 가지 질병을 유발할 수 있다.

## 2. 다량 무기질

체중의 0.05% 이상, 또는 하루에 인체에 필요한 양이 100mg 이상인 무기질로 칼슘, 인, 마그네슘, 나트륨, 칼륨, 염소 및 황 등이 있다.

### 1) 칼슘(Ca)

칼슘은 인체 내에 가장 많은 무기질로 주로 인산칼슘과 탄산칼슘의 상태로 존재하며, 99%가 골격과 치아 등에 함유되어 있고 나머지는 혈액과 근육에 있다. 중요한 역할로는 골격을 구성하며 혈액의 응고작용 촉진, 근육의 수축과 이완, 신경전달물질의 분비, 효소 활성 등에 작용한다. 칼슘의 좋은 급원은 우유와 유제품, 멸치, 뼈째 먹는 생선, 녹엽 채소 등이 있다. 칼슘의 흡수율은 비교적 높아 섭취량의 10~30%가 흡수되는데, 식품 중에 들어 있는 다른 성분과 칼슘의 형태, 인체의 특이사항에 영향을 받는다.

흡수를 증가시키는 요인으로는 적절한 위산의 분비와, 비타민 D, 유당, 단백질의 존재, 식사 내 칼슘과 인의 비율, 성장이나 임신으로 인한 칼슘 요구량 증가가 있다. 위산은 칼슘을 용해시켜 흡수를 증진시키며, 유당은 함께 복합체를 만들어 소장 점막 통과를 쉽게 하며 칼슘의 침전을 막는다. 단백질의 아미노산과 비타민 D는 칼슘의 흡수를 돕고, 특히 비타민 D는 골격 형성을 촉진시킨다. 그러므로 성장기 어린이나 임산부에 대해서는 칼슘과 함께 비타민 D가 결핍되지 않도록 주의해야 한다. 인은 칼슘과 결합하여 인산염의 형태로 골격을 형성하는데, 둘 중 한 성분이 부족되면 체내 인과 칼슘이 같이 배설되어 골연화를 일으키므로 식사 내 인과 칼슘의 비율을 같게 하는 것이 좋다. 흡수를 방해하는 요인으로는 대표적으로 옥살산(oxalic acid)과 피틴산(phytic acid)이 있다. 시금치 등의 녹엽 채소에 함유되어 있는 옥살산과 곡류의 껍질에 있는 피틴산은 칼슘과 결합하여 불용성 염을 형성하여 칼슘의 흡수를 저해한다. 성장기 칼슘 섭취의 부족으로 구루병을 유발할 수 있으며, 결핍증으로는 골다공증, 과잉 시에는 신부전과 신장결석 등을 보인다.

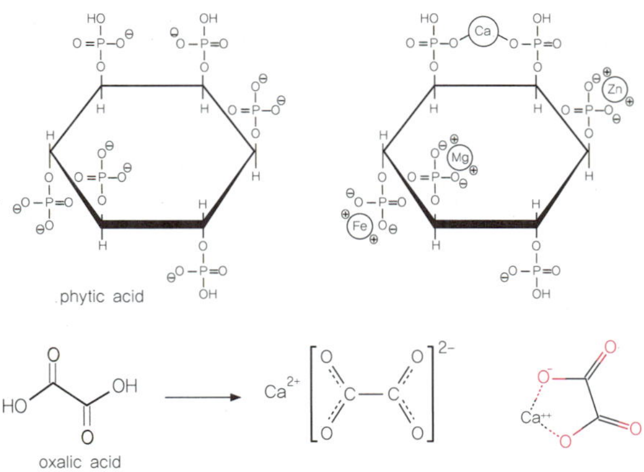


[그림 5-1] 피틴산, 옥살산과 무기질의 결합 형태

우리 몸은 혈액 내 칼슘의 농도를 일정하게 유지하기 위해 결핍 시 골격으로부터 칼슘을 용출하여 보충하는데, 이로 인해 골다공증이나 용출된 칼슘이 혈관 벽과 연조직에 축적되어 석회화를 일으키기도 한다. 혈장 칼슘 농도 조절 과정에는 갑상선호르몬과 비타민 D가 관여한다.

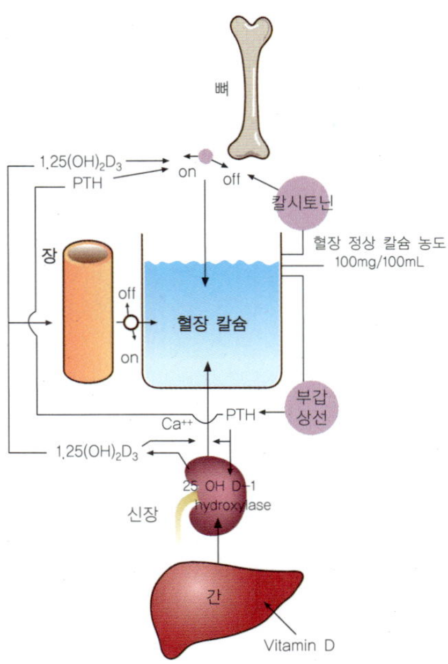


[그림 5-2] 칼슘 농도의 조절 과정

## 2) 인(P)

인은 곡류, 어패류, 육류 등의 식품에 풍부하게 함유되어 있고 체내 흡수율이 60~70%로 정상적인 식사를 하는 사람에게서 결핍증은 드물다. 체내 인의 85%가 인산칼슘염의 형태로 골격과 치아를 형성하고 있으며, 앞서 언급한 바와 같이 체내 흡수를 위해 칼슘과의 섭취 비율이 중요하다. 또한 세포막과 핵산, 인지질을 구성하고 ATP(adenosine triphosphate)를 구성하여 에너지 대사에 관여하며 혈액과 세포의 산·염기의 평형조절에 작용하여 혈액의 pH 항상성에 기여한다.

## 3) 마그네슘(Mg)

엽록소의 중요한 구성 성분으로 녹엽 채소에 많이 함유되어 있고, 인체 내에서는 60% 이상 뼈와 치아에 분포되어 있다. 마그네슘은 ATP의 구조적인 안정 유지와 에너지 대사에 관여하며 여러 효소의 보조인자와 활성제로 작용한다. 또한 칼슘, 칼륨, 나트륨과 함께 신경자극 전달과 근육의 긴장 및 이완작용을 조절하는데, 칼슘은 신경을 흥분시키고 근육을 긴장시키는 반면, 마그네슘은 신경전달물질인 아세틸콜린(acetylcholine)의 분비를 감소시키고 분해를 촉진시켜 신경을 안정시키고 근육의 긴장을 이완시키는 상반된 작용으로 마취제나 항경련제로도 사용된다.

녹엽 채소 이외에도 곡류, 두류, 쇠고기, 해조류 등에 많이 함유되어 결핍이 거의 일어나지 않으나, 만성설사나 구토, 알코올중독 등일 경우 마그네슘의 배설이 증가되어 손발 저림이나 신경이 불안정하고 경련이 일어나는 마그네슘 테타니(magnesium tetany) 증상을 보인다.

## 4) 나트륨, 칼륨, 염소(Na, K, Cl)

세포 외액의 주된 양이온인 나트륨과 세포 내액의 주된 양이온인 칼륨은 당질대사와 단백질 합성과 여러 효소의 활성을 촉진하여 효소 반응을 조절하며, 염소 이온과 함께 체액과 조직 사이의 삼투압을 조절하고 산과 염기의 평형 유지, 신경과 근육의 자극전달에 의한 근육의 수축과 이완작용에 관여한다.

나트륨과 칼륨은 어떤 작용에 대해 서로 그 효과를 상쇄시키는 길항작용을 갖는 무기질로 칼륨은 근육의 이완작용에 나트륨은 근육의 수축작용에 관여하며, 세포막에 있는 나트륨 펌프에 의해 나트륨 이온을 세포 밖으로 내보내는 동시에 칼륨 이온은 세포 안으로 들여옴으로써 이온 농도를 조절하여 몸의 항상성을 유지한다. 이 과정에서 나트륨 펌프는 ATP가 ADP와 인산으로 분해될 때 나오는 에너지를 사용한다.

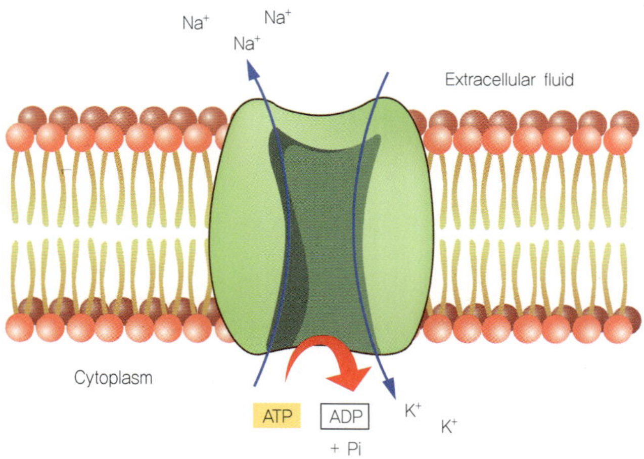


출처: Williams C. H.(2014). *Advances in Bioscience and Biotechnology*.

[그림 5-3] 나트륨 칼륨 펌프

칼륨은 시금치, 양파, 감자, 어패류, 육류 등에 있으며 특히 식물성 식품에 더 많이 함유되어 있다. 섭취한 칼륨의 90% 이상이 흡수되고 흡수속도도 빠르며 이동이 용이하여 체내에서 재분배가 쉽다. 하지만 신부전 환자의 경우 칼륨이 배설되지 못해 고칼륨혈증으로 혈액 내 칼륨이 단기간에 급격히 상승하게 되면 근육마비, 심장마비, 부정맥 등으로 심하면 사망에 이른다. 결핍은 드물지만 심한 영양부족이나 이뇨제 복용으로 나타날 수 있으며, 식욕감퇴, 변비, 근육경련, 불면증 등의 증상이 나타난다.

세포 외액의 중요한 음이온인 염소는 나트륨과 함께 물의 균형과 삼투압, pH 조절 이외에도 위액 중의 수소와 결합하여 염산을 형성함으로 위액의 산도를 유지하여 소화에 도움을 주고 세균의 발효를 방지한다. 나트륨과 염소는 동·식물성 식품에 충분히 함유되어 있고, 식품이 함유하고 있는 나트륨 자체로도 섭취되지만 소금(NaCl)의 형태로 조리 과정 중 짠맛을 내기 위해서 첨가되며, 보존제, 팽창제, 화학조미료 등 가공식품에 사용된 첨가물로부터도 섭취된다.

미국의 경우 나트륨의 성인 1일 필요량은 최대 2,400mg(소금으로 환산 시 6g)으로 제한하고 있는데, 한국인의 일일 평균 식염 섭취량은 12~20g으로 필요량보다 초과되며 세계보건기구(WHO)의 권장량인 2,000mg(소금 5g)의 3배 이상을 섭취하고 있다. 우리나라 사람들은 찌개, 김치 및 젓갈류를 즐기는 식습관과 최근에는 첨가물을 많이 사용하는 패스트푸드로 인해 나트륨 과다 섭취의 위험에 노출되어 있다. 이에 식품의약품안전처는 2017년 5월부터 동일 식품군 간의 나트륨 함량을 비교해 표준값 대비 비율(%)로 표시하도록 하여 국민들의 나트륨 섭취를 줄이도록 유도하고 있다.

섭취된 나트륨은 장에서 흡수되어 대부분 신장을 통해 배설되는데, 이때 부신피질에서 분비되는 알도스테론(aldosterone)에 의해 세뇨관에서의 재흡수가 조절되어 체내 나트륨 농도와 물의 보유를 조절한다. 신장질환으로 인해 나트륨의 재흡수가 저하되어 혈중 나트륨이 부족하거나 고온환경에 장기간 노출되어 발한으로 인해 과량의 나트륨이 손실되었을 경우 경련과 두통, 구역질, 설사와 같은 결핍 증세를 보인다. 과량 섭취된 나트륨은 세포 외액에 축적되어 부종과 고혈압, 위암, 골다공증 등의 질병을 유발한다.

〈표 5-2〉 식품 내 나트륨 함유량

| | 식 품 명 | 나트륨 함유량(mg) | | 식 품 명 | 나트륨 함유량(mg) |
|---|---|---|---|---|---|
| 찌개류 | 된장찌개 | 2,000 | 반찬류 | 배추김치 | 300 |
| | 김치찌개 | 2,000 | | 열무김치 | 300 |
| | 순두부찌개 | 1,400 | | 마늘쫑무침 | 600 |
| 면류 | 짜장면 | 2,400 | | 떡볶이 | 900 |
| | 물냉면 | 2,600 | 간식류 | 순대 | 1,300 |
| | 우동 | 2,400 | | 햄치즈샌드위치 | 1,000 |
| 국 · 탕 | 어묵국 | 2,400 | | 케첩 | 220 |
| | 갈비탕 | 1,700 | | 마요네즈 | 83 |
| | 육개장 | 2,900 | 양념류 (1큰술, 15ml) | 굴소스 | 675 |
| 일품식 | 김밥 | 800 | | 된장 | 673 |
| | 비빔밥 | 1,300 | | 고추장 | 373 |
| | 카레라이스 | 1,100 | | 소금 | 5700 |

출처: 식품의약품안전처(2013), 한국영양학회(2009). 식품영양소함량 자료집.

## 5) 황(S)

황은 생체 내 설프하이드릴기(−SH)의 형태나 이황화결합(−S−S−)의 형태로 여러 물질을 구성하고 있는데, 아미노산인 메티오닌(methionine)과 시스테인(cysteine), 헤파린(heparin), 인슐린(insulin), 티아민(thiamine), 조효소 A 등의 성분과 머리카락을 이루는 케라틴(keratin) 단백질의 구성 원소로 거의 모든 세포에 존재한다. 체내에서 효소 반응과 단백질 합성에 중요한 역할을 하며, 독성물질과 결합하여 체외로 배출하는 해독작용을 한다. 주로 단백질이 풍부한 식품인 육류와 어류, 달걀, 콩 등에 들어 있고, 결핍 시 단백질 합성과 관련된 장애로 손톱, 발톱, 모발의 발육부진이 생긴다.

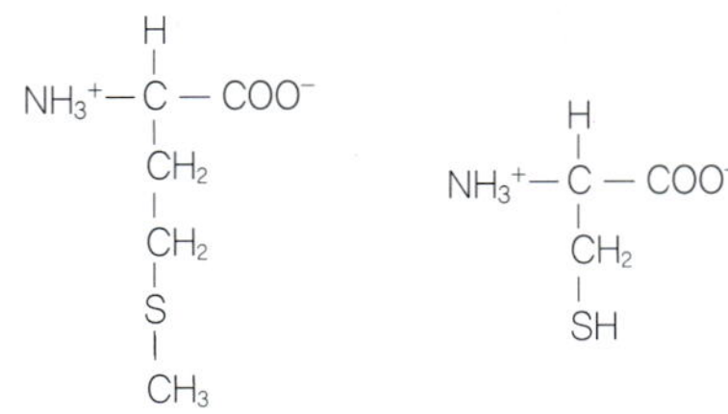

메티오닌(methionine) 시스테인(cysteine)

[그림 5-4] 메티오닌과 시스테인의 구조

## 3. 미량 무기질

체중의 0.05% 미만, 또는 하루에 100mg 이하로 소량을 필요로 하는 무기질로, 철, 아연, 구리, 요오드, 불소, 셀레늄, 망간, 크롬 및 몰리브덴 등이 있다.

### 1) 철(Fe)

성인 체내에 3~5g 존재하는 미량 원소로, 그중 60% 이상이 산소의 이동과 저장에 관여하는 헤모글로빈(hemoglobin)과 미오글로빈(myoglobin)에 존재하며 나머지는 간, 비장, 골수에 저장된다. 이 외에 소량은 세포 내에서 전자전달과 에너지 대사, 산화환원 작용을 하는 효소의 성분으로 존재한다.

식품 내 철은 크게 헴철(heme iron)과 비헴철(nonheme iron)로 분류되는데, 철분의 주공급원인 헴철은 철 이온이 포르피린 고리의 중심에 배위 결합하여 쉽게 해리되는 않는 구조로 육류에 분포하며, 흡수율은 약 30%이고 흡수가 빠르다. 비헴철은 주로 식물에 분포하며 단백질, 구연산, 폴리페놀 등 리간드와 결합이 되어 있는 형태로 존재하고, 체내 흡수를 위해 가용화되고 가수분해 단계를 거쳐야 하므로 헴철에 비해 흡수율은 더 낮다. 급원과 흡수율에 따른 생체 이용률이 헴철과 비헴철의 차이점으로, 헴철의 빠른 흡수율은 장점이나 대량을 섭취했을 때는 독성의 위험과 같은 단점일 수도 있다.

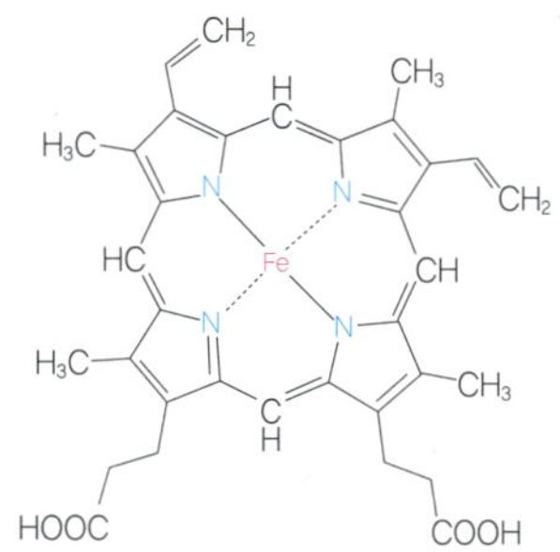


[그림 5-5] 헴철, heme iron

음식으로 섭취된 헴철과 비헴철은 각각 다른 경로를 거쳐 장세포로 흡수된다. 대부분의 식품에 함유된 비헴철은 주로 3가 철의 형태로 존재하다 철 환원효소(ferric reductase)에 의해 흡수가 용이한 2가 철로 환원되어 철 운반조직 단백질(divalent metal transporter1)에 의해 장세포로 흡수된다. 한편, 육류에 함유되어 있는 헴철은 헴운반단백질(heme carrier protein)을 통해 장세포로 흡수된 후 헴산화효소(hemeoxygenase-1)에 의해 2가 철로 전환된다. 이후 철저장단백질(ferritin)로 저장되거나 철운반체(ferroportin)를 거쳐 2가 철의 형태로 혈액으로 빠져나간다. 이 때 산화효소 헤페스틴(hephaestin)에 의해 3가 철로 다시 산화된 후 철수송단백질(transferrin)에 결합되어 다른 기관으로 이동한다.

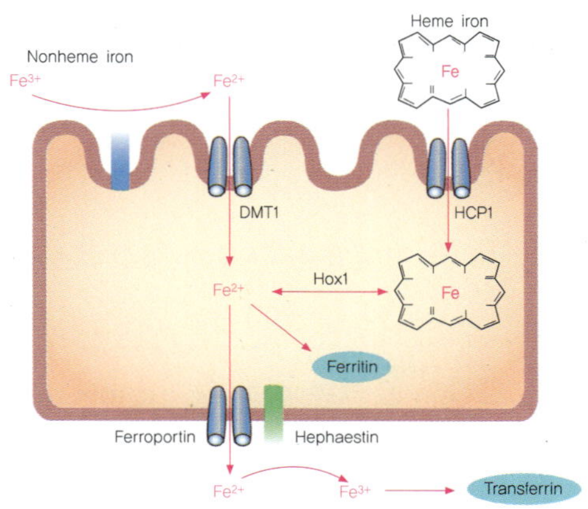


출처: Stein J.(2010). *Nature Reviews Gastroenterology & Hepatology*.

[그림 5-6] 헴철과 비헴철의 흡수 과정

비타민 C는 원자 형태의 철이나 3가의 철 이온을 흡수가 쉬운 2가 철 이온으로 전환하므로 철의 흡수율을 증가시키기 위해 비타민 C와 철을 함께 복용하는 것이 효율적이다. 또한 육류, 생선류의 섭취에 의해 흡수가 향상되는 반면, 탄닌(tannin), 피틴산 등은 철과 결합하여 소장의 흡수가 어려운 큰분자를 생성하므로 차나 커피를 같이 섭취하지 않는 것이 좋다. 낮은 흡수율로 인해 사람, 동물 및 식물 등에서 흔히 결핍증이 발견되며, 특히 가임기 여성에서 많이 유발된다. 철의 결핍증으로는 대표적으로 빈혈과 피로 증세와 뇌세포로의 산소 운반 문제로 인한 두통, 기억력 저하, 학습능력 저하 등이 있다.

### 2) 아연(Zn)

아연은 세포 성장과 생식기능 등 체내 여러 작용에 필수 성분으로 인체 내 1.5~2.5g 존재하며, 60%는 근육에, 나머지는 골격에 분포되어 있다. 아연은 효소의 구성 성분으로 핵산 DNA와 RNA의 합성에 관여하여 조직과 골격의 형성, 성장을 원활하게 하며, 인슐린 작용과 성장호르몬, 성호르몬, 갑상선호르몬 등의 활성도와 면역기능에 영향을 준다. 철과 마찬가지로 흡수성에 있어 식사 조성에 영향을 받고 다른 무기질과 경쟁적으로 흡수되므로 이들의 섭취량이 많아지면 아연의 흡수가 저해된다. 아연은 굴, 간 등의 동물성 식품에 많이 함유되어 있고, 결핍증으로 성장 부진과 생식기관 발달 부진을 보인다.

### 3) 구리(Cu)

백혈구와 뼈 생성에 관여하는 생체효소 구성에 필수원소로, 철분의 흡수를 도와 빈혈을 예방하며 인지질을 합성하는 데 관여하고 대뇌와 중추신경계의 대사 반응에서도 촉매역할을 한다. 또한 시토크롬 산화효소(cytochrome oxidase), 아스코르브산 산화효소(ascorbic acid oxidase)와 같은 에너지 생산에 필수인 산화효소의 구성 성분이며, 멜라닌 색소 합성에 필요한 티로시나아제(tyrosinase)의 구성요소이기도 하다.

구리는 육류, 어패류, 견과류에 많이 들어 있으며, 결핍증은 빈혈과 백혈구 감소를 초래할 수 있으며 골 대사 장애와 신경학적 증상이 나타날 수 있다.

### 4) 요오드(I)

인체 내 요오드의 약 80%가 갑상선에 존재하고 나머지는 근육과 피부, 내분비조직에 분포하며, 갑상선호르몬인 타이록신(thyroxine)의 구성 원소이다. 특정 부위에만 영향을 주는 대부분의 호르몬과는 달리 갑상선호르몬은 모든 세포에서 에너지 생성에 관여하고, 체내의 대사 과정과 성장발육을 촉진시키며 체온 조절의 역할을 하며, 또한 카로틴을 비타민 A로 전환시키며 단백질과 콜레스테롤 합성에도 영향을 준다. 요오드는 김, 미역, 다시마 등 해조류와 조개, 새우 등의 어패류에 많이 함유되어 있으며, 결핍 시 갑상선종, 갑상선기능저하증, 성장 부진과 선천성 갑상선기능저하로 크레틴병을 유발한다.

### 5) 그 밖의 미량 무기질

그 밖에도 망간(Mn)은 아연, 구리, 철과 함께 활성제거효소(superoxide dismutase, SOD)의 구성요소이며, 골격 성장과 지방산과 콜레스테롤의 합성, 신경 흥분 조절 역할을 한다. 인체 내 간과 심장, 신장에 존재하며, 식품에는 견과류와 두류, 채소, 과일 등에 들어 있다. 간혹 광부들에게서 간이나 중추신경계에 망간이 축적되어 파킨슨병(Parkinson's disease)과 같은 신경 근육 이상증세가 나타나기도 한다.

글루타티온 과산화효소(glutathione peroxidase)의 성분인 셀레늄(Se)은 체내에서 산화방지 작용과 비타민 E의 활성을 높인다. 동물성 식품, 특히 내장에 많고 어패류와 견과류에도 풍부하다.

불소(F)는 체내에서 골격과 치아에 약 95% 정도 존재하며, 불소 이온은 충치 발생 세균의 성장을 억제시킬 뿐만 아니라 치아의 성분인 수산화인산칼슘의 수산기에 치환되어 산에 저항성이 큰 불화인회석(fluorapatite)을 형성함으로써 충치를 예방한다. 미국에서는 충치 예방의 목적으로 식수에 불소를 첨가하고 있으나, 과잉되면 치아 표면이 거칠어지며 검게 변하는 반상치를 유발하기도 한다.

몰리브덴(Mo)은 다른 미량 원소에 비해 더 적은 양이 요구되는 원소로, 탈수소효소나 잔틴 산화효소(xanthine dehydrogenase)의 보조인자로 잔틴(xanthine)을 산화하여 요산(uric acid)을 형성하는 반응에 관여하며, 간에서 철분을 운반하는 데 중요한 역할을 한다.

크롬(Cr)은 인체의 탄수화물 대사를 조절하며 혈당량을 유지시키는 역할을 하며 곡류에 많이 들어 있어 결핍증은 드물다. 코발트(Co)는 비타민 $B_{12}$의 구성 성분으로 동물의 간과 녹색식물에 많이 함유되어 있으며, 결핍은 갑상선 이상이나 철의 과다 섭취 등으로 발생할 수 있는데 피로, 빈혈, 감각 이상 등이 나타난다. 산업현장에서 노출로 과잉증이 발생할 수 있으며, 증상으로는 천식과 폐 질환, 갑상선 비대증 등이 생길 수 있다.

## 4. 식품에서 무기질의 적용

식품의 조리와 가공은 음식을 더 건강하고 안전하게 섭취하도록 돕는 중간 과정으로 많은 이점이 있지만, 공정에 따라 식품의 영양과 품질에 영향을 줄 수 있다. 식품 중의 무기질은 그 화학적 특성과 구조에 의해 화학적 변화와 상태 변화가 생길 수 있으며 이 특성을 식품의 가공과 조리에 이용할 수 있다.

식품에서의 적용 예를 들면, 무기질에 의해 단백질이 응고되는 특성은 두부를 제조할 때 볼 수 있는데, 콩의 주단백질인 글리시닌(glycinin)을 응고시키기 위해 염화마그네슘($MgCl_2$)과 황산칼슘($CaSO_4$), 염화칼슘($CaCl_2$)과 같은 무기 응고제가 사용되고 있다. 또한 2가 또는 3가의 금속 이온이 식물색소 등을 고정하여 변색을 방지하는 특성을 이용, 완두콩과 같은 녹색 채소의 통조림 제조 시 황산구리 용액으로 처리하여 녹색 색소를 고정한다.

조리, 가공 시에는 무기질의 손실을 최소화하기 위해 식품의 종류와 조리방법을 고려해야 한다. 예를 들어, 데치는 과정은 무기질을 용수로 용출시키고 제분, 압착 등 물리적으로 제거하기도 한다. 식품을 데칠 때 최소량의 물을 사용하여 조리하거나 조리 중 생긴 요리용수를 그레이비나 스프, 소스에 다시 사용하는 방법으로 무기질의 손실을 최소화할 수 있다. 일반적으로 굽는 방법보다는 찌거나 삶을 때, 물의 사용량이 많을수록 무기질의 손실이 크며, 조리기구의 표면적 등에 의해서도 무기질의 손실량은 영향을 받는다. 통조림을 제조할 때 유해한 효소를 비활성화시키고 미생물을 줄여 보툴리누스 중독 및 기타 질병의 위험을 없애기 위해 장시간 고열로 가열하는데, 조리용수를 통해 무기질의 손실은 있지만 다른 성분에 비해 열에 강해 비교적 안정적으로 남는다. 곡물의 제분, 설탕의 정제 및 콩 종류의 기름 압착 등 물리적으로 분리할 때도 무기질의 손실이 올 수 있어 분리 후 제품에 무기질과 비타민을 첨가하는 방법으로 보충하기도 한다. 곡물의 경우 제분이 긍정적인 면도 있는데 밀기울에 존재하는 피트산과 섬유소가 이 과정에서 제거되어 다른 무기질의 흡수를 방해하지 않는다. 이렇듯 무기질은 다른 식품 성분과의 상호작용으로 생체 이용률의 변화에 영향을 받기 쉽기 때문에 가공은 물론 같이 조리하는 식품의 성분에 대해서도 살펴봐야 한다.

# Food Chemistry

Chapter 06

# 비타민

1. 비타민의 분류
2. 지용성 비타민
3. 수용성 비타민
4. 비타민의 대사와 적용

## 1. 비타민의 분류

비타민은 생명체가 살아가는 데 중요한 역할을 하는 유기화합물로, 많은 양이 필요하지는 않지만 스스로 충분한 양을 합성하는 것이 어렵기 때문에 다양한 음식과 합성보조제를 통해 섭취해야 한다. 소량으로 신체기능을 조절한다는 점에서는 호르몬과 비슷하지만, 체내 합성 여부에 따라 비타민과 호르몬으로 구분된다.

비타민은 구조가 아닌 생화학적 활성에 따라 구분되며 각각의 비타민은 특정한 생물학적 활성을 나타내는 여러 가지 비타민 화합물을 지칭한다. 예를 들어, 레티날(retinal)과 레티놀(retinol) 및 4개의 알려진 카로티노이드(carotenoid) 화합물을 포함하여 '비타민 A'라고 분류한다. 현재까지 20여 종의 비타민이 알려져 있으며, 용해성에 따라 지용성 비타민과 수용성 비타민으로 나뉜다. 다음 〈표 6-1〉에서 보여주는 여러 조건에서의 비타민의 안정성은 조리와 포장, 유통 시 손실을 최소화하기 위해 고려되어야 할 중요한 부분이다.

〈표 6-1〉 여러 조건에서 비타민의 안정성

| 종류 | 온도 | 산소 | 수분 | 빛 | pH 산-알칼리 |
|---|---|---|---|---|---|
| A | ×× | ×× | × | ×× | × ○ |
| $D_3$ | ×× | ×× | × | ×× | × ○ |
| E | × | ×× | × | × | × ○ |
| $K_3$ | × | ○ | × | × | × × |
| Thiamin($B_1$) | × | × | ×× | × | ×× ○ |
| Riboflavin($B_2$) | × | × | × | × | ○ ×× |
| Pyridoxine($B_6$) | ○ | ○ | × | × | ○ ○ |
| $B_{12}$ | ×× | ○ | × | × | × ○ |
| Calcium pantothenate | × | × | × | ○ | ○ ○ |
| Nicotinic acid | × | ○ | × | ○ | ○ ○ |
| Biotin | ○ | ○ | ○ | ○ | ○ ○ |
| Folic acid | ○ | ○ | × | × | ○ ○ |
| C | ×× | ○ | × | ×× | ×× ○ |

○: 안정 ×: 다소 민감 ××: 매우 민감

출처: Gadient(1986).

## 2. 지용성 비타민

지방과 지방을 녹이는 용매에 용해되는 비타민 A, D, E, K는 모두 분자의 기본 구조 단위로 다섯 개의 탄소로 이루어진 이소프렌(isoprene)기를 가지고 있다. 일반적으로 수용성 비타민에 비해 열에 강하여 식품의 조리 중 덜 손실된다. 수용성 비타민과 마찬가지로 결핍에 의한 질병을 유발하지만, 지용성 비타민은 우리 몸에 들어오면 간과 지방조직에 저장을 하려는 경향이 커서 과량을 섭취한다면 시간이 흐를수록 체내에서 지나친 양이 축적되고 배출 속도 또한 매우 느려 비타민 과다증의 위험한 상황을 초래할 수도 있다.

### 1) 비타민 A

지용성 알코올이며 주로 레티놀이라고 부르는 비타민 A는 레티놀(retinol), 레티날(retinal), 레티노인산(retinoic acid), 그리고 카로티노이드(carotenoid) 화합물을 포함한다. 우유, 계란 및 간에서 발견되며 특히 지방이 많은 물고기의 간유에 가장 풍부하다. 뼈와 치아의 성장과 생식, 세포분화 등 새로운 세포를 키우기 위해 사용되며, 면역체계의 조절, 유전자 발현, 빛의 전달에 사용되는 세포에 관여하는 등 체내에서 매우 중요한 역할을 한다.

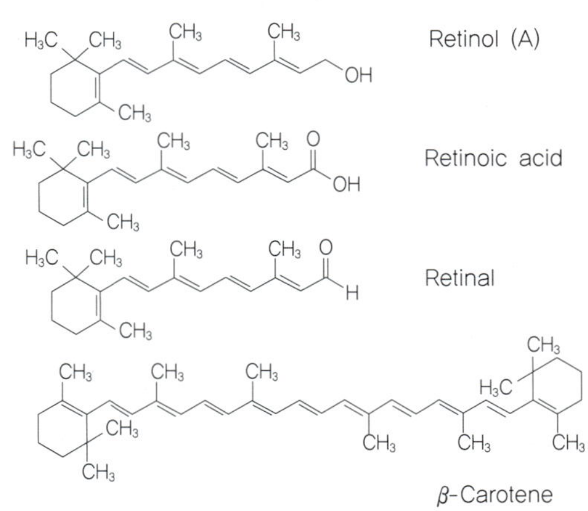


[그림 6-1] 비타민 A 성분과 베타카로틴의 구조

모든 형태의 비타민 A는 이소프레노이드(isoprenoid) 사슬과 베타이오논(β-ionone) 고리가 붙은 레티닐(retinyl) 그룹을 가지고 있는데 이것이 비타민 활성을 갖게 한다. 체내에서 비타민 A로 변환되는 프로비타민 A(provitamin A) 중 대표적인 베타카로틴은 주로 녹황생 식물에 존재하며 두 개의 레티닐 그룹을 가지고 있어 가장 강력한 비타민 A의 전구체로 알려져 있다. 비타민 A는 조직 속에서 유리 상태 또는 지방산 에스터로 존재하며, 산소와의 직접적인 반응이나 지방산의 산화 중에 생성된 라디칼에 의해 산화되고 분해된다. 식품 공정과 저장 과정에서 5~40%의 비타민 A가 손실이 된다. 결핍은 흔하지 않지만 주로 피부질환과 시각 손상의 증후를 보이며, 지용성으로 체외 배출이 잘 되지 않아 과잉 시 급성 간독성, 불임, 기형아 가능성 등 심각한 증상을 유발하므로 과잉에 대한 우려가 더 크다. 그러므로 보조제를 섭취해야만 한다면 부작용이 적은 베타카로틴 형태로 섭취하는 것이 안전한 방법이 될 수 있다.

### 2) 비타민 D

비타민 D(calciferol)는 면역력 강화, 뼈의 성장과 복구 및 강화를 돕는 물질로 인(Phosphorus)과 함께 작용하며 총 5가지 종류가 알려져 있다. 그중 에르고칼시페롤(ergocalciferol, $D_2$)과 콜레칼시페롤(cholecalciferol, $D_3$)이 대표적으로 어간유와 식물 조직 같은 천연자원에서 얻을 수 있는 실질적인 비타민이다.

동물 조직에 존재하는 콜레칼시페롤($D_3$)과 식물 조직에 존재하는 에르고칼시페롤($D_2$)은 각각 7-디하이드로콜레스테롤(7-dehydrocholesterol)과 에르고스테롤(ergosterol)에 자외선(UV)을 조사했을 때 생성된다. $D_3$는 전구체에 UV선을 쬐었을 때 previtamin $D_3$로 전환되고 다시 이성화되어 $D_3$로 전환되는 두 단계를 거쳐 간과 콩팥에 저장되는데, 첫 번째 단계에서 UV의 최적 파장은 290nm 부근으로 UVB를 말한다. 보통 유리창은 UVB를 완전히 차단하므로 합성을 위해서는 유리창을 통해 햇볕을 쬐는 것이 무의미하다는 말이다. 또 두 번째 이성화 단계는 실온의 유기용매에서 12일이 걸리지만 동물의 피부에서는 10배나 빠르게 진행된다. 최근에는 피부암의 유발 우려와 미용의 목적으로 지나치게 햇빛을 꺼려하며 자외선 차단제를 과도하게 사용하기도 하는데, 자외선 차단지수(SPF) 15의 제품을 사용했을 때 비타민 D의 합성을 95%까지 차단한다는 연구도 있다.

▶ 피부암 예방과 잡티 없는 하얀 피부를 위한 노력은 자외선차단제 시장의 매출 급증이 보여준다. 최근에는 생활 패턴에 맞게 다양하고 세분화된 제품이 출시되어 일상생활의 필수품처럼 사용되고 있어서 사실상 자연적인 비타민 D 합성의 기회가 부족하다. 비타민 D 결핍은 여러 가지 질환뿐만 아니라 사망률 증가와 관련이 있다고 알려져 있으므로 지나치게 자외선을 차단하기보다는 일주일에 적어도 두 번, 20~30분씩 햇빛에 팔다리를 노출하기를 권장한다. 또한 체지방이 증가한 비만 환자들에게서도 비타민 D의 결핍이 나타난다고 하니 다이어트 중이라면 특히 효율적인 햇빛 노출이 필요하다.

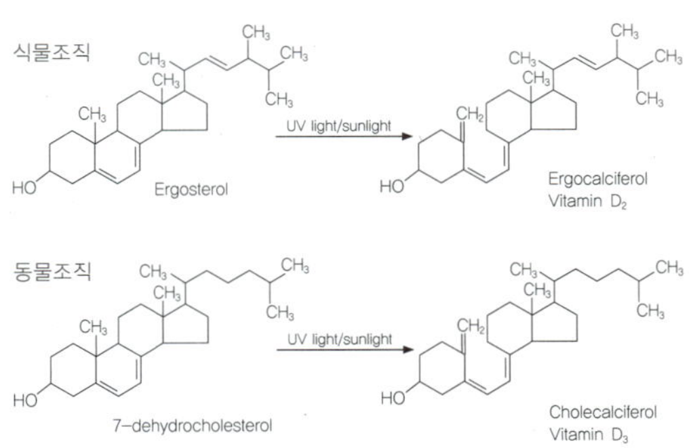


[그림 6-2] 비타민 D의 생성

## 3) 비타민 E

다양한 활성도를 지닌 토코페롤(tocopherol)과 토코트리에놀(tocotrienol)의 α, β, γ, δ 이성질체를 비타민 E라고 총칭하며, 그 구조는 치환된 방향족 고리와 긴 이소프레노이드(isoprenoid) 곁사슬로 되어 있으며 방향족 고리에 메틸(methyl)기의 결합 위치에 따라 구분된다. 그중 α-토코페롤은 가장 생물학적 활성이 높은 형태이며, γ-토코페롤은 가장 일반적으로 사용하는 형태로 옥수수 오일, 콩기름, 마가린 등에 함유되어 있다. 비타민 E는 지용성 항산화물질로서 지방의 라디칼(radical)과 결합하여 안정된 물질을 형성함으로 활성산소가 지방을 통해 조직으로 퍼지는 것을 방해한다. 사람에게는 결핍증이 거의 알려져 있지 않으나, 동물의 결핍증으로 불임, 적혈구의 수명 단축, 근육 위축 등을 보인다.

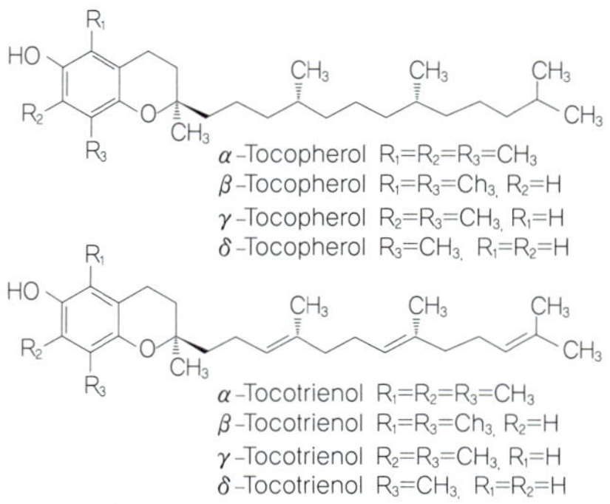


[그림 6-3] 토코페롤과 토코트리에놀의 동족체

## 4) 비타민 K

비타민 K는 나프토퀴논(naphthoquinone)의 유도체로서 녹색식물에서 합성된 필로퀴논(phylloquinone, $K_1$)과 세균에 의해 합성된 메나퀴논(menaquinone, $K_2$)이 있으며, 인공적으로 합성되고 가장 큰 활성을 지닌 메나디온(menadione, $K_3$)은 비타민 제제로 사용되고 있다.

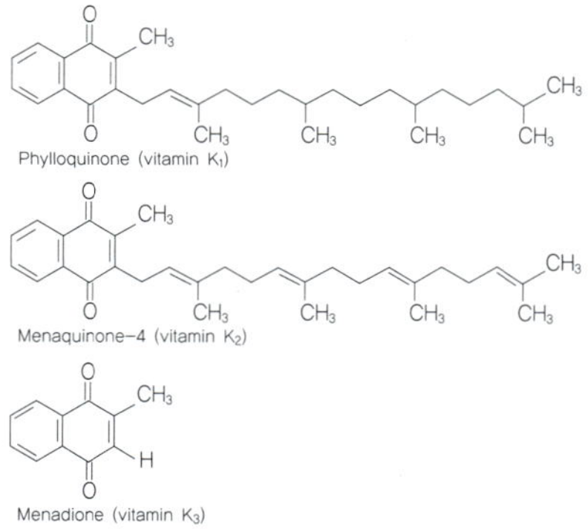


[그림 6-4] 비타민 K의 구조

비타민 K는 간에서 혈액응고인자인 트롬빈(thrombin)의 전구물질인 프로트롬빈(prothrombin) 형성에 관여하며, 뼈나 다른 조직에서 칼슘이 결합할 때 필요한 영양소이기도 하다. 주로 녹엽 채소에 많이 있으며 장내 세균에 의해 합성되므로 결핍증은 별로 일어나지 않는다.

## 3. 수용성 비타민

수용성 비타민은 총 8가지의 비타민 B complex(티아민, 리보플라빈, 나이아신, 판토텐산, 피리독신, 비오틴, 엽산, 코발라민)와 비타민 C가 해당되며, 물에 쉽게 용해되어 체외로 배출이 쉽기 때문에 지용성 비타민과 달리 과잉증이 잘 나타나지 않는다.

### 1) 비타민 $B_1$(티아민)

티아민(thiamine)은 피리미딘(pyrimidine)과 티아졸(thiazole)기가 메틸렌(methylene)기로 연결되어 있는 구조로 생체 중에는 대부분 티아민피로인산(thiamine pyrophosphate)의 형태로 존재하며 탄수화물 대사를 비롯한 에너지 대사에 참여한다. 피리미딘의 N과 티아졸의 N고리의 '+' 전하로 인한 구조적 불안정성으로 인해 중성이나 알칼리 용액에서 매우 불안정하여 쉽게 티아졸 고리가 붕괴된다. 식품 제조나 가공에 쓰이는 염소 처리된 수돗물에 존재하는 염소 이온만으로도 최고 40%까지 티아민을 빠르게 분해한다. 또한 아황산염이 존재할 경우 아황산 이온이 메틸렌기에서 피리딘과 티아졸을 분리시켜 급속히 분해된다. 그러므로 변색 방지나 방부의 목적으로 이루어지는 아황산 처리 시 티아민의 함량이 많은 식품인지 반드시 고려해야 한다. 티아민은 동물성 식품으로 달걀노른자, 돼지고기, 특히 육류의 간과 내장에 풍부하며, 식물성 식품에는 곡류의 배아와 겨층에 많이 함유되어 있다. 갑각류나 고사리, 버섯 등의 티아미나아제(thiaminase)라는 효소가 티아민을 분해하지만 열처리로 불활성화된다. 결핍으로는 각기병, 다발성 신경염, 부종, 심장기능 이상을 초래한다.

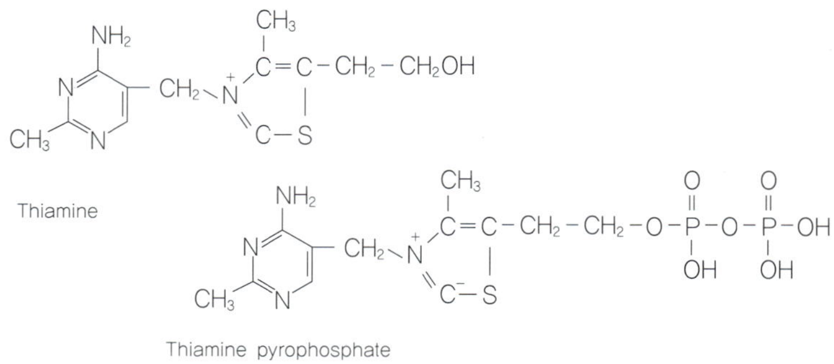

[그림 6-5] 티아민, 티아민피로인산

## 2) 비타민 $B_2$(리보플라빈)

이소알록사진(isoalloxazine) 고리에 D-리비톨(ribitol)이 결합한 구조를 이루고 있는 리보플라빈은 단백질과 결합한 형태로 존재하며, 출처에 따라 우유에는 락토플라빈(lactoflavin), 달걀에는 오보플라빈(ovoflavin), 혈액에는 헤파토플라빈(hepatoflavin) 등으로 불린다. 생물계에서는 보통 flavin adenine dinucleotide(FAD)와 flavin mononucleotide(FMN) 형태로 존재하고 유리 상태의 리보플라빈은 아주 적다. 조효소로서의 FAD와 FMN은 다른 비타민 B complex와 마찬가지로 탄수화물과 지방의 에너지 전환에 관여하는 것 이외에도 항산화물질로 작용한다. 황색의 형광을 띠며, 일반적인 조리와 가공조건에서는 비교적 안정적이나 알칼리와 빛에 쉽게 분해되므로 저장에 유의해야 한다. 우유의 경우 햇볕에 두 시간 동안 노출시키면 약 50%의 리보플라빈이 파괴된다. 주로 계란, 치즈, 우유, 육류의 간, 녹황색 야채 등에 풍부하며, 정상적인 식사를 하는 사람에게서는 결핍증이 보이지 않으나 영양실조, 당뇨, 간과 심혈관계 질환 등의 상황에서는 구각염, 설염, 구강염, 지루성 피부염이 발생하기도 한다.

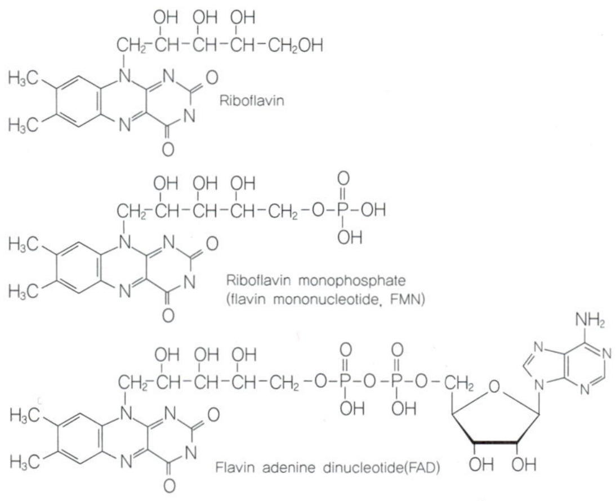


[그림 6-6] 리보플라빈, FMN, FAD

## 3) 비타민 $B_3$(나이아신)

니코틴산(nicotinic acid)과 그 유도체인 니코틴아마이드(nicotinamide) 두 가지 형태를 나이아신이라 말한다. 이들은 식품 속에서 NAD(nicotinamide adenine dinucleotide), NADP(nicotinamide adenine dinucleotide phosphate)의 형태로 존재하며 생체 내 탈수소 효소의 조효소로 작용한다. 또한 NAD는 절단된 DNA 가닥 복구력에 관여하는 효소의 유일한 기질로 암 예방 연구에도 중요한 요소이다.

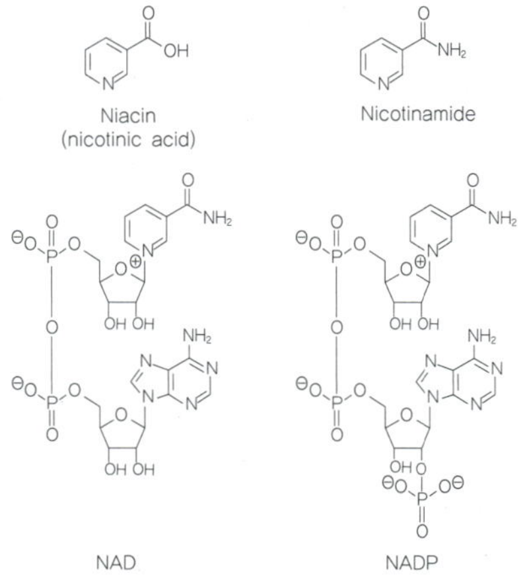


[그림 6-7] 나이아신과 유도체

나이아신은 다른 비타민에 비해 열, 산, 알칼리, 빛에 안정하여 조리나 가공 시 손실이 거의 없으며, 쇠간, 닭고기, 고등어, 땅콩 등에 많이 함유되어 있다. 나이아신 결핍의 후기 단계는 펠라그라(pellagra)로 알려져 있는데, 피부염, 설사 및 치매 증상을 보이며 심하면 사망에 이른다. 펠라그라는 소득이 낮고 옥수수를 주식으로 하던 1900년대 초기 미국 남부나 저소득층에서 흔히 나타났다. 실제로 옥수수에는 상당한 양의 나이아신이 포함되어 있음에도 조직 내 단단히 결합된 형태로 존재하여 전처리 없이 섭취해서 영양소로 역할을 하지 못했다. 멕시코에서는 전통적인 옥수수 토르티야를 요리하기 전에 알칼리성인 석회 용액에 옥수수를 적셔 사용함으로써 옥수수 내의 결합된 나이아신을 방출시켜 생체 이용률을 증가시킨다. 육류에 함유되어 있는 트립토판(tryptophan)은 체내에서 니코틴아마이드로 전환되는데, 그 전환율이 높지는 않으나 동물성 단백질에 다량 함유된 점을 감안한다면 좋은 나이아신의 급원이라 할 수 있다.

### 4) 비타민 $B_5$(판토텐산)

다양한 생물학적 역할에 참여하며 동식물계에 널리 분포된 판토텐산(pantothenic acid)은 단백질, 지방, 탄수화물의 대사뿐만 아니라 지방산과 콜레스테롤 및 아세틸콜린과 같은 중요 화합물의 생합성에 관여하는 코엔자임 A(coenzyme A)의 합성에 사용되는 필수영양소이다. 이 외에도 적혈구의 생산과 성호르몬과 스트레스 관련 호르몬 생성에도 관여한다. 판토산(pantoic acid)과 β-알라닌(β-alanine)이 결합한 구조로 일반적인 조리조건에서는 안정성을 보인다.

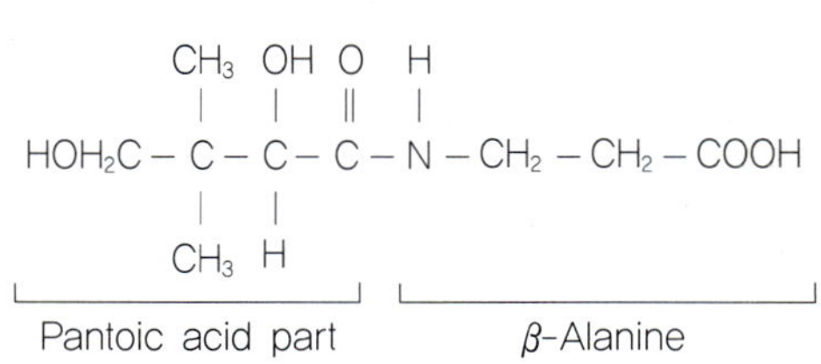


[그림 6-8] 판토텐산

비타민 $B_5$ 결핍증은 드물지만 피로, 불면증, 우울증, 과민성, 구토, 위통, 발 및 상부 호흡기 감염과 같은 증상을 포함할 수 있다.

## 5) 비타민 $B_6$(피리독신)

피리독신(pyridoxine)과 그 유도체인 피리독살(pyridoxal), 피리독사민(pyridoxamine)의 3가지 화합물과 이들의 인산 에스터를 합한 총 6종류를 피리독신이라 총칭한다. 그중 피리독살 5'-포스페이트(pyridoxal 5'-phosphate)의 생물학적 활성이 매우 크며, 피리독신 5'-포스페이트(pyridoxine 5'-phosphate)와 피리독사민 5'-포스페이트(pyridoxamine 5'-phosphate)는 체내에서 피리독살 5'-포스페이트로 전환될 수 있다.

주로 동물체에서 발견되는 조효소 형태인 피리독살 인산이나 피리독사민 인산은 탄수화물, 지방, 특히 단백질 대사에 있어서 아미노기의 전이, 탈탄산, 라세미화 반응 등 100여 종의 아미노산 대사에 관여하는 중요한 역할을 한다. 피리독살과 피리독사민은 공기 중의 열, 자외선 조사에 의해 쉽게 파괴되며, 피리독신은 산성 또는 알카리성 용액에서 열에는 안정하지만 광선에는 예민하다. 비타민 $B_6$는 주로 육류의 내장, 간, 어육, 두류, 쌀겨, 효모 등에 많이 함유되어 있으며 결핍 시 빈혈, 중추신경의 이상, 피부염의 증상을 보인다.

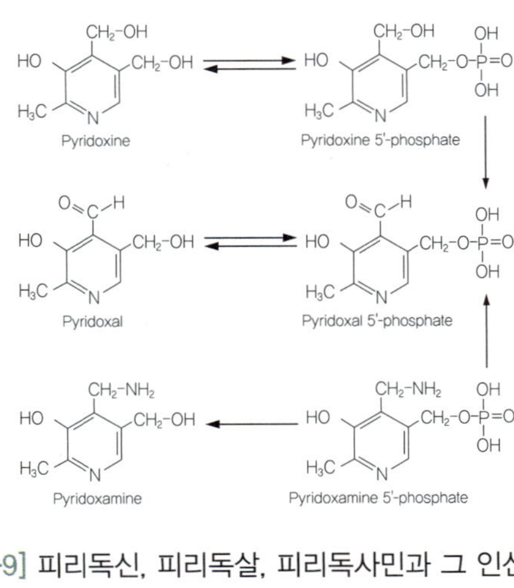


[그림 6-9] 피리독신, 피리독살, 피리독사민과 그 인산 에스터형

## 6) 비타민 $B_7$(비오틴)

비타민 H 또는 코엔자임 R이라고 불리는 비오틴은 우레이도(ureido) 고리와 티오펜(thiophene) 두 개의 고리가 한쪽 면으로 연결되어 있고, 티오펜 고리의 탄소에 발레르산(valeric acid)이 결합된  구조를 가지고 있다. 포도당, 아미노산, 지방산 대사의 주요 단계에 관여하는 카르복실 분해효소(carboxylases)로 알려진 네 가지 필수 효소(acetyl−CoA carboxylase, pyruvate carboxylase, propionyl−CoA carboxylase, β−methylcrotonyl−CoA carboxylase)를 형성하며 또한 DNA의 복제를 돕고 건강한 모발과 손톱을 유지한다. 달걀노른자, 콩팥, 간, 각종 육류와 곡류, 콩 종류, 채소에서 발견되며 직접 흡수 가능한 자유 형태로 존재한다. 비록 자연 식품에 낮은 농도로 함유되어 있으나 장내 세균이 충분한 비오틴을 생산하고 효율적인 사이클에 의해 재사용될 수 있어서 인체에서는 결핍이 거의 발생하지 않는다. 장기간 날달걀의 흰자를 섭취할 경우 당단백질 아비딘(avidin)이 비오틴 분자에 결합하여 흡수를 방해하며, 이런 경우 결핍증으로 피부병 같은 증상이 발생될 수 있다.

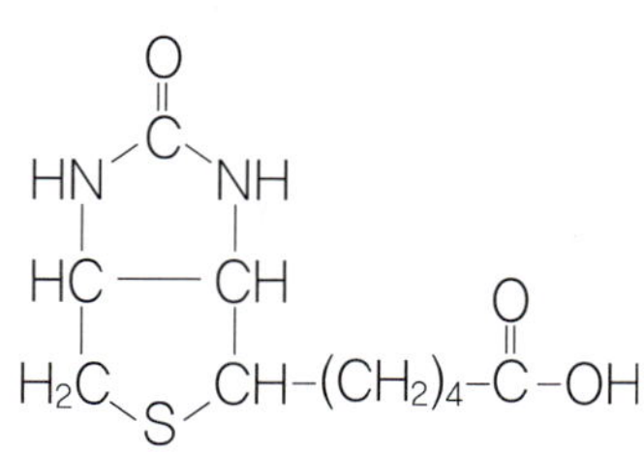


[그림 6−10] 비오틴

## 7) 비타민 $B_9$(엽산)

식물의 잎에서 존재한다는 뜻에서 유래한 엽산(folic acid)은 프테리딘(pteridine)에 *p*−아미노벤조산(*p*−aminobenzoic acid), 글루탐산(glutamic acid)이 연결된 구조로 식품에서 폴리글루타메이트(polyglutamate), 혈청에서는 모노글루타메이트(monoglutamate) 형태로 결합되어 있다.

엽산은 아미노산과 핵산의 합성에 필수적인 영양소이며, 특히 유전자를 만드는

DNA 복제에 관여하는 효소의 조효소로 작용하여 세포 분열과 성장에 중요하다. 비타민 $B_{12}$와 결합해 성장 발달과 적혈구 생산에 관여하며, 뇌에서 신경전달물질인 노르아드레날린의 분비를 촉진시킨다.

엽산(folic acid)의 형태로는 자연계에서는 미량이며 여러 가지 산화, 환원의 형태로 존재하는데, 그중 프테리딘 고리의 이중결합이 환원된 5,6,7,8-tetrahydrofolate 형태가 가장 안정하며 엽산 결핍에 의한 빈혈 치료에 사용된다. 엽산은 또한 태아의 뇌 발달을 도와 신경관 결함을 막고 다운증후군, 저체중아를 예방하기 위해 임신 중인 여성의 보충제로 사용된다.

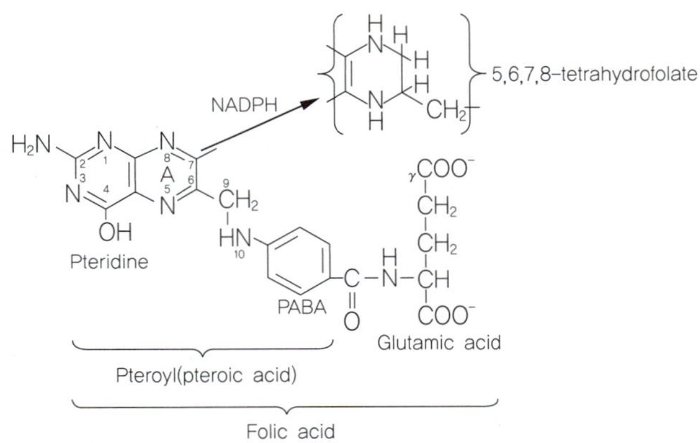


[그림 6-11] 엽산과 tetrahydrofolate의 구조

이름의 유래처럼 시금치와 같은 잎채소와 과일 주스, 동물의 간 등에 많이 함유되어 있지만, 안정성 때문에 조리 시 많은 손실을 가져오므로 신선한 생과일과 지나치게 열처리하지 않은 채소가 공급원으로 좋다.

## 8) 비타민 $B_{12}$(코발라민)

비타민 $B_{12}$는 구조가 가장 복잡하여 4개의 피롤(pyrrole)이 고리 모양으로 결합하고 중앙에 코발트를 함유하고 있으며 여기에 시아나이드(cyanide)기, 5'-디옥시아데노신(5'-deoxyadenosine)기, 메틸(methyl)기, 하이드록시(hydroxyl)기 등이 결합하여 비타민 $B_{12}$의 활성을 갖는다. 그중 시아나이드가 결합한 시아노코발라민(cyanocobalamin)이 가장 활성이 크며 $B_{12}$의 보조제로 주로 사용되는 화합물이다.

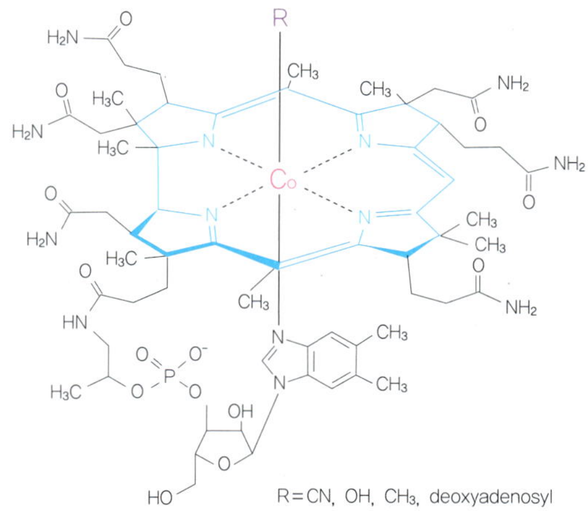


[그림 6-12] 비타민 $B_{12}$의 구조

비타민 $B_{12}$는 동물의 정상 발육에 필수 요소이며, 혈구의 생성, 장 상피세포의 성숙, 핵산이나 단백질의 합성을 비롯하여 지방질이나 탄수화물의 대사에도 관여하고 있다. 주로 동물성 식품인 간과 신장, 어류, 굴, 우유 등에 함유되어 있으며 결핍증으로는 빈혈, 운동장애, 발육장애, 구토 등이 있는데, $B_{12}$는 사람의 장내 세균에 의해 합성되므로 섭취 부족보다는 흡수와 수송, 대사의 이상이 원인으로 추측된다.

## 9) 비타민 C(아스코르빈산)

비타민 C는 아스코르빈산(ascorbic acid)과 그 염(salt), 디하이드로아스코르빈산(dehydroascorbic acid)과 같이 산화된 형태로 활성을 갖는 물질을 포함하며 아스코르빈산의 광학이성질체인 L형태와 D형태 중 L형(L-ascorbic acid)만이 비타민 C 활성을 갖는다. 비타민 C는 락톤(lactone) 고리 중의 카보닐(carbonyl)기와 공역된 엔디올(enediol) 구조로 인해 강한 환원력을 지니며, 분자 중 탄소와 결합된 하이드록시(hydroxyl)기가 수용액에서 쉽게 이온화되어 강한 산성을 나타낸다. 아스코르빈산은 pH에 따라 디하이드로아스코르빈산으로 형태가 상호 변환되어 생체에서 존재하며, 식품에 존재할 때 불안정한 디하이드로아스코르빈산은 더 산화되면 2,3-디케토글론산(2,3-diketogulonic acid)이 되어 활성을 잃는다. 비타민 C는 수용액과 열에 불안정하며 금속 이온에 의해 산화되어 파괴가 촉진되므로 채소나 과일을 조리, 가공할 때 주의해야 한다.

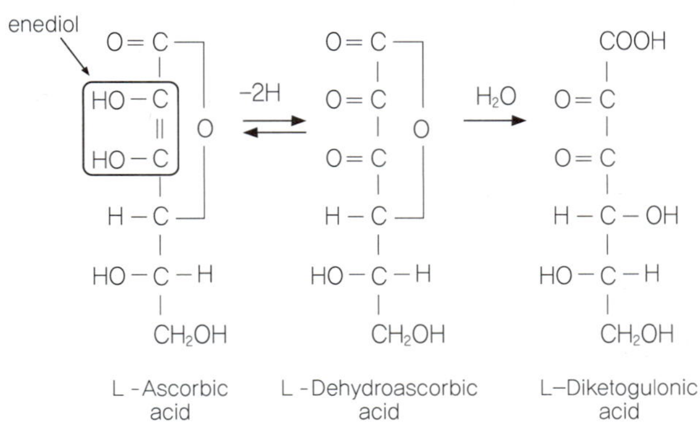


[그림 6-13] 아스코르빈산의 가역적 산화

비타민 C는 모든 동식물의 필수 대사 반응에 필요하며 거의 생체 내에서 만들어지지만 박쥐, 기니아피그, 일부 어류, 원숭이 등에서는 만들어지지 않아서 이 동물들은 식이요법으로 비타민 C를 섭취해야만 한다.

## 4. 비타민의 대사와 적용

비타민은 음식으로 섭취 또는 체내 합성 후 다시 체내에서 변환 과정을 거쳐 작용한다. 수용성 비타민은 바로 혈액으로 흡수되어 인산화되거나 뉴클레오타이드(nucleotide)와 결합하여 이동, 체내에서 변환 후 조효소로서 물질대사와 에너지대사에 관여한다. 이후 재순환되거나 또는 과량의 수용성 비타민은 체내에 저장되지 않고 용해되어 배출된다. 단, 예외적으로 코발라민(cobalamin)은 간에 저장된다.

비타민 C의 경우 뇌하수체, 부신, 백혈구, 뇌에서 가장 높게 분포하는데, 세포와 혈액에서 주로 환원형인 아스코르빈산의 형태로 존재하며 혈청 내 아스코르빈산의 농도가 증가되면 신장에서 최대치로 재흡수를 하고 여분은 아스코르빈산의 형태 또는 옥살산, 트레오산 같은 대사물로 분해되어 소변을 통해 배설하여 조절된다. 비타민 C는 기능장애 시 괴혈병을 보이는 콜라겐 합성 반응을 포함하여 여러 가지 반응에서 조효소로 작용하는데, 이 반응들은 상처 치유 및 모세혈관의 출혈 예방에도 중요하다. 또한 환원제로 다양한 생합성 반응에서 전자를 공여함으로 DNA를 손상시키는 자유 라디칼을 막아 효과적인 항산화제의 역할을 한다. 알려진 대로 자유 라디칼의 축적은 노화와, 암, 심장병 및 관절염과 같은 질병을 일으키는 요인 중 하나이다.

▶ 최근 고용량 비타민 C 요법 논란

비타민 C는 만병통치약이라는 노벨상 2관왕 폴린 박사의 주장 이후 감기 예방, 동맥경화, 암 예방 효능이 있는 것으로 여겨져 왔는데, 최근에는 실제 항암물질 기능이 있다는 의학계의 주장과 임상이 시행되고 있다. 2014년 캔자스의 연구팀은 암환자에게 비타민 C를 정맥주사 할 경우 조직 내 과산화수소의 농도가 올라가며 정상 조직은 문제 없이 암 조직만의 생장 억제와 파괴를 보고했다. 반면, 이를 가설이라고 일축하며 고용량으로 복용할 경우 설사, 결석, 용혈 등의 부작용과 오히려 암 발생 가능성이 높아질 수도 있다는 연구도 있다. 이 외에도 비타민 C의 경구 섭취와 정맥주사, 자연식품으로의 섭취와 합성비타민제의 섭취 등의 논란이 있으며, 이는 충분한 임상과 연구가 될 때까지 끊이지 않을 것으로 보인다.

지용성 비타민은 지방과 함께 흡수되어 운반되거나 체내 지방조직에 저장 후 사용되는 다소 복잡한 대사 과정을 거친다.

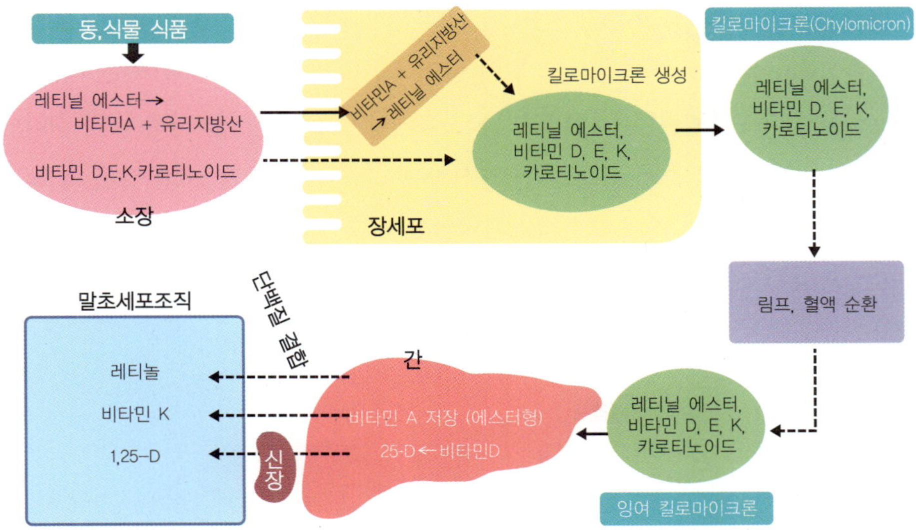


출처: Eastep J.(2015). *Integrative Food, Nutrition and Metabolism*.

[그림 6-14] 지용성 비타민의 체내 대사

지용성 비타민 A군 중 동물성 음식에 들어 있는 비타민 A는 대부분 레티닐 팔미테이트(retinyl palmitate)와 같은 에스터의 형태로 존재하며, 음식으로 섭취된 뒤 소장에서 비타민 A와 유리지방산으로 가수분해된다. 장세포의 활면소포체에서 레티놀과 유리지방산은 다시 레티닐 에스터로 전환되어 비타민 D와 비타민 E, 비타민 K 및 카로티노이드와 함께 소장의 장세포로 흡수되어 킬로마이크론(chylomicron)을 형성하여 림프 및 혈액순환을 통해 이동하는데, 남은 킬로마이크론은 간에 도달하여 비타민 A는 레티닐 에스터 형태로 저장되고 비타민 D는 25-D로 전환된 후 다시 신장을 거쳐 1,25-D로 전환된다. 간에서 비타민은 단백질과 결합하여 말초세포조직으로 운반되는데 비타민 A는 레티놀의 형태로, 비타민 D는 1,25-D 형태로 운반되며, 비타민 K는 저밀도 지방단백질에 결합되어 운반된다.

시각계에서 비타민 A의 활용을 살펴보면 인체는 비타민 A를 레티놀 형태로 저장하고 있다가 필요할 때마다 레티날로 변환하여 사용하게 되는데, 혈액에 있는 레티놀은 망막으로 들어가 에스터형, 11-시스레티놀(11-cis-retinol), 11-시스레티날(11-cis-retinal)로 순차적으로 전환된다. 11-시스레티날은 옵신(opsin)과 결합해 로돕신(rhodopsin)을 형성하고 빛이 들어오면 로돕신은 옵신과 트랜스레티날(trans-retinal)로 나눠지는데, 이때 방출되는 에너지가 시신경을 따라 뇌의 시각중추로 전해지는 신경신호를 유발한다. 옵신과 분리된 이후 트랜스레티날은 효소 반응에 의해 재순환되어 다시 11-시스레티날 형태로 전환되며, 일부는 트랜스레티놀의 형태로 색소상피세포로 보내어진다. 이러한 이유로 비타민 A가 결핍되면 로돕신의 재형성을 억제하여 야맹증을 일으킨다.

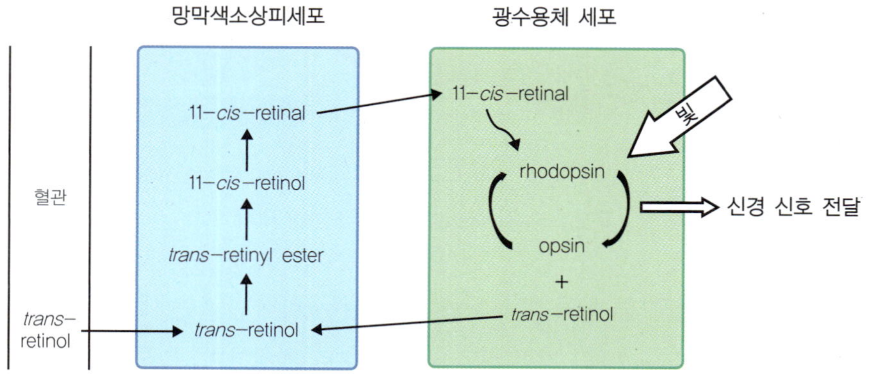


출처: https://lpi.oregonstate.edu/mic/vitamins/vitamin-A

[그림 6-15] 시각계에서 레티놀의 순환

▶ 비타민 A는 효과가 입증된 여드름 치료나 주름개선 효과가 있는 성분으로 피부과에서 연고 또는 경구 약으로 많이 사용되고 있다. 하지만 심각한 과잉증과 부작용을 지닌 만큼 주의해서 사용해야 하며, 이를 복용한다면 복용 기간과 중단 기간을 엄수해야 하며 헌혈도 할 수 없음을 잊지 말아야 한다.

피하지방과 내장지방의 지방세포 내에 저장된 비타민 D는 필요시 간을 거치면서 25-Hydroxylase에 의해 25-hydroxyvitamin D(25-D)가 되는데 이 형태가 혈액을 순환하는 주요 형태가 된다. 25-D는 다시 신장으로 운반되어 수산화효소

(1-hydroxylase)에 의해 1,25-dihydroxyvitamin D(1,25-D)가 되는데 이 형태가 비타민 D의 활성형이며, 장내 세포의 비타민 D 수용체에 결합하여 칼슘과 인을 흡수하여 뼈에 칼슘과 인을 축적하는 역할을 담당하게 된다. 혈액의 칼슘 농도가 낮을 때 부갑상선 호르몬에 의해 1,25-D가 골의 골 혈성세포 내의 비타민 D 수용체와 결합하여 파골세포의 분화를 유도하여 골 흡수 과정을 거쳐 체내 칼슘 공급을 담당하게 된다. 역할을 다한 1,25-D는 효소에 의해 칼시트로익산(calcitroic acid)으로 전환되어 담즙으로 분비, 체외로 배출하게 된다. 인체 내에 비타민 D 수용체를 가진 세포들이 많이 존재하기 때문에 그 역할 또한 다양하다. 대식세포(macrophage) 및 단핵 백혈구(monocyte)의 경우에도 비타민 D 수용체가 있어서 결핵균이나 바이러스와 같은 외부 이물질들 침입 시 1,25-D의 영향하에 카텔리시딘(cathelicidin)이라는 단백질 합성을 증가시켜 균에 대항하게 한다. 또한 림프(lymphocytes)에 영향을 주어 면역조절에 관여하며 혈액 내 부갑상샘 호르몬(PHT)의 농도를 조절하고 신장에서 분비되는 레닌(renin)을 감소시켜 혈압 조절에도 영향이 있다. 췌장에 작용하여 인슐린 분비를 증가시켜 혈당을 감소시키며, 또 유방, 대장, 전립선 등에도 작용하여 종양의 생성 억제와 사멸을 유도한다고 알려져 있다. 일반적으로 비타민 D의 혈중농도가 20ng/mL 미만일 경우 비타민 D 치료의 대상자가 될 수 있으나, 계절이나 그 사람의 나이와 질환 등 개인적인 특성을 고려하여 하루 섭취 용량을 조절하고 있다.

# 2부
# 식품 성분의 상호작용

식품에 포함된 다양한 성분(탄수화물, 지방, 단백질, 무기질, 비타민, 수분 등)은 가열, 광선, 산소농도 등의 주위 환경에 따라 상호작용함에 따라 변화하며, 미생물이나 효소와 같은 원인으로 그 변화 속도가 증가되기도 한다. 식품 성분의 변화는 조리 과정, 가공과정 및 저장 중에 쉽게 일어난다. 식품을 구성하는 3대 영양소(탄수화물, 지방, 단백질)의 경우 여러 요건에 따라 유용한 성분들로 변화하여 이득을 주기도 하지만, 단백질의 변성이나 유지의 산패 등 유해한 경우를 야기하기도 한다.

Food Chemistry

Chapter 07

# 탄수화물의 변화

1. 전분의 호화와 노화
2. 전분의 분해
3. 전분의 갈변

탄수화물 특히, 전분의 경우 수분을 넣고 가열할 경우 호화(gelatinization)가 이루어지며, 이를 냉각시킬 경우 노화(retrogradition)로 그 구조가 변화하게 된다. 또한 전분은 호정화(dextrinization), 당화(saccharification), 캐러멜화(caramelzation) 및 갈변과 같은 다양한 변화가 일어난다.

## 1. 전분의 호화와 노화

### 1) 전분의 호화

전분의 호화란? 일반적인 전분의 경우 물에 잘 녹지 않는 성질을 갖지만, 물과 함께 가열하면 전분의 구조가 붕괴하면서 물에 녹는 현상을 보이는데 이를 전분의 호화라고 한다. 다시 말해 전분은 아밀로스(amylose)와 아밀로펙틴(amylopection)의 분자들이 수소결합에 의해 형성되어 있는데, 이들 분자들은 규칙적으로 배열된 미셀(micelle) 구조로 되어 있다. 전분에 물을 첨가하여 가열하면 미셀 구조 사이로 물 분자가 침투하고, 더 많은 물 분자가 흡수되어 팽윤하면 미셀 구조가 붕괴하고 파괴되어 콜로이드 용액으로 변화한다. 이와 같은 현상을 전분의 호화(α-화)라고 한다. 생 전분을 β-전분이라고 하고, 호화될 경우 α-전분이라고 한다([그림 7-1, 7-2]).

전분의 호화에 영향을 미치는 인자는 다음과 같다.

① 전분의 종류 : 곡류보다 서류가 쉽게 호화

② pH : 알칼리성일 때 호화가 촉진됨

③ 온도 : 온도가 높을수록 호화가 촉진

④ 수분 : 수분함량이 높을수록 호화가 촉진

⑤ 염류 : 일부 염류의 음이온들은 팽윤제로써 작용함

$(OH^- > CNS^- > I^- > Br^- > Cl^-)$

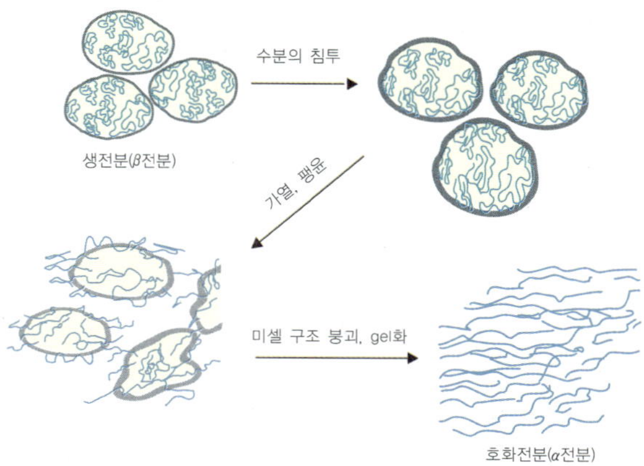


[그림 7-1] 전분의 호화 과정

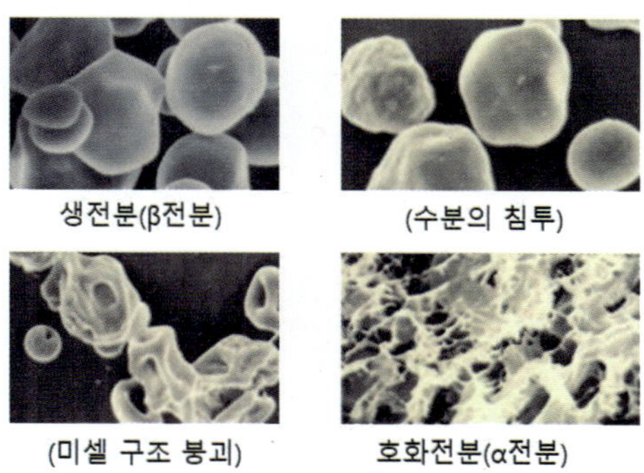


[그림 7-2] 전분의 호화 과정 중 전분 입자의 변화 모습

• α-전분과 β-전분

결정성 전분 입자에 X-선 회절도의 패턴을 살펴보면 전분 종류에 따라 각각 A도형, B도형, C도형 및 V도형의 회절도를 보이게 된다([그림 7-3]). 즉, 옥수수와 쌀 생전분의 경우 A도형, 고구마 및 녹두 생전분의 경우 B도형, 감자 및 밤 생전분의 경우 C도형을 나타낸다. 그러나 전분의 종류에 상관없이 호화된 전분 입자의 X-선 회절도를 평가해 보면 무정형의 특징을 나타내는 V도형의 회절도로 나타난다. 이와 같이 A,B 또는 C도형의 X-선 회절도를 나타내는 전분을 β-전분, V도형을 나타내는 전분을 α-전분이라고 부른다. 따라서 전분의 호화란 β-전분이 호화된 상태의

α−전분으로 변화되는 과정이라 말할 수 있다.

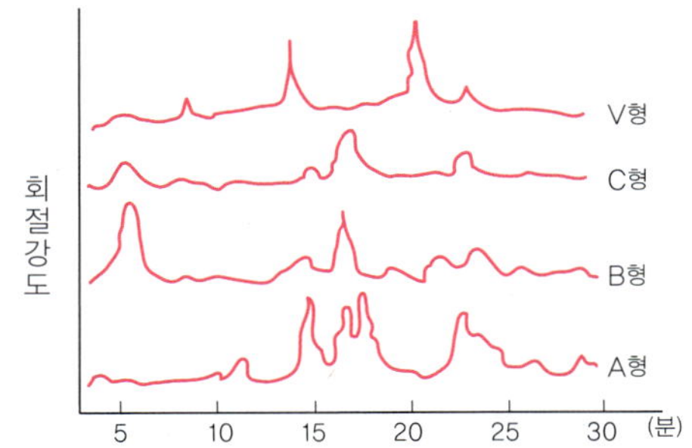


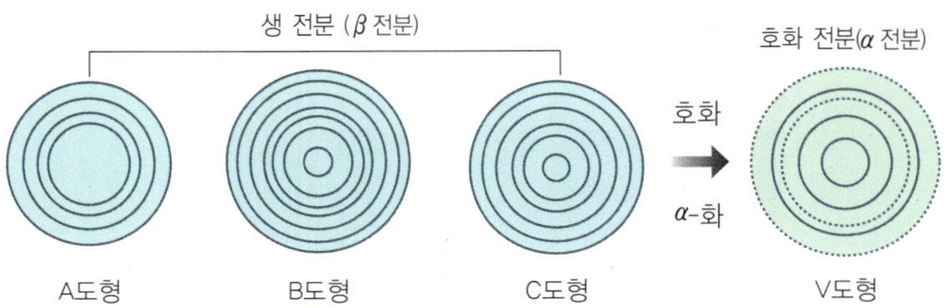


[그림 7−3] 전분의 X−선 회절도

## 2) 전분의 노화

전분의 노화란? 호화된 전분 분자를 실온에 방치할 경우 분자들 간 상호결합(수소결합)을 통하여 결정성의 구조를 형성하는데 이를 전분의 노화라고 한다([그림 7−4]). 쌀밥, 떡 및 빵을 실온에 오래 방치할 때 굳어지는 것은 전분 입자들의 노화에 따른 것이다.

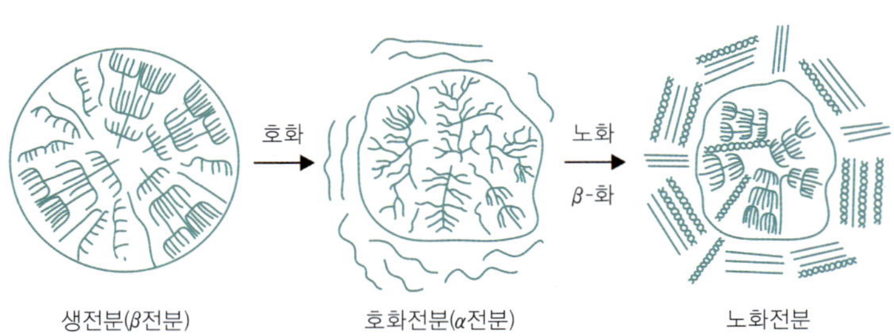


[그림 7−4] 전분의 노화 모습

α-전분은 [그림 7-4]에서와 같이 전분 분자 간 콜로이드 상태로 서로 떨어져 존재하는데, 실온에 방치할 경우 인접 분자와 수소결합을 일으킴으로써 하나의 분자로 회합하여 기존과 다른 미셀 구조 상태로 재배열되어 β-전분의 구조로 되돌아가며, 노화전분은 생전분과 다른 물리화학적 특성을 보인다.

전분의 노화는 전분의 종류, 저장온도, 수분함량 및 pH에 따라 다르게 나타난다. 아밀로스와 아밀로펙틴의 함량에 따른 전분 종류의 차이에 따라 다르게 나타나는데, 아밀로스의 함량이 많은 전분은 쉽게 노화되고 아밀로펙틴 함량이 높은 전분은 쉽게 노화하기가 어렵다. 즉, 일반 쌀밥보다 찰밥의 노화가 어렵고, 감자와 고구마의 전분보다 옥수수와 밀 등의 전분이 노화하기 쉬운 것을 예로 들 수 있다.

전분의 노화에 영향을 미치는 인자는 다음과 같다.

① 전분의 종류 : 아밀로펙틴 함량이 높을수록 노화 억제

② pH : 알칼리성일 때 억제, 산성일 때 촉진

③ 온도 : 0~5℃ 노화 촉진, −20℃ 이하 또는 60℃ 이상 노화 억제

④ 수분 : 수분함량 30~60% 노화 촉진, 15% 이하 또는 70% 이상 노화 억제

⑤ 염류 : 대부분의 무기염은 노화를 억제함. 단, 황산염의 경우 노화 촉진

• 노화가 억제된 가공식품

식품 가공 측면에서 전분의 노화를 억제하는 것은 매우 중요한 요소이다. 라면, 비스킷, 건빵의 경우 수분함량을 15% 이하로 하여 노화를 억제한 것이고, 양갱의 경우 설탕을 첨가하여 양갱 내 수분 분자가 설탕 분자와 결합하여 단시간에 건조시킨 것과 같은 효과를 얻어 노화를 억제하는 원리이다. 또한 monoglyceride와 diglyceride 등의 유화제를 첨가하여 전분 입자의 침전 또는 수소결합을 통한 결정화를 방해함으로써 노화를 억제한다.

### 3) 전분의 호정화

일반적으로 전분이 호화되기 위해서는 수분의 첨가와 가열이 필요하나, 전분에 수분을 첨가하지 않고 고온(160~190℃)으로 가열하면 전분 분자의 열분해(pyrolysis) 현상이 일어나 가용성 전분을 거쳐 덱스트린이 생성되는데, 이와 같은 현상을 전분의 호정화라고 한다. 호정화된 전분은 분자량이 작은 덱스트린으로 분해되었기 때문에 물에 녹기 쉬우며 소화에도 용이하다.

즉, 호정화를 거친 전분은 물리적 상태의 변화만이 일어난 호화와는 달리 화학적 변화도 일어난다. 덱스트린은 자연전분보다 분자량이 작고, 물에 잘 녹으며 효소작용을 받기 쉬워 쉽게 소화된다. 미숫가루 같은 전분 식품을 볶을 때, 빵을 구울 때, 뻥튀기와 같은 팽화 곡류를 만들 때 전분의 호정화가 일어난다([그림 7-5]).

[그림 7-5] 호정화로 호화된 전분 예시

## 2. 전분의 분해

전분의 분해효소에는 α-아밀레이스(amylase), β-아밀레이스(amylase), 글루코아밀레이스(glucoamylase) 및 아이소아밀레이스(isoamylase) 등이 가장 대표적이며 4개에 대한 설명은 아래와 같다.

### 1) α-아밀레이스

α-아밀레이스는 타액, 췌장 및 일부 미생물 등에 존재하는 효소로, 칼슘 이온을

함유하고 있는 금속효소(metal enzyme)라 말할 수 있다. α-아밀레이스는 전분의 α-1,4 글리코사이드 결합을 무작위로 가수분해한다([그림 7-6]). 일반적으로 이 효소가 전분을 용액 상태로 만드는 데 이용되기 때문에 액화효소(liquefying amylase)라고 한다. 또한 α-아밀레이스는 α-1,6 글리코사이드 결합을 분해하지 못하기 때문에 남는 부분이 생기기 마련이다. 이렇게 분해하지 못하고 남은 부분을 α-한계덱스트린이라고 한다.

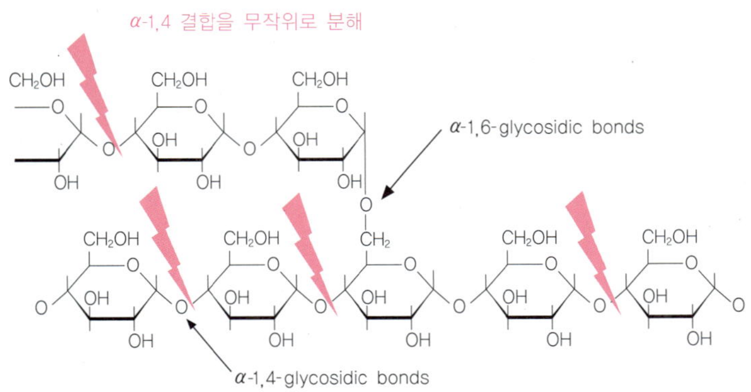


[그림 7-6] α-아밀레이스의 작용

## 2) β-아밀레이스

β-아밀레이스는 전분의 비환원성 말단으로부터 순차적으로 α-1,4 결합을 말토스 단위로 가수분해하는 효소이다([그림 7-7]). 이 효소는 씨앗, 과일, 두류, 엿기름 및 타액 등에 널리 존재한다. β-아밀레이스는 α-아밀레이스효소와 마찬가지로 α-1,4 글리코사이드 결합은 분해하지만 α-1,6 글리코사이드 결합은 분해하지 못한다. 전분을 가수분해할 경우 β-아밀레이스는 일반적으로 50~60% 정도 분해하는 것으로 알려져 있다. β-아밀레이스는 전분을 말토스(이당류: 글루코스+글루코스) 단위로 분해하므로 당화효소(saccharifying enzyme)라고 한다.

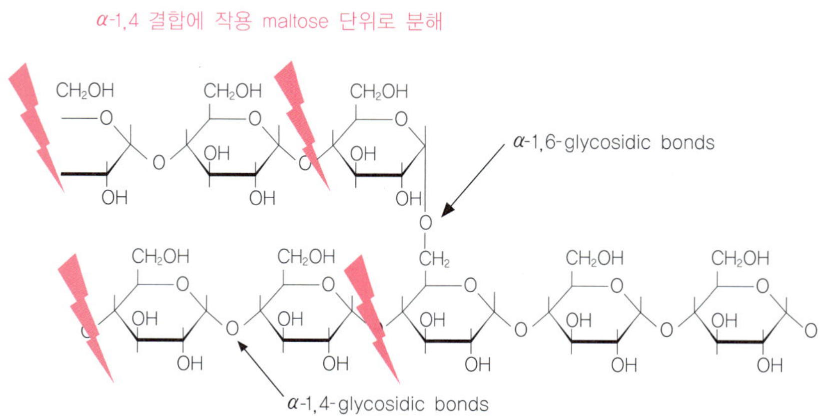


[그림 7-7] β-아밀레이스의 작용

### 3) 글루코아밀레이스

글루코아밀레이스는 전분의 말단에서부터 α-1,4 결합, α-1,3 결합 및 α-1,6 결합을 글루코스 단위로 가수분해한다([그림 7-8]). 글루코아밀레이스를 γ-아밀레이스라고 하기도 하며 동물의 간조직, 소장 및 미생물 등에 존재한다. 이 효소는 전분 결합 부분을 대부분 분해하므로 고순도의 글루코스를 생산하는 데 상업적으로 이용된다.

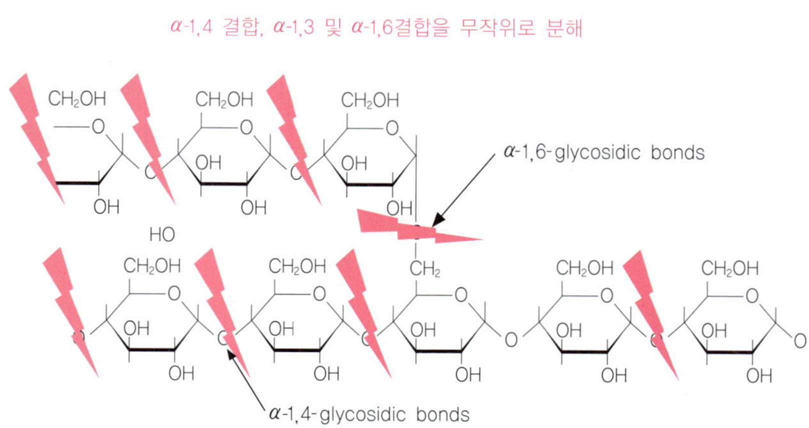


[그림 7-8] 글루코아밀레이스의 작용

### 4) 아이소아밀레이스

아이소아밀레이스는 아밀로펙틴의 α−1,6 결합에 작용하는 효소이다([그림 7−9]). 단, 이 효소는 중합도가 4~5 이상의 α−1,6 결합은 분해하지만, 중합도가 낮은 3개인 경우에는 작용하지 않는다.

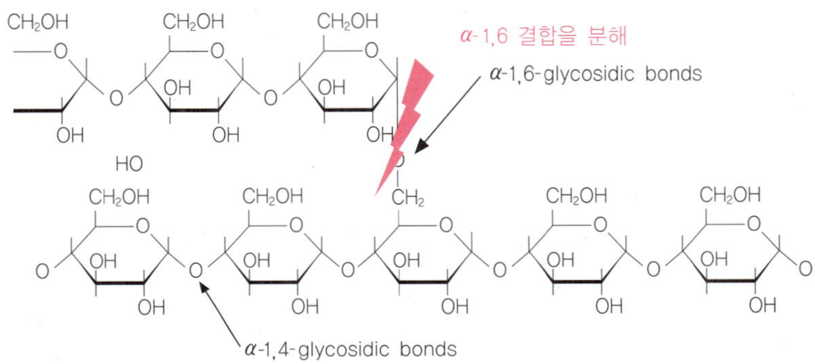


[그림 7−9] 아이소아밀레이스의 작용

## 3. 전분의 갈변

### 1) 캐러멜화 반응

전분의 구성 성분인 당류를 높은 온도로 가열할 때 녹는점 이상에 도달하면 탈수, 분해, 중합 등의 반응을 거쳐 점성이 있는 갈색의 캐러멜이 생성되는데 이를 캐러멜화 반응(caramelization)이라고 한다. 당류의 종류에 따라 캐러멜화가 이루어지는 녹는점이 각각 다른데, 과당(fructose)의 경우 110℃로 가장 쉬우며, 말토스(maltose)의 경우 180℃로 반응 온도가 가장 높다(〈표 7−1〉).

〈표 7-1〉 당류의 종류에 따른 캐러멜화 반응 온도

| 당 종류 | 녹는점(℃) |
| --- | --- |
| Fructose | 110 |
| Sucrose | 160 |
| Galactose | 160 |
| Glucose | 160 |
| Maltose | 180 |

캐러멜화 반응은 당의 아미노화, aldose-ketose의 이성질화, 분자 내 탈수 반응, 분자 간 glucoside 재결합 등 다양한 화학 반응이 연속적으로 일어나는 것으로 알려져 있으나 반응 메커니즘은 아직 확실치 않다.

설탕은 캐러멜 색소와 향의 생성에 주로 사용되며 160℃에서 산성 또는 산성 암모늄염과 함께 가열하면 상업적으로 이용될 수 있는 색소를 생산하기도 한다. 또한 암모늄 중아황산염을 사용하여 콜라와 같은 음료에 사용하는 색소를 만들기도 하며, 설탕을 직접 가열 분해하여 제과용 색소를 만들어 사용한다. 캐러멜화 반응에 있어 온도와 pH가 증가할수록 반응속도가 증가한다. 한편, 반응 온도를 너무 높일 경우(200℃ 이상) 고분자의 humin($C_{125}H_{188}O_{80}$)이 생성되고 쓴맛을 일으켜 캐러멜 맛 생성에 바람직하지 못한 영향을 끼친다.

Chapter 08

# 지질의 변화

1. 유지의 자동산화
2. 효소에 의한 산패
3. 가열에 의한 산패
4. 유지의 변향

지방을 함유한 식품은 가공, 저장, 조리 가열 등에 의하여 물리적·화학적 변화를 일으키며, 불쾌한 맛과 냄새를 형성하기도 하며 품질이 저하되는 경우가 많다. 지방의 변질 중 가장 대표적인 예는 산패이며, 그 원인은 자동산화 또는 가열에 의한 산화라 말할 수 있다. 변향 역시 주요한 지질의 변질을 일으키는 원인이 된다.

## 1. 유지의 자동산화

유지의 산화는 상온에서 공기 중의 산소에 의한 자동산화(autoxidation), 높은 온도로 가열된 유지에서 일어나는 가열산화(thermal oxidtion), 그리고 효소에 의한 산화 등 크게 세 종류로 나눌 수 있다.

### 1) 자동산화에 의한 산패

#### (1) 자동산화의 유도기

대부분의 유지는 저장하는 동안 산소를 흡수하는데, 초기에는 매우 적게 흡수하나 일정 기간이 지나면 매우 급격하게 산소를 흡수하여 산소에 의한 자동산화가 일어나게 된다([그림 8-1]).

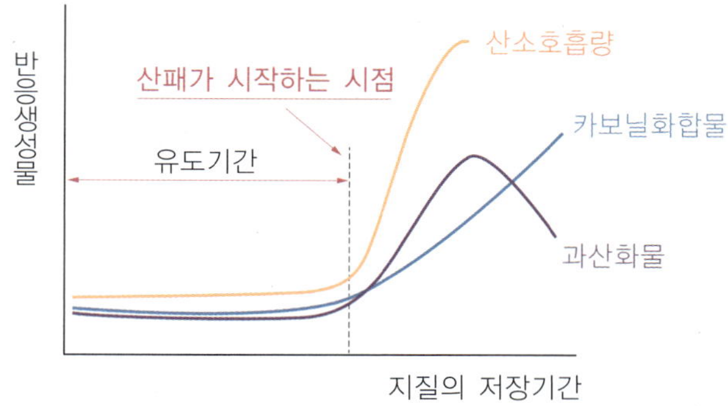


[그림 8-1] 지질의 유도기간 및 생성물의 변화

산소의 흡수속도가 매우 적은 일정 기간을 그 유지의 유도기간이라고 한다. 유도기간은 지방의 종류, 항산화제 첨가제 및 저장 요건에 따라 다르게 나타날 수 있으며, 이러한 유도기간이 지나면서 유지의 산소 흡수속도가 급증하여 산화 생성물의 양이 급격하게 증가한다.

### (2) 자동산화 메커니즘

#### ① 초기 반응 단계

자동산화의 초기 반응에서는 산소, 열, 빛 또는 금속 이온 등에 의해 유지 분자들의 전자들이 활성화되어 공유결합을 하고 있는 수소가 떨어져 나가면서 유리라디칼(free radical)을 형성한다.

$$R:H \xrightarrow[\text{산소, 열, 빛, 금속 이온 등}]{} R\cdot + H\cdot \text{ (free radical 생성)}$$

#### ② 전파 반응 단계

불포화도가 높은 유지 분자의 경우 자동산화가 쉽게 일어난다. 왜냐하면 이중결합을 가진 유지 분자는 초기 반응 단계에 생성된 유리라디칼과의 상호 반응으로 알릴라디칼(allyl radical)을 형성하고, 이것들은 공기 중의 산소와 결합하여 퍼옥시라디칼(peroxy radical)을 형성하기 때문이다. 이 때 형성된 퍼옥시라디칼은 이중결합을 가진 다른 유지 분자와 상호 반응으로 중간 산화 생성물인 과산화물을 생성한 후 연쇄적으로 반응이 전파된다.

$$\underset{\text{(free radical)}}{R\cdot + O_2} \dashrightarrow \underset{\text{(peroxy radical)}}{ROO\cdot}$$

$$ROO\cdot + \underset{\text{(유지 분자)}}{RH} \dashrightarrow R\cdot + \underset{\text{(hydroperoxide)}}{ROOH}$$

$$ROOH \dashrightarrow \underset{\text{(free oxide)}}{RO\cdot} + HO^-$$

③ 종결 반응 단계

종결 반응 단계는 전파 반응 단계에서 생성된 각종 라디칼과 중간 산화물들이 서로 결합하여 이합체, 삼합체 등의 중합체를 생성한다. 즉, 전파 단계 중 생성된 라디칼들이 서로 중합하여 중합체(polymer)를 생성하는 것으로 알코올류, 카보닐 화합물(알데하이드류 및 케톤류), 산류 산화물들이 생성되는 단계라 할 수 있다. 이 중합체는 라디칼이 아니므로 반응성이 상실되어 연쇄 반응이 아닌 종결 반응 단계라 하며, 고분자물질의 형성으로 색이 검게 변하고 점성이 증가하게 된다. 종결 반응 단계가 거듭될수록 축적된 과산화물의 함량과 요오드가가 감소하고 이취, 점도, 산가 등이 증가하여 유지의 품질을 저하시킨다.

$$R\cdot + R\cdot \xrightarrow{(중합)} \underset{(polymer)}{RR}$$

$$R\cdot + ROO\cdot \dashrightarrow ROOR$$

$$ROO\cdot + ROO\cdot \dashrightarrow ROOR + O_2$$

### (3) 자동산화에 영향을 미치는 인자

① 지방산의 종류

유지의 자동산화속도는 그 유지의 구성 지방산 종류에 따라 크게 달라진다. 즉, 포화지방산보다 불포화지방산이 쉽게 산화될 수 있으며, 불포화지방산도 이중결합 수가 많을수록 훨씬 산화되기 쉽다(〈표 8-1〉). 또한 시스형 구조를 갖고 있는 지방산이 트랜스형 구조 지방산보다 쉽게 산화된다.

〈표 8-1〉 지방산의 종류에 따른 산화속도

| 지방산의 종류 | 이중결합의 수 | 산화속도비 |
|---|---|---|
| 스테아르산(stearic acid) | 0 | 1 |
| 올레산(oleic acid) | 1 | 3 |
| 리놀레산(linoleic acid) | 2 | 11 |
| 리놀렌산(linolenic acid) | 3 | 179 |

② 광선

유지의 산화는 적외선 영역보다 자외선 영역, 즉 파장이 짧을수록 촉진된다. 유지에 자외선을 조사하면 지방산에 직접 흡수되어 유리라디칼의 생성을 촉진시켜 유도기간을 단축시키고 전파 단계가 촉진되어 산화가 빨라진다. 시중에 유통되는 유지를 포장할 때 불투명 포장용기를 사용하는 이유가 유지의 광산화를 예방하기 위함으로 생각할 수 있다.

③ 온도

일반적으로 온도가 높을수록 산화 반응속도가 증가하는데, 저장온도가 10℃ 증가함에 따라 산패속도가 2~3배 증가하는 것으로 알려져 있다. 또한 저장온도를 0℃ 수준으로 완만 동결할 경우 얼음 결정의 영향으로 조직이 파괴되고 이에 따른 지방의 산화가 증가되며, -20℃ 이하 온도로 급속 동결할 경우 얼음 결정이 작게 형성되어 조직이 안정화되고 결과적으로 유지의 산화가 거의 일어나지 않는다.

④ 산소의 농도

유지의 자동산화는 산소를 흡수하는 것으로부터 시작될 수 있기 때문에 식품을 포장할 때 진공포장하거나 질소가스 충전포장을 할 경우 유지 산화속도를 느리게 할 수 있다. 연구에 따르면 산소분압이 0~150mmHg 범위에서는 산소 분압이 높아짐에 따라 비례적으로 산화속도가 증가하였으나, 150mmHg 이상인 경우에는 산소 분압이 높아져도 산화속도 증가가 거의 없는 것으로 알려져 있다.

⑤ 수분

수분은 물질의 이동을 원활하게 만들기 때문에 각종 화학 반응을 촉진한다. 즉, 수분이 많을 경우 금속 이온 등이 유지와의 접촉을 증가시키는 요인으로 작용하여 산화를 촉진시킨다. 일반적으로 산화속도는 수분활성도가 증가할수록 증가하는 경향을 보이나, 수분함량이 매우 작은 건조식품에서는 산소와 지방 분자의 접촉을 막아줄 단분자층이 사라져 자동산화가 매우 빨리 일어난다.

⑥ 금속

구리, 철, 니켈, 주석, 아연 등과 같은 금속 이온들은 자동산화를 촉진하는 촉매로 작용한다. 즉, 금속 이온들은 산소 흡수속도, 과산화물 형성속도, 카보닐 화합물 생성속도를 증가시킴으로써 유지 산패를 촉진하여 유지의 유도기간을 짧게 만드는 원인이기도 하다.

자동산화 촉진을 잘 일으키는 순서는 다음과 같다.

$$Cu > Fe > Ni > Sn > Zn > Al > Mn$$

## 2. 효소에 의한 산패

효소 산화의 대표적인 예로는 콩류, 곡류 등 식물에 광범위하게 분포되어 있는 두 가지 효소 리폭시제네이즈(lipoxygenase)와 리포하이드로퍼옥시데이즈(lipohydroperoxidase)가 대표적이다. 리폭시제네이즈는 불포화지방산이 산화되어 과산화물이 되는 반응을 촉진하며, 리포하이드로퍼옥시데이즈는 과산화물 등의 분해를 촉진하는 효소이다. 리폭시제네이즈의 경우 반드시 cis, cis 1,4−펜타디엔($-CH=CH-CH_2-CH=CH-$) 구조를 갖고 있는 지방산에만 작용하므로 리놀레산, 리놀렌산, 아라키돈산의 산패를 일으키나, 이중결합이 1개인 올레산의 산패에 작용하지는 않는다. 리포하이드로퍼옥시데이즈의 경우 오이의 독특한 냄새를 일으키는 원인 효소이기도 하다.

위 효소들에 의해 생성된 라디칼들은 비타민 및 각종 영양소를 파괴하고 식품의 이취를 생성하여 품질을 저하시키기도 한다. 때문에 산화방지제를 처리하거나 가열 처리 등을 통하여 효소들을 불활성화시켜 품질을 유지시키기도 한다.

## 3. 가열에 의한 산패

산소 존재하에 유지를 고온으로 가열할 경우 자동산화보다 훨씬 빠르게 유지의 산패가 일어난다. 예를 들어, 튀김식품을 조리할 때 160~200℃의 높은 온도로 가열하는데, 이때 일어나는 유지의 산화를 가열에 의한 산패라고 한다. 가열산화에서는 가열 반응과 산화 반응이 동시에 일어나기 때문에 매우 빠르게 진행되며, 자동산화 외에도 많은 반응과 복잡한 변화가 일어난다. 결과적으로 유지를 지속적으로 가열할 경우 산패가 촉진되고 시간이 갈수록 산가, 과산화물가, 점도 및 굴절률이 높아진다. 또한 이중결합이 파괴되어(불포화도 감소) 요오드가가 낮아지게 된다.

### 1) 가열중합

유지를 가열하면 이중결합이 있는 부분에서 중합 반응이 일어나게 되며, 불포화도가 높은 유지일수록 반복해서 가열하면 중합 반응이 일어나기 쉽다. 유지의 가열에 의해 중합이 일어나면 유지의 비중과 점성이 커지면서 어두운(흑색) 색으로 변하고 풍미와 소화율이 나빠진다.

### 2) 가열분해

튀김유를 가열할 때 유지의 물리 · 화학적 특성이 변화하게 된다([그림 8-2]). 튀김유 표면의 산소와 공기 중 일부 수분이 가열분해 반응을 촉진한다. 즉, 산화에 의해 과산화물과 이중결합이 연이은 구조를 보이는 공액이중결합 물질이 생성되며, 지속적으로 가열될 경우 알코올, 케톤류, 알데하이드류 등으로 분해되어 산과 탄화수소류가 생성된다. 또한 수분이 존재하지 않을 경우 중성지방은 가수분해를 거쳐 다이아실글리세롤, 모노아실글리세롤, 글리세롤의 순서로 단계적으로 분해되며, 결과적으로 유리지방산을 생성하게 된다. 또한 유지를 계속해서 가열할 경우 푸른색의 연기가 나타나기 시작하는 발연점에서는 아크롤레인 생성량이 증가하기도 한다.

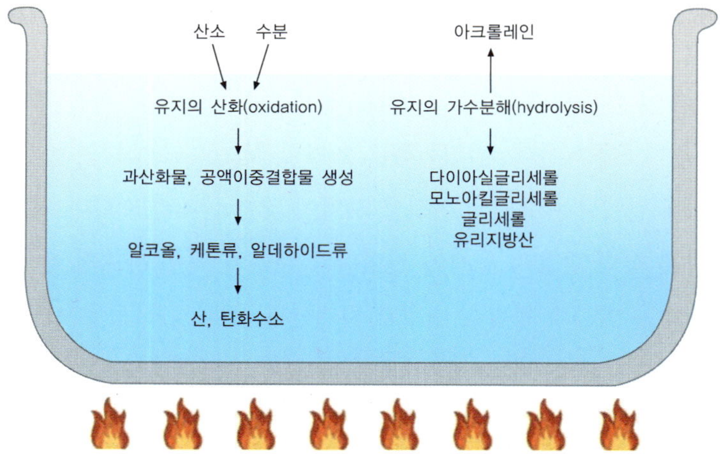


[그림 8-2] 가열에 따른 유지의 변화 과정 요약

## 4. 유지의 변향

유지의 변향은 대두유 제조 시 탈취 등의 정제 과정을 거쳐 냄새를 제거함에도 불구하고 풀 냄새나 콩 비린내가 나타나는 현상을 말한다. 일반적으로 이중결합이 있는 불포화지방산인 리놀레산 및 리놀렌산을 함유한 유지에서 일어나는 독특한 현상이다. 변향을 산패취로 생각하기 쉬운데 전혀 다른 개념이다. 그 이유는 유지의 산패가 일어나기 전에도 냄새가 나타난다는 점에서 산화에 의한 산패취와는 구별된다. 변향의 또 다른 특징은 산화적 산패를 일으키는 데 필요한 산소량의 1/50 이하에서도 일어날 수 있다는 점에서 구별된다. 변향의 메커니즘에 대해서는 명확하게 밝혀지지 않았으나 산패와는 전혀 다른 것으로 추정하고 있다.

Chapter 09

# 단백질의 변화

1. 변성의 정의
2. 단백질 변성을 이용한 식품
3. 변성에 따른 변화
4. 가열에 의한 변성
5. 동결에 의한 변성
6. 건조에 의한 변성
7. 효소에 의한 변성

단백질이 물리·화학적 에너지를 받을 경우 고유의 구조(단백질의 2, 3, 4차 구조)가 달라지고 그 성질이 변화되는데 이를 단백질의 변성이라고 한다. 단백질이 변성될 때 일어나는 특징과 그 요인에 대해 알아보고자 한다.

## 1. 변성의 정의

단백질은 2차, 3차 구조를 갖고 있는, 즉 입체적 구조를 가지는 고분자 화합물이다. 이 고분자 화합물인 단백질은 수소결합, 이온결합, 소수성결합 및 S-S결합 등으로 결합되어 있어 그 구조를 유지하고 있다. 그러나 가열, 산, 알칼리, 광선, 압력, 아세톤, 효소 등과 같은 물리·화학적 작용에 의해 결합이 쉽게 변형된다. 이와 같이 천연단백질이 외부 작용에 의해 펩타이드 결합(공유결합)은 유지하고 분자 내 다른 결합이 변형되어 고차 구조가 풀리는 현상을 변성이라고 한다([그림 9-1]).

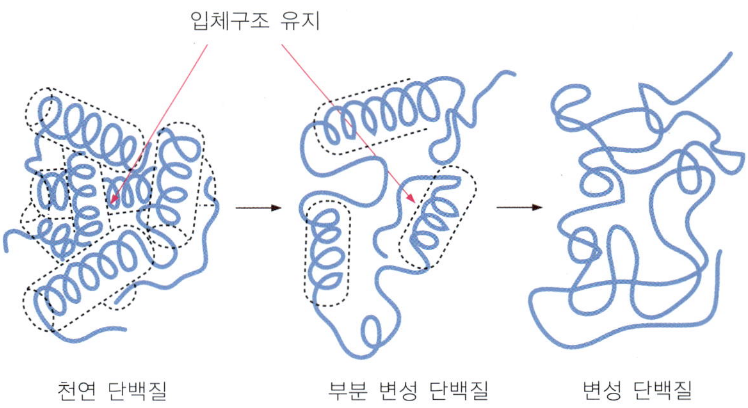


[그림 9-1] 단백질의 변성

즉, 단백질의 변성은 아미노산+아미노산 결합인 펩타이드 결합이 분해되는 1차 구조의 변화가 아니라 2차, 3차 구조가 파괴되는 것을 말한다.

## 2. 단백질 변성을 이용한 식품

단백질이 변성되면 생물학적 활성이 소실되며 다른 고유 특징이 사라지거나 약해진다. 단백질의 변성을 일으키는 요인에는 물리적 요인(가열, 동결, 건조, 광선, 압력 등)과 화학적 요인(산·알칼리, 염류, 금속 이온, 알코올, 아세톤, 효소 등)이 있다. 단백질 변성을 이용한 식품은 삶은 달걀, 스펀지케이크, 냉동두부, 건조오징어, 요구르트, 생선건어물 등 다양하다(〈표 9-1〉).

〈표 9-1〉 단백질 변성을 이용한 식품

| 변성 요인 | 식품 예 |
|---|---|
| 열변성(가열) | 삶은 달걀, 달걀찜, 구운 고기 |
| 열변성(동결) | 동결두부 |
| 표면장력 | 스펀지케이크, 아이스크림 |
| 산 | 요구르트 |
| 탈수 | 건조오징어 |
| 금속 이온 | 두부(칼슘 이온, 마그네슘 이온) |
| 효소(레닌), 염류 | 치즈 |

## 3. 변성에 따른 변화

단백질이 변성되면 고유의 입체 구조가 풀리면서 $-OH$, $-SH$, $-COOH$ 등 반응성이 높은 활성기가 노출되며 다양한 반응이 일어난다. 또한 단백질의 용해도가 감소하고 점도 증가, 등전점의 변화, 효소에 대한 감수성 증가 등이 일어나게 된다. 단백질의 변성은 비가역적 변화로 한번 변성된 단백질은 원래 상태로 되돌아갈 수 없다.

## 1) 반응성의 증가

단백질이 변성되면 내부에 존재하는 다양한 기능기(-OH, -SH, -COOH)들이 외부로 노출되면서 여러 반응에 관여하게 된다. 특히 구상 단백질의 경우 구조가 풀리면서 표면으로 노출되어 반응성이 증가한다.

## 2) 생물학적 활성의 소실

대부분의 효소는 가열하면 변성되어 고유의 효소 활성을 잃게 된다. 효소 반응에 있어 구조적 특성이 기질에 대한 효소 활성을 일으키는 결정적 영향을 미치므로 효소의 구조가 변형되면 그 활성이 상실되는 것이다. 또한 항원 항체의 결합 능력도 단백질 변성에 의해 상실될 수 있다.

## 3) 용해도의 감소

단백질이 물에 용해될 때 친수성기는 표면에 노출되고 소수성기는 물에서 멀어지고자 단백질 구조의 내부로 묻혀 존재하는 경향이 있다. 그러나 변성에 의해 그 구조가 풀리면 소수성기가 표면에 나타나게 되므로 단백질의 친수성이 감소하여 용해도가 감소하게 된다.

## 4) 점도의 증가

단백질이 변성되면 그 구조가 풀리게 되어 표면적이 넓어지고 분자 부피가 커져 결과적으로 점도가 증가하게 된다.

## 5) 소화율의 변화

단백질이 열에 의해 변성되면 응고되어 굳은 것 같지만 입체 구조를 이루고 있던 고분자 펩타이드 구조가 풀어져서 소화 효소들이 쉽고 효율적으로 작용할 수 있어 소화율은 높아진다(계란→계란찜). 그러나 지나치게 가열하면 오히려 새로운 결합이 생기고 빽빽한 구조를 형성하여 효소가 작용할 수 있는 부위가 다시 내부에 묻혀버리기 때문에 소화율이 낮아진다.

## 4. 가열에 의한 변성

가열에 의한 단백질 변성은 가장 일반적인 변성으로 일반 조리 과정에서 많이 일어나며, 그 대표적인 현상은 응고와 젤화의 두 가지 현상으로 나눌 수 있다. 응고는 알부민, 글로불린 등의 가용성 단백질이 변성에 의해 응고되어 불용성 단백질이 되는 현상을 말한다(예, 육류, 어패류, 달걀 등을 60~70℃로 가열할 경우 응고). 젤화는 응고와 반대로 불용성 단백질이 가열에 의해 변성되어 가용성으로 되는 경우를 말한다(예, 곰국을 냉각할 경우 젤리화됨).

열 변성에 영향을 주는 요인은 아래와 같다.

### 1) 온도

단백질의 종류에 따라 변성 온도가 다르지만 일반적으로 60℃ 이상부터 변성이 일어나기 시작한다. 열 변성에 민감한 단백질의 종류로 알부민과 글로불린이 있는데, 이들 단백질은 온도가 10℃ 높아짐에 따라 변성속도가 20배나 빨라진다.

### 2) 수분

수분은 열변성을 촉진시킨다. 수분은 에너지를 전달하는 수단으로 작용하기도 하며, 가열에 의한 물 분자의 왕성한 운동은 폴리펩타이드 사슬 사이의 수소결합을 분해하고 이를 물 분자가 둘러싸면서 폴리펩타이드 사슬이 풀리거나 새로운 결합을 형성할 때 사슬의 움직임을 쉽게 하도록 도와준다.

### 3) 전해질

전해질은 열 변성을 촉진시킨다. 두부 제조 시 콩 단백질인 글리시닌(glycinin)은 가열만으로는 응고하지 않으나 염화마그네슘($MgCl_2$), 황산칼슘($CaSO_4$)을 첨가하면 70℃에서 잘 응고된다.

### 4) pH

일반적으로 단백질은 등전점에서 가장 쉽게 응고한다. 대부분 단백질의 등전점은 산성 측에 있기 때문에 용액의 pH를 적절히 낮추면 열 변성이 촉진된다. 생선조림 시 소량의 식초를 첨가하면 살이 빨리 단단해지는 것과 달걀의 오브알부민에 소량의 산을 가하면 비교적 낮은 온도에서 잘 응고되는 것을 예로 들어 설명할 수 있다.

### 5) 설탕

설탕은 단백질의 열 응고를 방해한다. 단백질에 설탕이나 포도당을 넣고 가열하면 응고 온도가 높아지는데 이는 설탕이 응고단백질을 어느 정도 용해시키기 때문이다.

## 5. 동결에 의한 변성

동결에 의한 단백질 변성은 온도에 따라 영향을 받는다. 즉, 어육은 −1∼−5℃일 때이며, 육류의 경우 −1.5∼−3℃에서 가장 잘 일어난다. 동결 변성의 원인은 다음과 같이 설명할 수 있다. 식품 중에 함유된 수분이 동결되면서 얼음 결정화가 되고 이 때 수분에 녹아 있던 산이나 염류들이 농축되면서 인접 단백질을 변성시킨다. 다른 또 하나의 원인은, 수분이 동결된다는 것은 식품 중에 포함된 수분이 어느 한 곳에 응축된다는 것이다. 즉, 얼음 결정이 형성되면서 그렇지 못한 곳에서는 단백질 탈수 현상이 나타나 단백질 사이 분자 간 결합을 형성하면서 응집되어 변성이 일어난다.

그러나 동결에 의한 단백질 변성은 다른 물리적 변성에 비해 크게 변성되지 않기 때문에 동결저장법은 단백질 식품의 중요한 저장방법이다. 현재 상업적으로 널리 이용되고 있는 방법은 최대빙결점 통과 시간을 최대한 줄이는 급속동결방법이다.

## 6. 건조에 의한 변성

어포, 육포와 같은 건조식품은 외관, 수분함량 및 맛 등이 달라지며, 물에 담가 흡수시켜도 원래의 생고기 상태로 되돌아가지 못한다. 이는 건조 중에 단백질이 변성되었기 때문으로 가열에 의한 변성과는 다르다. 즉, 섬유를 형성하고 있는 직쇄상의 폴리펩타이드 사슬 사이에 있던 수분이 건조에 의해 제거되고, 인접한 폴리펩타이드 사슬이 서로 접근하여 결합을 이루면서 견고한 구조로 되며 변성되는 것이다.

## 7. 효소에 의한 변성

양, 송아지 등 우유를 섭취하는 포유류의 위에서 발견되는 레닌(rennin)은 우유를 응고시켜 주는 효소이다. 우유 단백질의 약 80%를 차지하는 카세인(casein)은 불용성인 κ-카세인 형태로 존재한다. 우유에 레닌이 첨가되면 κ-카세인은 파라-κ-카세인으로 변성된다. 이 파라-κ-카세인이 우유에 존재하는 칼슘 이온과 결합하면서 응고가 일어난다([그림 9-2]). 이 때 생성된 응고물을 커드라고 하며, 치즈 제조에 이용된다.

$$\text{수용성 κ-casein} \xrightarrow{\text{레닌 첨가}} \text{수용성 파라 -κ-casein}$$

$$\text{수용성 파라 -κ-casein} \xrightarrow[\text{pH 4.7∼5.0}]{\text{우유에 포함된 칼슘}} \text{불용성 Ca-파라 -κ-casein}$$

[그림 9-2] 레닌에 의한 카세인 변성

Food Chemistry

Chapter 10

# 식품의 변색

1. 비효소적 갈변 반응
2. 효소적 갈변 반응

식품의 변색은 식품 재료의 저장 및 가공 중에 일어나는 색의 변화로, 식품의 고유 색깔이 점차 퇴색되는 것으로 여러 가지 반응들에 의해서 일어난다. 이러한 변색은 식품의 품질 평가에 직접적 또는 간접적으로 큰 영향을 주기 때문에 식품의 저장과 가공이 매우 중요하다.

식품의 색상 변화는 크게 둘로 나누어 생각할 수 있다. 하나는 식품 자체에 함유되어 있는 색소(chlorophyll, carotenoid, myoglobin 등)가 빛이나 열, 그 외의 작용으로 분해되거나 산화되어 퇴색 또는 변색하는 경우이고, 다른 하나는 무색이었던 식품 성분들 간의 색상이 갈색 또는 흑갈색으로 변하는 것을 갈변(browning)이라 하며 이러한 갈변을 가져오는 반응을 갈변 반응(browning reaction)이라고 한다.

갈변 반응은 식품의 저장 또는 가공 중 단순히 색을 변화시킬 뿐만 아니라 갈변 반응으로 생성된 성분들이 그 식품의 냄새와 맛에도 큰 영향을 주며, 가공식품 중의 당류와 아미노산류, 특히 라이신(lysine)과 같은 필수 아미노산의 손실로 인하여 영양가의 감소를 가져오는 등 식품의 품질에 큰 영향을 미치는 중요한 반응이다.

이러한 식품의 갈변은 사과, 청주, 식초, 건조식품, 식용유, 잼, 토마토케첩 등의 예에서와 같이 이미, 이취의 발생이나 영양소의 손실로 품질이 저하되는 경우가 대부분이다. 이와 반대로 홍차, 커피, 맥주, 메이플 시럽(maple syrup), 된장, 간장 등의 식품 고유의 색이나 빵, 비스킷, 땅콩 등을 구울 때와 같이 색상과 풍미에 영향을 주어 식품의 품질을 향상시키는 경우가 있다.

식품의 갈변 반응은 메커니즘에 따라 여러 가지가 있으나 일반적으로 효소가 관여하지 않는 비효소적 갈변 반응(non-enzymatic browning reaction)과 효소가 직접 관여하는 효소적 갈변 반응(enzymatic browning reaction)으로 분류된다.

# 1. 비효소적 갈변 반응

비효소적 갈변 반응은 효소의 관여 없이 식품 중의 어떤 성분이나 또는 성분 간의 화학적인 반응에 의하여 갈색 물질이 형성되는 것이다. 비효소적 갈변 반응은 메커니즘에 따라 마이야르 반응(Maillard reaction), 캐러멜화 반응(caramelization), 아스코르브산 산화 반응(ascorbic acid oxidation) 등 3가지로 구분하고 있다. 그러나 식품은 여러 가지 성분으로 이루어져 있기 때문에 비효소적 갈변 반응은 이상의 3가지 반응이 단독으로 일어나기보다는 대부분이 혼합되어 일어난다.

## 1 마이야르 반응(Maillard reaction)에 의한 갈변

이 반응은 프랑스 화학자 마이야르(Maillard)가 1912에 글루코스(glucose)와 glycine의 용액을 가열하였을 때 갈색 색소인 멜라노이딘(melanoidin)을 생성한다고 처음으로 공식 보고한 반응으로 이후 마이야르(Maillard) 반응이라고 부르게 되었다.

식품의 비효소적 갈변의 대표적인 것으로, 당류의 카보닐기와 단백질의 아미노기가 열에 의해 갈색 물질(melanoidin)을 생성하는 반응이며, 자연적으로 생성되는 것이 특징인 대표적인 비효소적 갈변이다. 이 반응은 활성을 가진 유리 알데하이드(aldehyde)기나 케톤(ketone)기와 같은 카보닐(carbonyl)기를 가진 환원당 또는 가수분해되어 환원당을 만들 수 있는 당류가 아미노산, 펩타이드(peptide), 단백질과 같은 유리 아미노(amino)기나 이미노(imino)기를 가진 질소화합물과 상호 반응하여 갈색 물질을 생성하는 것이므로 그 반응의 본질을 따서 아미노-카보닐(amino-carbonyl) 반응이라고도 하며, 또한 생성되는 최종 산물의 이름을 따서 멜라노이딘(melanoidin) 반응이라고도 부른다.

일반적으로 대부분의 식품들은 양의 차이는 있겠으나 그 성분으로서 당류 등의 카보닐(carbonyl) 화합물과 단백질 등의 아미노(amino)기를 가진 질소화합물을 함유하고 있으므로, 마이야르(Maillard) 반응은 거의 모든 식품에서 일어날 수 있는 갈변 반응이며 실제로도 식품 가공이나 저장 중에 있어서 가장 중요한 비효소적 갈변 반응이다.

또한 마이야르(Maillard) 반응에 의한 갈변은 외부에서 가열과 같은 에너지 공급이 있어야 비로소 일어나는 캐러멜화 반응과 달리 외부로부터 에너지의 공급이 없는 조건에서 대부분 자연 발생적으로 일어난다는 중요한 특징을 가지고 있다. 따라서 이 갈변 반응은 식품 가공 과정 및 저장 과정에서 지속적으로 반응이 일어나게 되며, 이를 억제하기 어려운 매우 중요한 반응이라 할 수 있다.

### 1) 마이야르(Maillard) 반응의 메커니즘

마이야르(Maillard) 반응에 의한 갈변의 진행 메커니즘에 대해서는 비교적 잘 알려져 있으며, 반응의 진행에 따라 초기 단계(primary step), 중간 단계(intermediate step), 최종 단계(final step)의 3가지 단계로 구분한다.

**초기 단계**

① 당류와 amino 화합물의 축합 반응(condensation reaction)

② 아마도리 전위(Amadori rearrangement)

**중간 단계**

① 3-deoxyosone의 형성

② 불포화 3,4-dideoxyosone의 형성

③ Reductone의 형성

④ Hydroxymethyl furfural(HMF) 등의 환상 물질의 형성

⑤ 산화 생성물의 분해

**최종 단계**

① Aldol형 축합 반응(aldol type condensation)

② Strecker형 반응

③ Melanoidin 색소의 형성

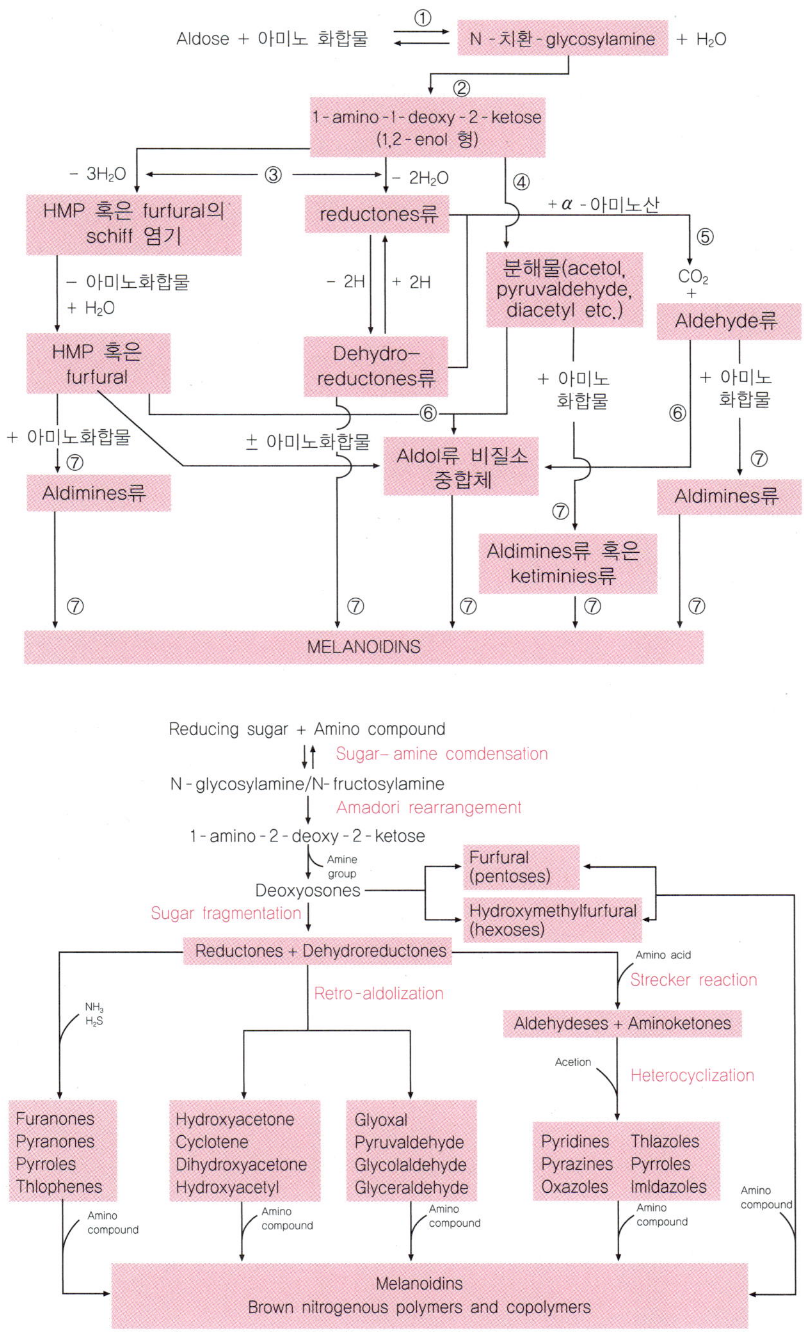


[그림 10-1] 마이야르(Maillard) 반응의 개요

## (1) 초기 단계

### ① 당류와 amino 화합물의 축합 반응(condensation reaction)

마이야르(Maillard) 반응이 진행되기 위해서는 먼저 환원당과 amino 화합물이 축합 반응을 일으켜 질소배당체인 글리코실아민(glycosylamine)을 형성하여야 한다. 예를 들면, 환원당인 글루코스(glucose)와 아미노(amino)기를 가진 글리신(glycine)이 축합하여 질소배당체인 글루코실글리신(glucosylglycine)이 형성된다. 이 과정이 마이야르(Maillard) 반응의 첫 활성화 단계라고 할 수 있다.

이 반응은 가역적이고 매우 빠르게 진행되며, 생성된 글리코실아민(glycosylamine)은 반응물인 당류보다 활성이 크게 되며, 이렇게 생성된 글리코실아민(glycosylamine)은 아마도리 전위에 의하여 케토스아민(ketoseamine)으로 전환된다.

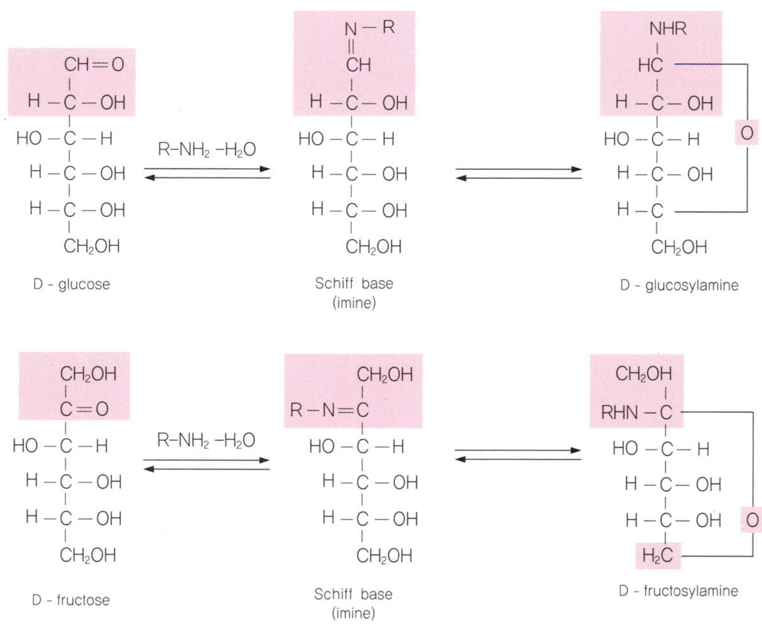


[그림 10-2] 글리코실아민 및 프락토실아민의 형성 과정

### ② 아마도리 전위(Amadori rearrangement)

당류와 아미노(amino)화합물의 축합에 의하여 형성된 글리코실아민(glycosylamine) 및 프룩토실아민(fructosylamine)은 케토스(ketose)로 전위를 일으킨다.

이 과정이 두 번째의 활성화 단계이며, 아마도리(Amadori) 전위라고 알려진 마이야르(Maillard) 반응에 있어서 가장 중요한 반응 중의 하나이다(아마도리 전위의 과정).

아마도리(Amadori) 전위로 형성된 케토스 유도체는 케토(keto)형과 에놀(enol)형을 가질 수 있으며 에놀(enol)형은 그 반응성이 매우 크다. 글리코실-아민(Glycosyl-amine) 및 프룩토실아민(fructosylamine)을 시발점으로 하여 마이야르(Maillard) 반응의 중간 단계의 여러 가지 반응에 들어가게 된다. 이 초기 단계에서는 색깔의 변화가 없다.

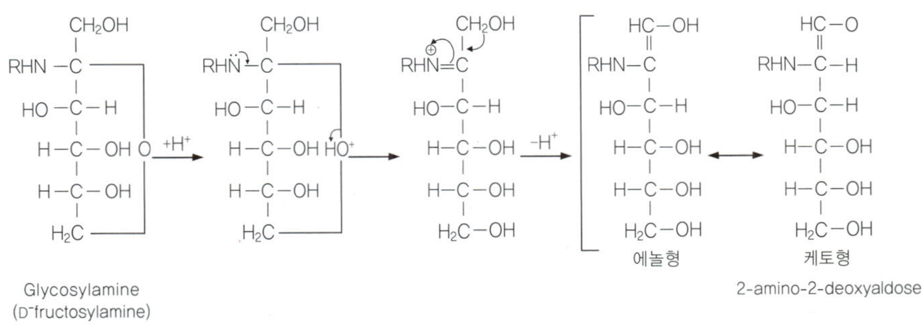


[그림 10-3] 아마도리 전위에 의한 케토스 유도체(2-amino-2-deoxyaldose) 형성

한편 프룩토스(fructose)와 같은 케토스(ketose)는 유사한 반응을 거쳐 상응하는 2-아미노(amino)-2-데(de)-옥시알도스(oxyaldose)를 형성하는데 이를 헤인스 전위(heyns rearrangement)라고 한다.

## (2) 중간 단계

### ① 3-deoxyosone의 형성

중간 단계에서 첫 번째 반응은, 아마도리(amadori) 전위에서 생성된 에놀(enol)형의 프룩토실-아민(fructosyl-amine)은 계속 분해 산화되어 3-데옥시오손(deoxyosone)을 형성한다. 즉, 프룩토실아민(fructosylamine)의 에놀(enol)형은 $C_3$의

OH가 제거된 후 아미노기가 가수분해되어 3-데옥시오손(dexyosone)을 형성한다. 이 때 당이 6탄당이면 3-데시(dexy)-헥소손(hexosone), 5탄당이면 3-데시(dexy)-펜토손(pentosone)이 형성된다. 실제로 3-데시(dexy)-D-글루코손(glucosone)이 간장, 된장, 청주, 주스 등에서 분리된다.

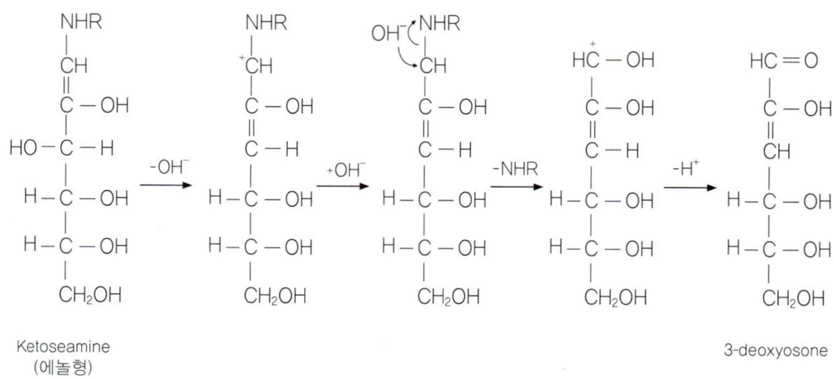


[그림 10-4] 3-deoxyosone의 형성 과정

② 불포화 3,4-dideoxyosone의 형성

위의 3-데옥시오손(deoxyosone)은 계속 산화되어 반응성이 강한 갈색중간체인 불포화 3,4-디데옥시오손(unsaturated 3,4-dideoxyosone)을 형성한다. 이 불포화 3,4-디데옥시오손(dideoxyosone)의 에놀(enol)형은 그 자체가 리덕톤(reductone)류에 속하는 당의 산화 생성물로서 그 반응성은 대단히 크다.

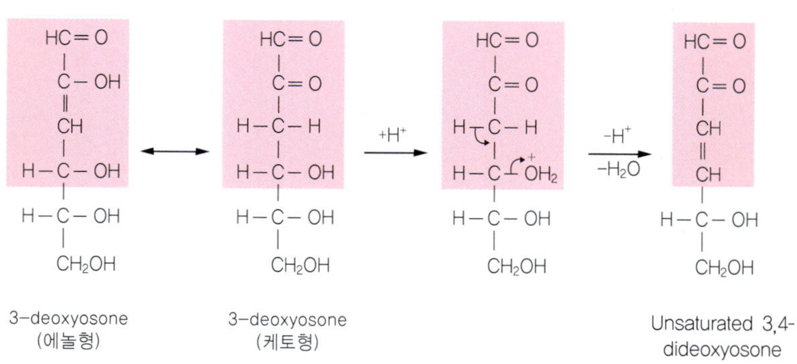


[그림 10-5] 불포화 3,4-dideoxyosone의 형성 과정

### ③ Reductone의 형성

리덕톤(Reductone)은 일반적으로 엔디올(endiol) 또는 이와 유사한 특징을 가진 엔디올(endiol) 비닐 동족그룹, 티올(thiol)-에놀(enol), 엔(en)-아미놀(aminol) 엔(en)-다이아민(diamine) 등의 구조를 분자 내에 가지고 있으며 인(in)-도페놀(dophenol) 화합물을 환원할 수 있는 성질을 가진 물질을 말한다. 식품 중에 함유되어 있는 가장 잘 알려진 리덕톤(Reductone)으로서는 L-아스코르브산(L-ascorbic acid)이 있으며 이들 리덕톤류는 그 환원성과 함께 반응성이 매우 큰 것이 특징이다. (각종 reductone류의 구조)

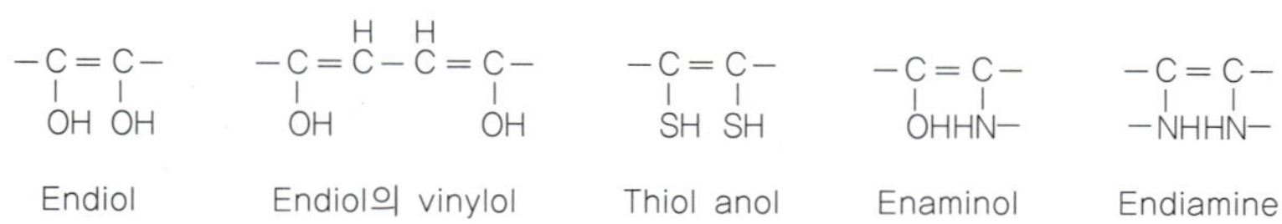


[그림 10-6] Reductone의 형성 과정

마이야르(Maillard) 반응의 중간 단계에서는 3,4-디데옥시오손(dideoxyosone)의 에놀(enol)형, 1-데(de)-옥시오손(oxyosone)의 에놀(enol)형과 같은 다양한 리덕톤(reductone)류가 형성되어 이후의 반응에 참여하게 된다.

### ④ Hydroxymethyl furfural(HMF) 등의 환상물질의 형성

위에서 형성된 불포화 3,4-디데옥시오손(dideoxyosone)과 기타의 리덕톤(reductone)류는 반응성이 강하여 5-하이드록시메틸(hydroxymethyl) 푸르푸랄(furfural)(5-HMF)로 대표되는 각종의 환상 화합물(cyclic compounds)을 형성한다. 일반적으로 알도헥소스(aldohexose)가 아미노(amino) 화합물과 반응하면 HMF를, 알도펜토스(aldopentose)는 푸르푸랄(furfural)을 형성한다.

푸르푸랄(furfural)류는 과거에는 마이야르 반응에 의한 갈변의 강력한 중간체로 생각되었으나 현재는 그렇게 생각되고 있지 않다. 생성량은 3-데옥시오손(deoxyosone)류에 비하여 매우 적다. 그러나 과즙이나 기타 산성이 강한 식품에서는 HMF가 다량으로 생성되므로 중요한 중간체로 생각되고 있다.

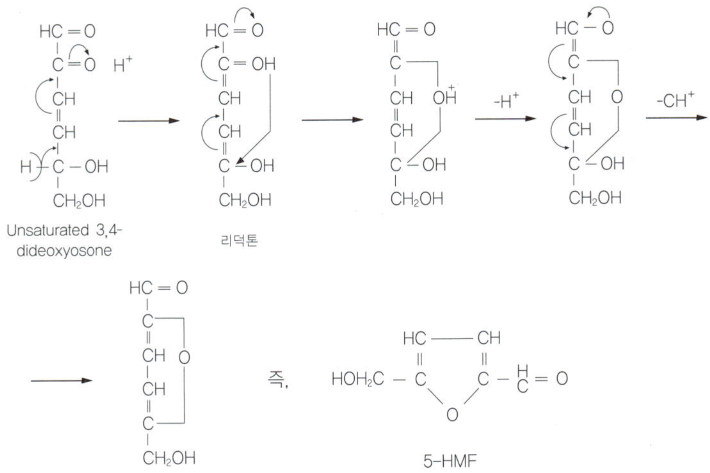


[그림 10-7] 5-hydroxymethyl furfura(5-HMF) 형성 과정

⑤ 산화 생성물의 분해

중간 단계에서 형성된 산화 생성물들, 특히 각종 리덕톤(reductone)류와 일부 환상 화합물들은 계속 산화에 의해서 탄소 사슬이 분열되어 탄소 수가 2개나 3개 또는 4개의 극히 휘발성이 강한 산화 분해 생성물들을 형성한다. 즉, 아세트알데하이드(acetaldehyde), 아세토인(acetoin), 아세톨(acetol), 디아세틸(diacetyl), 디하이드록시아세톤(dihydroxyacetone), 글리오살(glyoxal), 글리콜알데하이드(glycolaldehyde), 메틸글리오살(methylglyoxal) 등의 휘발성 카보닐(carbonyl) 화합물들을 형성한다.

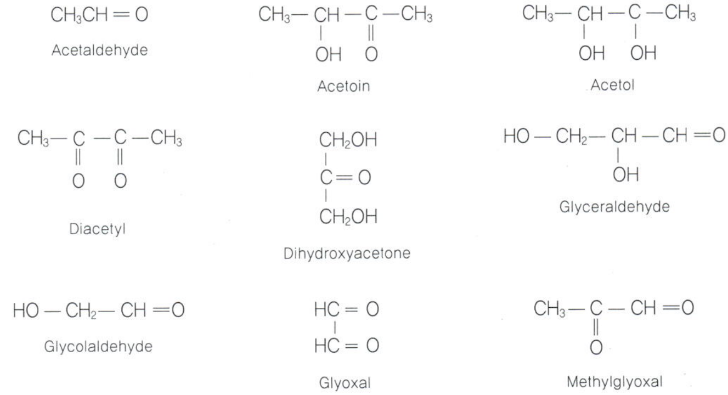


[그림 10-8] 산화에 의한 중간 단계 물질의 변화 산물

식품 중 마이야르(Maillard) 반응에 의해서 형성된 휘발성 카보닐(carbonyl) 화합물이나 휘발성 환상 화합물들은 식품의 풍미에 크게 영향을 미치며, 이들 분해 생성물의 일부는 마이야르 반응에 의한 갈변의 최종 단계의 여러 반응에 관여하게 된다.

이상과 같이 마이야르 반응의 중간 단계에서는 아마도리(Amadori) 전위에서 형성된 생성물의 산화 및 분해가 일어나서 오손(osone)류를 비롯한 각종 환상 화합물, 리덕톤(reductone)류, 푸르푸랄(furfural)류가 형성되고, 또한 산화된 당류의 분해가 일어나 각종 휘발성 물질들이 형성된다. 중간 단계의 생성물은 무색 내지 담황색의 색깔을 띤다.

### (3) 최종 단계

최종 단계에 이르러서는 중간 단계에서 형성된 각종 리덕톤(reductone)류, 푸르푸랄(furfural) 유도체들, 분해 생성물 등이 서로 중합 또는 축합 반응을 일으키거나 다시 아미노 화합물과 반응하여 불포화도가 큰 갈색물질인 멜라노이딘(melanoidin)을 형성한다.

최종 단계에서 일어나는 중요한 반응은 알돌(aldol)형 축합 반응과 스트렉커(Strecker)형 반응이 있다.

#### ① Aldol형 축합 반응(aldol type condensation)

중간 단계에서 형성된 각종 활성이 강한 카보닐(carbonyl) 화합물 중에서 α-위치에 수소를 가진 화합물들은 알돌(aldol)형의 축합 반응을 일으켜 점차로 분자량이 큰 불포화 화합물을 형성한다. 이들 축합 화합물은 다시 아미노 화합물과 계속 축합 반응하여 불포화도가 큰 갈색물질인 멜라노이딘(melanoidin) 색소를 형성한다.

$$\underset{\text{Glycolaldehyde}}{HOCH_2CH{=}O} + \underset{\text{Acetaldehyde}}{CH_3CHO} \longrightarrow HOCH_2\underset{\substack{|\\ OH}}{CH}-CH_2CHO \xrightarrow{-H_2O} HOCH_2CH{=}CHCHO$$

Aldol condensation products

[그림 10-9] Aldol형 축합 반응 과정

② Strecker형 반응

마이야르(Maillard) 반응의 최종 단계에서 상당량의 이산화탄소($CO_2$)의 발생과 aldehyde류가 생성되는데, 이것의 대부분은 당류의 산화 생성물과 아미노산과의 상호, 즉 스트렉커 분해(Strecker degradation) 반응에 기인하여 생성된다.

스트렉커(Strecker) 반응은 일반적으로 α−dicarbonyl 화합물과 α−amino 산을 함께 가열할 때 이산화탄소 및 알데하이드가 생성되는 반응으로, 이때 아미노산은 α−dicarbonyl 화합물과 축합물을 형성한 후 탈탄산(decarboxylation) 및 탈아미노(deamination)되어 본래의 아미노산보다 탄산 수가 하나 적은 aldehyde와 탄산가스가 생성된다. 실제로 마이야르 반응의 최종 단계에서는 3−데옥시오손(deoxyosone), 불포화 3,4−디데옥시오손(dideoxyosone) 등의 dicarbonyl 화합물이 다량으로 공급되어, 이들은 아미노산 또는 amino 화합물과 Strecker 반응에 의해서 축합된 후 탈탄산되어 역시 활성이 큰 에나미놀(enaminol)과 aldehyde를 생성한다. 여기서 생성된 enaminol은 그 자체가 일종의 reductone으로 계속하여 여러 가지 반응에 참여한다.

한편, Strecker 반응에 의하여 생성된 aldehyde류는 휘발성 성분으로 식품의 향기에 중요한 영향을 미친다. 식품을 고온으로 처리하였을 경우 발생하는 향기나 간장의 향기는 주로 이 반응에 의하여 생성된 aldehyde류에 의한 것으로 생각되고 있다.

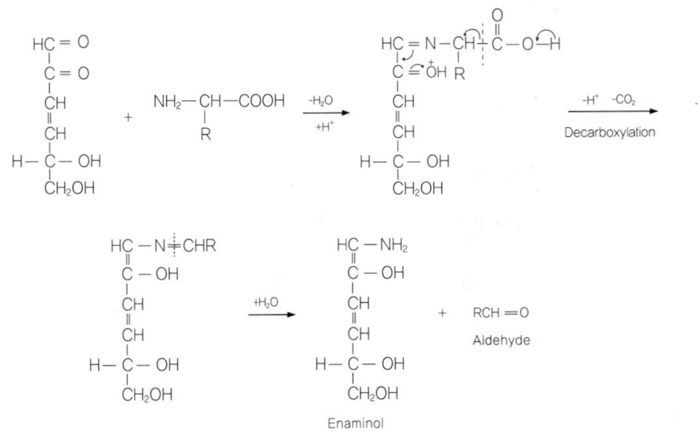


[그림 10−10] Enaminol의 형성 과정

③ Melanoidin 색소의 형성

마이야르(Maillard) 반응의 중간 단계에서 형성된 각종 리덕톤(reductone)류, 5-HMF 등의 푸르푸랄(furfural) 유도체, 알돌(aldol)형 축합 생성물, 스트렉커(Strecker)형 반응 생성물 등은 모두 활성이 큰 물질들이므로 쉽게 상호 반응을 일으켜 중합체들을 형성하게 된다.

이 때 생성되는 중합체는 질소를 함유하고 있고, 불포화도가 크며 형광성을 띤 갈색의 멜라노이딘(melanoidin) 색소로, 270~320nm의 파장에서 빛을 흡수하며 pH는 2.8~4.0을 나타낸다. 그러나 melanoidin 색소의 반응 기전과 자세한 화학 구조에 대해서는 아직 명확하게 밝혀져 있지 않다.

## 2) 마이야르(Maillard) 반응에 영향을 미치는 요인

### (1) 온도

마이야르(Maillard) 반응은 다른 여러 화학 반응에 비하여 온도의 영향을 크게 받는다. 즉, 온도가 높아질수록 반응속도는 급격하게 증가한다.

일반적으로 이 반응의 온도계수(temperature coefficient) Q10은 2~8로 온도 의존성이 매우 높다.

또한 마이야르(Maillard) 반응은 상온에서도 자발적으로 진행되어 이취가 발생하거나 변색되지만, 100℃ 정도의 온도에서는 캐러멜(caramel) 냄새나 가열 냄새가 나며 150℃ 이상의 고온에서는 구운 냄새나 볶은 냄새가 나는 등 온도에 따라 특유의 냄새가 생긴다.

### (2) pH

일반적으로 마이야르 반응은 pH가 증가하여 알칼리성으로 갈수록 반응속도가 빨라지고 pH가 낮을수록 그 속도가 느려진다고 알려져 있다. 중성이나 알칼리성 조건에서는 리덕톤(reductone)류 및 분열 산물이 주로 생성되나 pH5 이하의 산성 조건에서는 주로 푸르푸랄(furfural)이 생성되는데, 이 furfural 형성 경로를 따를 경우 갈변 정도가 약해지므로 pH를 낮게 조절하면 갈변 속도를 늦출 수 있다. 또한 강한 산성의 조건에서는 아미노기에 수소 이온이 결합된 상태로 존재하므로 반응 초기 단계에서 글리코실아민(glycosylamine)의 생성이 저해되어 갈변 반응이 일어나기 어려워진다.

### (3) 수분활성도

수분활성도가 높은 식품에서는 마이야르 반응물질이 희석되어 반응이 어려워지며, 수분활성도가 너무 낮을 경우 반응물질의 이동이 제한되어 반응 속도가 느리다. 따라서 마이야르 반응은 0.5~0.8 정도의 중간 수분활성도(water activity)에서 가장 빠르게 일어난다.

마이야르 반응에 의한 갈변을 억제하고자 할 경우에는 식품을 농축, 건조할 때 중간 수분활성도(0.5~0.8 정도) 범위에서 빨리 벗어나는 것이 좋으며, 가능한 낮은 온도에서 진행하는 것이 중요하다. 수분활성도가 낮아지면 마이야르 반응에 의한 갈변 반응의 속도가 감소하나 완전히 억제되는 것은 아니다.

### (4) 산소

마이야르 반응에 있어서 산소는 크게 영향을 미치지 않는 경우가 많으나, 경우에 따라서는 산소가 반응을 촉진하기도 하고 또는 억제하기도 하기 때문에 분명하지 않다.

일반적으로 갈변 반응 과정에서 생성하는 리덕톤(reductone)류는 공기 중의 산소에 의해 산화되므로 엄밀히 말해서 산소가 갈변에 관여하지 않을 리 없지만, 촉진 및 억제 조건에 따라 다르며 또한 그 영향력도 온도, pH 등에 비하여 적다.

### (5) 광선

광선은 경우에 따라서는 갈변을 촉진하지만 산소의 존재 조건에서 갈색 색소에 광선을 조사하면 퇴색하기도 한다.

일반적으로 가시광선보다 자외선 쪽이 영향력이 큰 것으로 생각되며, γ-선과 같은 방사선의 경우는 더욱 영향이 커 갈변 반응을 촉진시킨다. 이와 같은 경우에는 라디칼(radical) 반응이 일어나기 때문에 보통의 갈변 반응 기전과는 약간 다른 형의 반응 기전도 생각할 수 있다.

### (6) 당과 아미노산의 조성

마이야르 반응에 있어서 당류 및 아미노산의 종류에 따라 그 속도가 달라진다.

당의 반응성은 그의 구조적 안정성이나 용액 중에 존재하는 열린 사슬 구조(open-chain structure)의 양과 관계가 있으며, 펜토스(Pentose)는 헥소스(hexose)보다, hexose는 환원성 2당류보다 각각 반응성이 크다. Pentose는 일반적으로 열린 사슬 구조의 존재 비율이 높기 때문에 반응성이 크며, 비환원성 2당류는 가수분해가 일어난 후에만 반응한다. 알도헥소스(Aldohexose)류의 반응성의 순서는 만노스(mannose), 갈락토스(galactose), 글루코스(glucose) 순이다.

마이야르 반응의 속도에 미치는 아미노산 종류의 영향은 아직 확실하지 않으나 일반적으로 아미노산의 amino기가 carboxyl기보다 멀리 떨어져 있을수록 당류의 carbonyl기와 반응하기 쉽다. 또한 아미노산들보다는 carboxyl기가 없는 amine 화합물의 반응성이 더 크다고 한다.

이와 같은 사실은 아미노산의 아미노 그룹이 유기산 그룹(carboxyl group)보다 멀리 떨어져 있을수록 입체적으로 당류 또는 유도체들의 carbonyl 그룹과의 접근이 용이하며 반응하기 쉬워지기 때문인 것으로 설명되고 있다. 실제로 라이신(lysin), 알지닌(arginine) 등의 염기성 아미노산 분자의 끝에 있는 아미노기는 반응성이 크며, 또한 아미노산들보다는 유기산기가 없는 아민 화합물들의 경우 반응성이 더 큰 사실이 알려져 있다.

당류와 아미노 화합물의 비율도 멜라노이딘(melanoidin) 색소 생성량에 영향을 미친다.

마이야르 반응에 의하여 형성되는 갈색 색소의 양은 온도가 일정할 때 다음 식으로 표시될 수 있다.

$$Y = K \times [S][A]^2[T]^2$$

( 단, K : 속도항수, [S] : 환원당의 농도, [A] : 유리 amino기를 가진 질소화합물의 농도, T : 경과 시간 )

즉, 갈색 색소의 양 Y는 환원당의 농도 [S]에 비례하고 유리 amino기를 가진 질소화합물의 농도 [A]와 경과 시간 [T]의 제곱에 각각 비례한다.

### (7) 화학적 저해 물질

마이야르 반응에 의한 갈변을 억제하는 저해 물질에는 아황산염 및 황산염, 티올(thiol), 칼슘염 등이 있다.

아황산수소나트륨($NaHSO_3$)과 같은 아황산염은 마이야르 반응 초기 단계에서 carbonyl 화합물이 amino 화합물과 결합하는 것을 방해하기 때문이다. 아황산염은 환원당의 aldehyde기와 상온에서 반응하여 하이드로술포닉산(hydrosulfonic acid)을 쉽게 형성하여 반응성이 강한 carbonyl기를 보호하게 되며 amino기와의 축합물 형성을 억제한다. 아황산염은 마이야르 반응의 초기 단계에 첨가하는 것이 효과적이며, 갈변이 시작된 후에 첨가할 경우 단지 색소의 형성을 지연시키게 된다. 프룩토스(Fructose)는 아미노산 또는 아황산염과 축합이 일어나지 않는다. 그것은 변선광되는 동안에 프룩토스(fructose)가 정상적인 형태를 유지하고 있지 않기 때문인 것으로 생각된다.

또한 글루코스(glucose)-글리신(glycine) 혼합 용액에 2-멀캅토에탄올(mercaptoethanol) 혹은 멀캅토아세트산(meraptoacetic acid)을 첨가하면 갈변이 저해된다. 그러나 thiol 화합물은 식품에 여러 가지 좋지 않은 성질을 부여하므로 식품에의 사용을 제한하고 있다.

한편, 염화칼슘($CaC_{l2}$)과 같은 칼슘염도 갈변의 저해 물질로 알려져 있다. 칼슘염은 물에 용해될 때 생성되는 칼슘 이온이 아미노산과 킬레이트(chelate)를 형성하기 때문인 것으로 생각된다.

## 2 캐러멜화 반응(Caramelization)

캐러멜화 반응(Caramelization)은 마이야르 반응과 달리 아미노화합물이나 유기산이 존재하지 않는 상태에서 주로 당류 또는 당류수용액의 가열에 의한 산화 및 분해산물이 중합, 축합 반응에 의하여 일어나는 갈변 반응이다.

캐러멜화(caramelization)에 의한 갈색화 반응은 많은 연구자에 의해서 nonamino carbonyl reaction으로도 불리고 있으며, 여기서 알 수 있듯이 아미노 화합물이 존재하지 않는 상황에서 당류에 의한, 다시 말해서 당류의 가열에 의해서 형성된 가열 분해물들(thermal degradation products) 또는 가열 산화물들(thermal oxidation products) 등에 의한 갈색화 반응이라고 할 수 있다.

이 갈색화 반응은 일반적으로 고온에서 당류, 또는 당류의 수용액을 가열할 때 일어나는 반응이며, 마이야르 반응과 같이 아주 쉽게 또는 대부분 자연발생적(spontaneous)으로 일어나는 반응은 아니다.

따라서 캐러멜화에 의한 갈색화 반응은 당 함량이 적은 자연식품들, 저온에서 저장된 식품들의 경우보다는 당 함량이 아주 큰 식품들의 가열, 가공 중에 흔히 일어난다.

한편, 마이야르 갈색화 반응에 의해 색소가 형성되는 간장이나 된장 등 식품의 색에도 어느 정도 기여하고 있다. 또한 캐러멜화 반응에서 형성되는 각종 가열 분해물들에 의한 향기나 맛에 대한 기여도 무시할 수는 없다.

### 1) 캐러멜화 반응의 메커니즘

캐러멜화 반응의 기전은 많은 연구에도 불구하고 아직 명백하게 규명되고 있지 않다. 그러나 현재까지의 연구 결과에 의하면, 캐러멜화 반응은 일반적으로 다음과 같은 여러 단계로 진행되는 것을 볼 수 있다. 당류는 가수분해되어 핵소스, 펜토스 등의 환원당이 된 후, 로브리 드 브륀-알버다 반 에켄슈타인 전위(Lobry de Bruyn-Alberda van Eckenstein rearrangement)를 거쳐, 마이야르 반응을 통해 여러 산화 생성물들이 형성된 후, 하이드록시메틸 푸르푸랄(hydroxymethyl furfural),

푸란(furan) 등의 유도체들이 형성된다. 한편, 이상의 산화 생성물들은 계속 산화되어 레불리닌산(levulinic acid), 락톤류, 휘발성 카보닐 화합물들을 형성하며, 이상의 여러 화합물들의 상호작용에 의해서 축합, 중합 반응 등이 일어나 갈색으로 착색된 휴민(humins) 물질들이 최종적으로 형성된다.

### (1) 로브리 드 브륀-알버다 반 에켄슈타인 전위(Lobry de Bruyn-Alberda van Eckenstein rearrangement)

이 전위는 마이야르 갈색화 반응에 있어서의 아마도리 전위에 해당하는 중요한 반응이다. 아마도리 전위가 마이야르 반응 전체의 관문이 되는 것과 마찬가지로, 이 로브리 드 브륀-알버다 반 에켄슈타인 전위(Lobry de Bruyn-Alberda van Eckenstein rearrangement)는 캐러멜화 갈색화 반응의 관문이 되는 과정이다. 한편, 전자가 글리코실아민(glycosylamine)이 아마도리 전위에 의하여 케토스아민(ketoseamine)으로 전환됨으로써 활성화되는 것과 마찬가지로 후자는 알도스(aldose)형의 환원당으로부터 대응하는 케토스(ketose)형의 당으로 전위됨으로써 활성화된다.

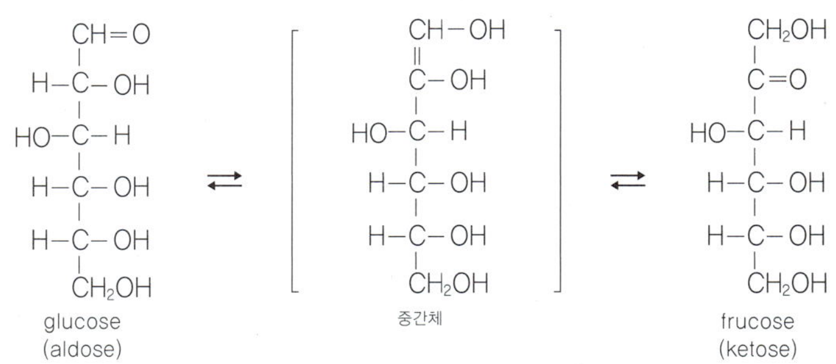


[그림 10-11] Aldose형 당의 ketose당으로의 전환

### (2) 산화 생성물들 및 하이드록시메틸 푸르푸랄(hydroxymethyl furfural) 및 그 유도체들의 형성

로브리 드 브륀-알버다 반 에켄슈타인(Lobry de Bruyn-Alberda van Eckenstein

rearrangement) 전위에 의해서 형성된 케토스는 대체로 마이야르 반응의 중간 단계에서와 같은 여러 과정들을 거쳐서 5-hydroxymethyl- 2-furfural(5-HMF) 또는 이 유사한 푸르푸랄(furfural) 유도체들을 형성한다.

다만 이상과 같은 여러 과정은 마이야르 반응과 달리 지속적인 가열 또는 아주 장기간의 자연방치 등에 의해서만 가능하다.

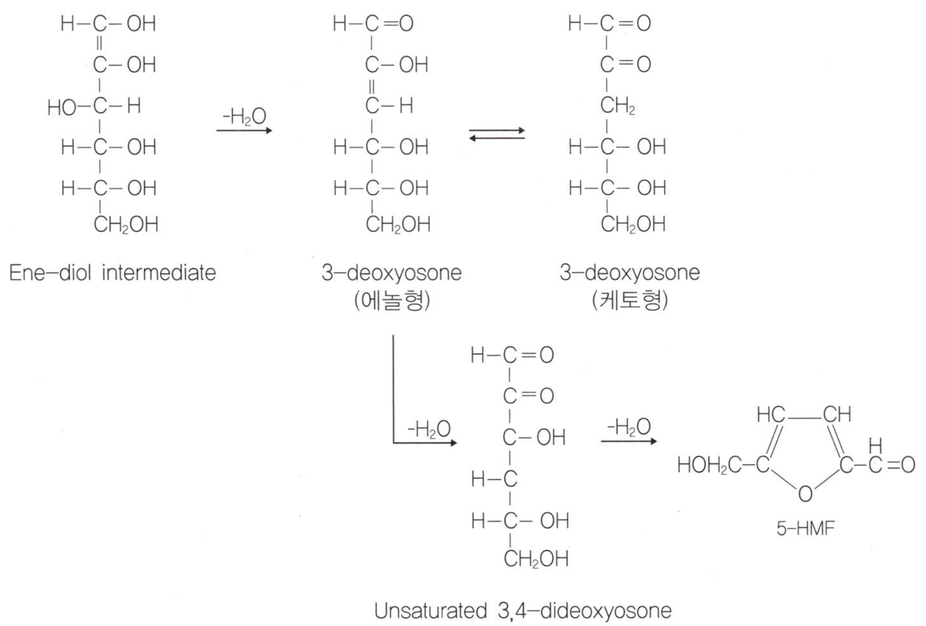


[그림 10-12] 하이드록시메틸 푸르푸랄 유도체의 형성

### (3) 리덕톤(reductone), 푸란(furan), 레불리닌산(levulinic acid), 락톤류(lactones)의 형성

이와 같이 형성된 푸르푸랄 및 그 유도체들은 케토스의 산화 생성물들과 함께 더욱 산화되어 리덕톤(reductone), 푸란 유도체(furan derivativies), 레불리닌산(levulinic acid), 락톤류(lactones) 등, 예로서 α-또는 β-안젤라카 락톤류(α- or β-angelica lactones) 등을 형성한다.

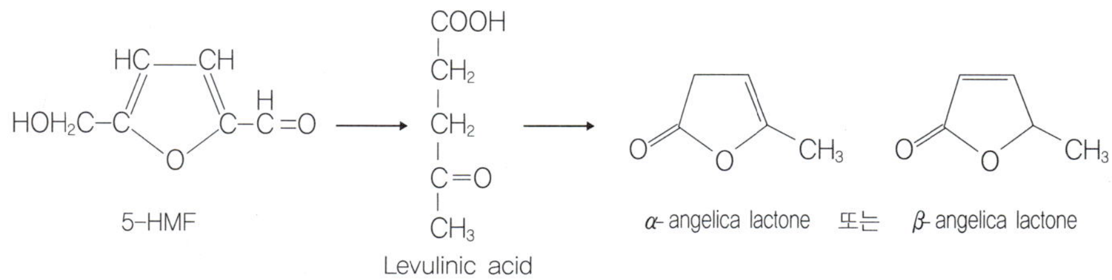


[그림 10-13] 하이드록시메틸 푸르푸랄 유도체의 락톤류의 형성 과정

### (4) 산화 생성물의 분열 물질들의 형성

일부 케토스의 산화 생성물들, 푸르푸랄 유도체들, 리덕톤류 등은 계속 산화, 분열에 의해서 탄소 수가 적은, 즉 분자량이 적은 휘발성 카보닐(carbonyl) 화합물들을 형성한다.

분열 물질들의 예로서는 포름산(formic acid), 마세트산(acetic acid), 피루브산(pyruvic acid), 아세트알데하이드(acetaldehyde), 포름알데하이드(formaldehyde), 글리오살(glyoxal) 등이 있으며, 이들은 식품의 향미에 대해서 큰 영향을 미친다.

### (5) Humin 물질들의 형성

형성된 리덕톤류, 푸르푸랄 유도체들, 락톤류, 카보닐 화합물들의 분열 생성물들은 매우 반응성이 큰 화합물들이며, 이들은 쉽게 축합 또는 중합에 의해서 흑색 또는 흑갈색의 휴민 물질(humins 또는 humic substance)로 알려진 고분자 색소를 형성하게 된다. 이 휴민 물질을 캐러멜(caramel)이라고 하는데, 그 본질에 대해서는 아직 확실하게 알려져 있지 않다.

## 2) 산성에서의 캐러멜화 반응

산성 조건에서 알도스(aldose) 또는 케토스(ketose)와 같은 당류를 계속 가열하면 1,2−에네디올(enediol)로 전환된 후 탈수 반응을 포함하는 여러 가지 경로를 거쳐 5−hydroxymethyl furfural (5−HMF) 및 이와 유사한 푸르푸랄 유도체를 만들고,

이들은 다시 리덕톤(reductone), 레불리닌산(levulinic acid), 락톤류(lactones) 등을 형성하며, 이들 산화 생성물은 반응성이 큰 물질들로 산화, 중합, 축합 과정을 거쳐 흑색이나 흑갈색의 휴민물질인 캐러멜을 형성한다.

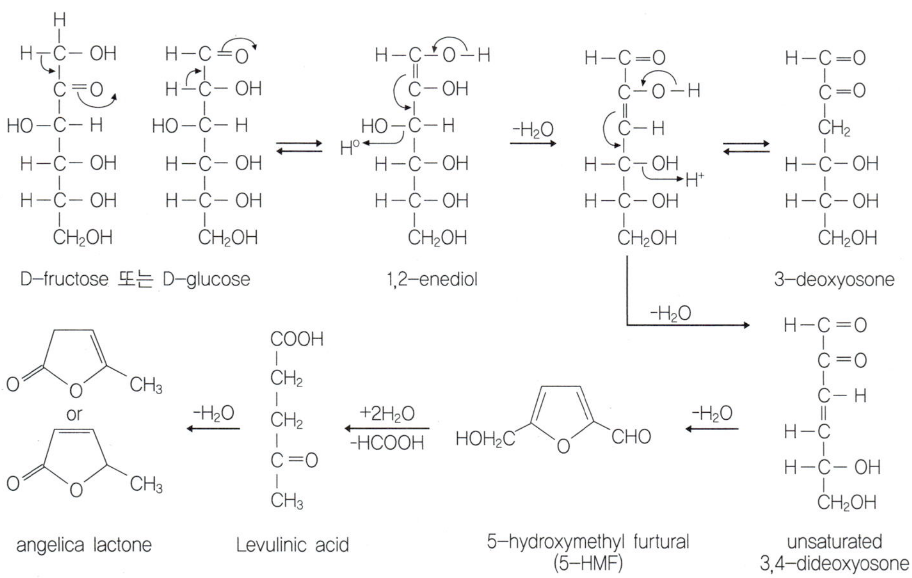


[그림 10-14] 캐러멜화 반응의 산성 분해 경로

## 3) 알칼리성에서의 캐러멜화 반응

알칼리 조건에서의 반응은 알도스(aldose) 또는 케토스(ketose)가 로브리 드 브륀-알버다 반 에켄슈타인 전위(Lobry de Bruyn-Alberda van Eckenstein rearrangement)에 의하여 1,2-에네디올(enediol)로 전환된 후 탄소 수가 적은 글리세르알데하이드(glyceraldehyde) 및 트리오스 엔다이올(triose enediol)로 분해된다. 이들 알데하이드와 케톤의 중간 산물들은 축합, 중합 반응을 거쳐 흑갈색의 휴민물질인 캐러멜을 형성한다.

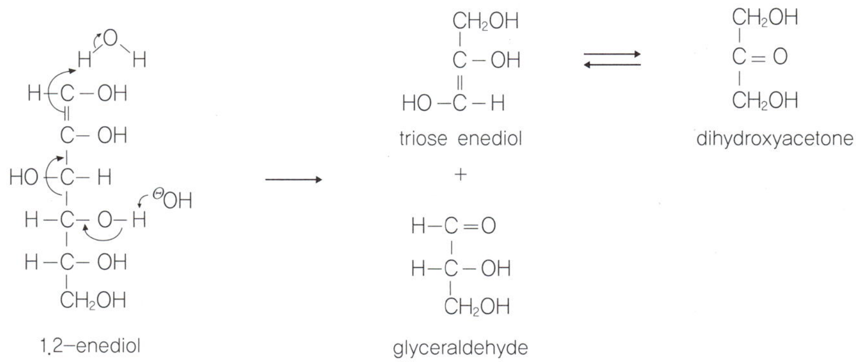


[그림 10-15] 캐러멜화 반응의 알칼리 분해 경로

### 3 아스코르브의 산화 반응(Ascorbic acid oxidation)

아스코르브산(ascorbic acid)은 강한 환원력 때문에 산화방지제 또는 갈변방지제로서 채소, 과실, 과즙 등 가공식품의 갈변 방지에 널리 사용되나, 아스코르브산(ascorbic acid)이 비가역적으로 산화된 후에는 그 산화 생성물은 갈변 반응을 일으킨다. 아스코르브산(ascorbic acid)의 산화에 의한 갈변은 아미노산이 들어 있지 않은 감귤류 등의 과즙과, 그 농축, 건조 제품의 품질에 문제가 되고 있다. 아스코르브산(ascorbic acid)의 갈변 반응은 산소가 존재할 때와 존재하지 않을 때의 두 가지 경로로 반응이 진행된다.

## 1) 산소의 존재하에서 ascorbic acid에 의한 갈변

Ascorbie acid는 환원당보다 더한층 불안정하여 갈변되기 쉽다. 산소의 존재하에서 L-ascorbic acid(Vit C)가 아스코르베이트 옥시다아제(ascorbate oxidase)에 의해 자동산화되어 dehydroascorbic acid(DHA)가 되며 이 반응은 가역적이다. DHA는 물과의 반응에 의해 락톤(lactone) 고리가 열려서 2,3-디케토구론산(diketogulonic acid, DKG)으로 산화되고, 다시 DKG는 탈탄산(-CO2)되어 L-실로손(xylosone)이 되고, 트리하이드록시펜텐산(trihydroxypentenoic acid)을 경유하여 furan 유도체인

5-메틸(methyl)-3,4-디하이드록시테트론(dihydroxytetron)을 생성한다.

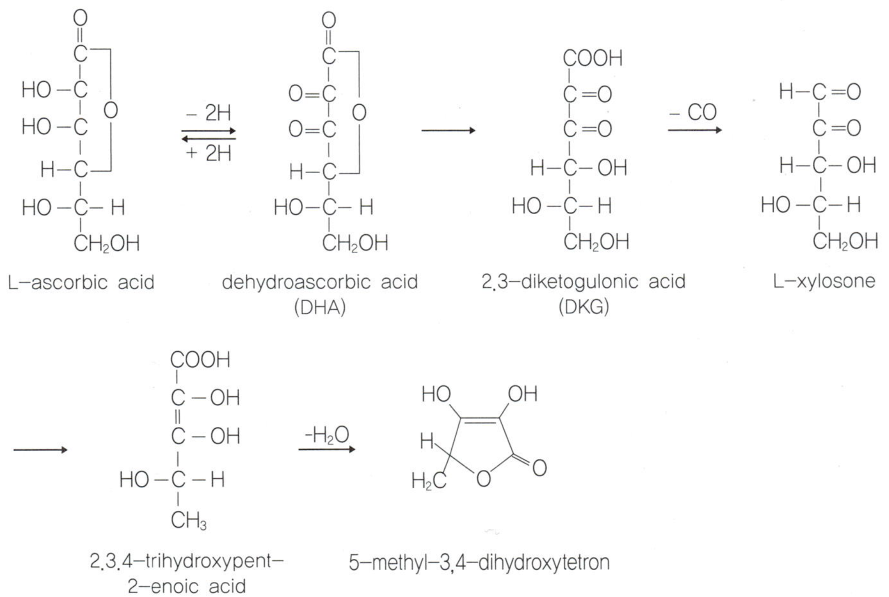


[그림 10-16] Ascorbic acid의 유산소 조건의 갈변화 과정

## 2) 산소가 없는 경우 ascorbic acid에 의한 갈변

무산소 조건에서는 DHA를 거치지 않고 바로 락톤(lactone) 고리가 열려서 2-케토글론산(ketogulonic acid)의 enol형이 되고, 이것이 탈수되어 2,3-디케토(diketo)-데옥시헥손산(deoxyhexonic acid)을 형성한다. 2,3-diketo-deoxyhexonic acid는 탈탄산($-CO_2$)되어 3-데옥시(deoxy)-L-펜토손(pentosone)이 생성되고 이것은 다시 탈수되어 furfural 유도체가 된다. 이후 자체적으로 또는 amino 화합물이 존재할 때 중합 및 축합되어 갈색 색소를 형성한다.

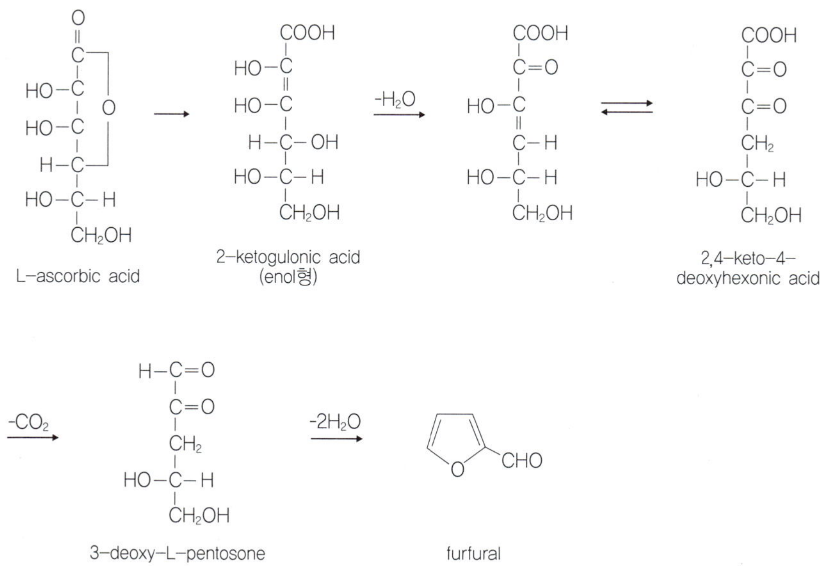


[그림 10-17] Ascorbic acid의 무산소 조건의 갈변화 과정

ascorbic의 분해에 의해 중간생성물로부터 L-threonic acid, 2,5-dihydro-furoic acid, furan-2-carboxylic acid, oxalic acid 등의 유기산이 생성되는데, 이들은 휘발성 물질이므로 식품의 풍미를 나쁘게 하는 요인이 된다.

### 3) DHA와 amino acid에 의한 홍변 반응

식품에 산화 방지의 목적으로 ascorbic acid을 첨가하여 건조하거나 동결건조를 할 때 홍색으로 변색되는 경우가 있다. 이것은 ascorbic acid이 산화되어 형성된 DHA와 유리 amino acid가 반응하여 생성된 적색 색소에서 기인된다.

이때 모든 α-amino acid, ammonium염, amide는 반응하여 홍변하지만, β-alanine, proline, amine류는 반응하지 않는다. 또 DHA만 반응하며 ascorbic acid나 DKG는 홍변을 일으키지 않는다.

이 적색 색소는 매우 불안정하여 분해되어 갈변하며, 산 또는 알칼리 처리 및 황화수소로 환원되어 퇴색된다.

## 2. 효소적 갈변 반응(Enzymatic browning reaction)

효소적 갈변 반응은 고구마, 바나나, 사과, 밤, 가지, 버섯 등 폴리페놀(polyphenol)류 물질을 함유한 식품들이 껍질을 벗기거나 절단, 파쇄 등의 물리적 충격 등으로 공기와 접촉하면 세포 내에 존재하고 있는 산화효소가 작용하여 갈색으로 변하는 반응이다. 폴리페놀(polyphenol)류를 산화하는 효소를 일반적으로 폴리페놀 산화효소(polyphenol oxidase)라고 한다.

효소적 갈변의 반응 경로는 아직 확실히 규명되어 있지 않으나 반응이 진행할 때 산소 흡수가 일어나고 있음이 확인되었다. 따라서 갈변이 일어나기 위해서는 반드시 효소, 기질, 산소의 3요소가 필요하다. 이 때 폴리페놀 산화효소가 산소가 존재할 때 기질인 폴리페놀류를 산화시키는 역할을 한다. 갈변의 정도는 폴리페놀 산화효소의 종류와 기질의 종류에 따라서도 차이가 있으므로 식품에 따라 갈변의 정도는 다르다. 기질로서는 카테콜(catechol), 피로갈롤(pyrogallol), o-디하이드록시페놀(dihydroxyphenol), 하이드로퀴논(hydroquinone), 레조르시놀(resorcinol), 티록신(tyrosin), 클로로젠산(chlorogenic acid), 갈릭산(gallic acid), 3,4-디하이드록시페닐알라닌(dihydroxyphenylalanine), 카페인산(caffeic acid) 등이 알려져 있다.

가열 처리한 가공식품에서는 효소가 열에 의하여 불활성화되므로 효소적 갈변 반응은 일어날 수 없고, 다만 가열 처리하기 전의 식품에서 일어날 수 있다. 이 효소에 의한 갈변 반응은 크게 polyphenol oxidase에 의한 갈변과, 이와 본질적으로 같은 작용을 하는 tyrosinase에 의한 갈변으로 구분한다.

### 1 Polyphenol oxidase에 의한 반응

#### 1) 갈변 반응의 메커니즘

주로 사과, 배, 가지, 고구마 등과 같은 식품에 들어 있는 polyphenol성 물질이 산화하는 반응이다. Polyphenol oxidase는 기질에 따라 카테콜 옥시다아제(catechol oxidase)라고도 불리며 카테콜라아제(catecholase), 폴리페놀라아제(polyphenolase), 디페놀오시다아제(diphenoloxidase) 등의 다양한 이름으로 불린다. 주로 o−diphenol 인 카테콜(catechol) 또는 그 유도체 등이 산소의 존재 조건하에 퀴논(quinone) 또는 그 유도체로 산화하는 반응을 촉매한다. 여기서 생성된 quinone 또는 그 유도체들은 반응성이 매우 강하기 때문에 비효소적으로 계속 산화 중합 또는 축합되어 흑갈색의 멜라닌(melanin) 색소를 형성한다.

Quinone 또는 그 유도체에서 최종적으로 melanin 색소에 이르는 과정은 급속도로 진행되는 매우 복잡한 과정으로 그 자세한 경로에 대해서는 아직 확실하게 규명되어 있지 않다.

예를 들어, 사과나 배를 깎아서 공기 중에 방치할 때 갈색으로 변하는 것은 catechol 유도체인 클로로젠산(chlorogenic acid)과 피로카테킨(pyrocatechin) 등이 polyphenol oxidase에 의하여 quinone 유도체로 산화되고 이것이 중합하여 갈색 물질을 만들기 때문이다.

이 외에도 polyphenol oxidase의 기질로는 카테킨(catechin), 카페익산(caffeic acid), 피로갈롤(pyrogallol), 3,4−디하이드록시알라닌(dihydroxyphenylalanine) 등이 작용할 수 있다.

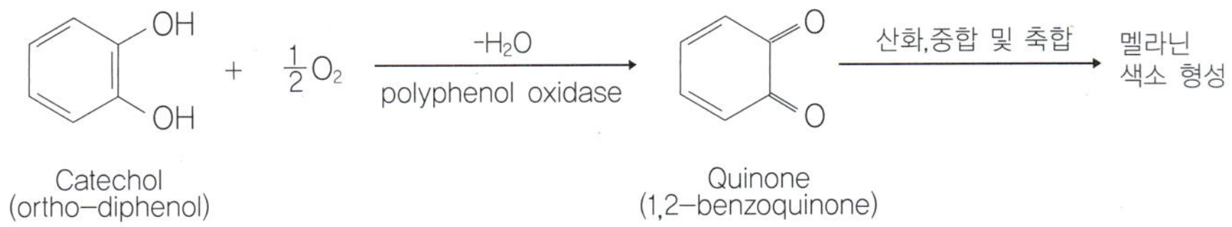


[그림 10−18] 폴리페놀산화효소에 의한 카테콜의 산화

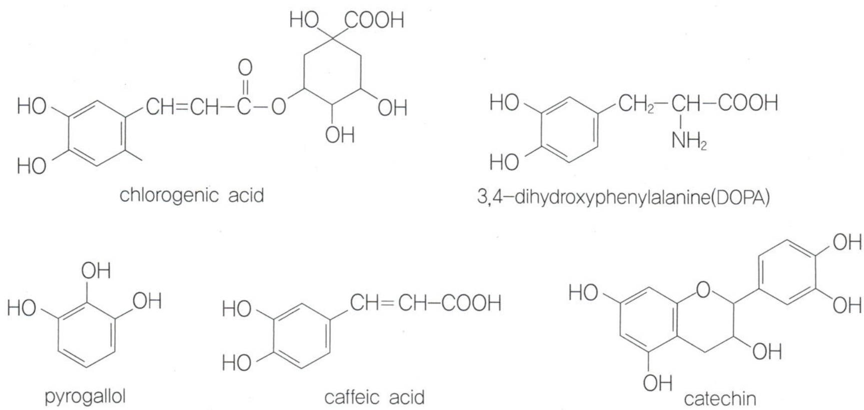


[그림 10-19] 폴리페놀산화효소 기질

## 2) 효소의 성질

Polyphenol oxidase는 구리(Cu)를 함유하고 있는 산화효소이다. 이 효소는 식물의 종류에 따라서 그 성질이 다소 다르며, 또한 이 효소가 작용하는 기질의 종류도 효소의 출처에 따라 다르다. 일반적으로 과실에서 추출된 polyphenol oxidase는 pH 5.0~7.0에서 최고의 활성을 가지며, pH가 낮은 과실은 산성 측에, 산이 적은 과실은 중성 가까이에 최적 pH가 있다.

Polyphenol oxidase 효소는 구리 이온($Cu^{2+}$), 철 이온($Fe^{2+}$)에 의해서 활성화되며 염소이온($Cl^-$)에 의해서 억제된다. 고구마의 가공 시에는 아황산처리, 열탕처리, 식염수, 구연산 용액에 침지 등으로 변색을 방지할 수 있다.

또한 Polyphenol oxidase는 디하이드록시페닐알라닌(dihydroxyphenylalanine), 피로갈롤(pyrogallol), 카테콜(catechol), p-하이드록시벤젠(hydroxybenzene) 등에 특히 잘 작용하는 특이성을 갖고 있다.

### 2 Tyrosinase에 의한 갈변 반응

티록시나아제(Tyrosinase)는 기본적으로 polyphenol oxidase와 효소 활성이 매우 유사하지만, 폴리페놀류 외에 벤젠고리에 －OH기가 하나만 존재하는 monophenol 화합물인 tyrosine이 catechol 유도체인 dihydroxyphenylalanine(DOPA)으로 산화되는 과정에 대해서도 촉매 작용을 한다는 특성이 있다. 따라서 polyphenol oxidase와 구별하여 monophenol oxidase라고도 한다.

아미노산 중의 하나인 tyrosine은 tyrosinase의 존재하에 급속하게 산화되어 DOPA를 거쳐 DOPA quinone이 되고 이것은 dopa−chrome으로 알려진 적색의 5,6−Quinone−indole−2−carboxylic acid를 형성한다. 이 중간 생성체는 다시 갈색의 indole−5,6−quinone을 거쳐 계속 축합, 중합 반응을 통하여 최종적으로 흑갈색의 melanin 색소를 형성한다.

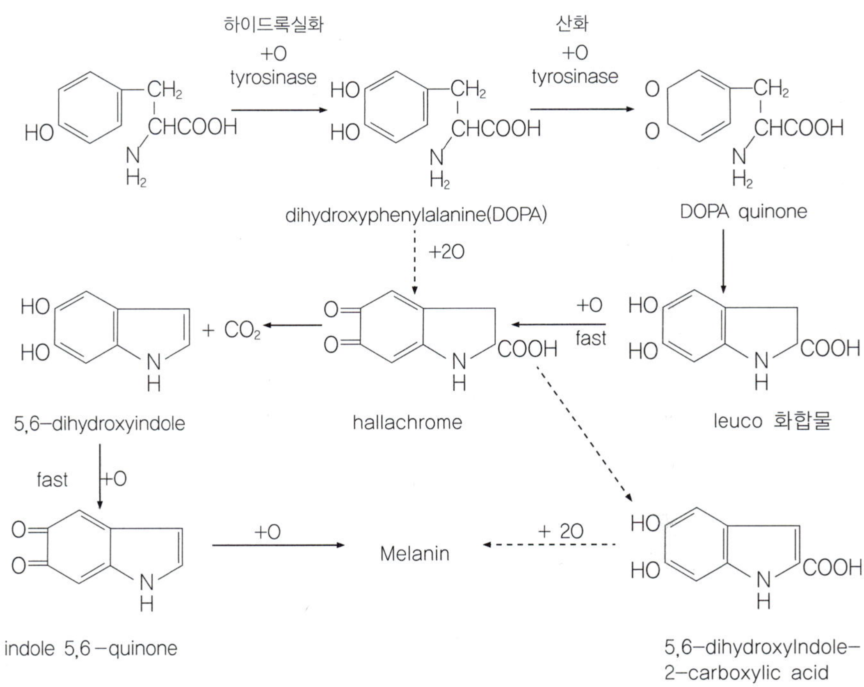


[그림 10−20] Tyrosinase에 의한 갈변화 과정

채소나 과실류, 특히 감자의 갈변에 있어서 이 효소에 의한 작용이 매우 중요하다. Tyrosinase는 polyphenol oxidase 와 마찬가지로 분자 내에 구리(Cu)를 함유하

고 있는 산화효소로서 구리 이온($Cu^{2+}$)에 의해서는 더욱 활성화되나, 반대로 염소 이온($Cl^{-}$)에 의해서는 억제된다.

예를 들면, 사과나 감자를 철로 된 칼이나 구리로 된 용기로 처리하면 갈변이 쉽게 일어나는 반면에 이들의 절편을 묽은 소금물에 담가 두면 갈변이 방지된다. 또한 감자에 함유되어 있는 tyrosinase는 수용성이므로 감자를 깎아서 물에 담가 두면 갈변이 잘 일어나지 않는다.

한편, tyrosinase는 pH 7~8, 그리고 온도 0~30℃ 범위에서 비교적 안정하다.

### 3 효소적 갈변 반응의 억제

식품의 저장 및 가공 중에 일어나는 갈색화 반응은 식품의 품질을 저하시키는 요인이 되므로 이를 억제하는 것은 매우 중요하다. 효소에 의한 갈변을 억제하는 방법은 효소 반응에 필수적인 요인인 효소, 기질, 산소로 3가지 중 하나 이상의 조건이 충족되지 않으면 반응이 일어나지 않는다. 그러므로 효소의 불활성화, 기질 또는 중간 산물의 제거 및 구조를 변화시키거나 산소를 제거하는 방법 등을 통해 갈변 반응을 억제할 수 있다.

## 1) 효소 활성의 억제

### (1) 가열처리

효소의 활성을 억제하는 가장 효과적인 방법은 가열을 통해 불활성화시키는 것이다. 효소는 단백질이므로 가열에 의해 쉽게 불활성화시킬 수 있다. 가열 처리방법으로 널리 사용되는 데치기(blanching)는 과일류, 채소류의 저장 및 가공 전에 실시하게 된다. 일반적으로 폴리페놀 산화효소는 70℃ 이상에서 불활성화되며, 효소의 최적 pH을 벗어날수록 효과는 커지게 된다. 그러나 이러한 과정에서 이취 발생, 조직의 연화 등을 가져올 수 있으므로 효소를 불활성화시키기 위해서는 과도한 열

처리는 하지 않는 것이 좋다.

### (2) 최적 조건의 변동

효소가 효율적으로 작용하기 위해서는 최적의 pH, 온도 등의 조건들이 있다. 효소의 작용은 최적 pH를 벗어나게 되면 급격히 감소하게 되며, 폴리페놀 산화효소의 최적 pH는 일반적으로 pH 5.0~7.0이며 pH 3 이하에서는 그 활성이 완전히 상실된다. 따라서 식품의 pH를 시트르산(citric acid), 말산(malic acid), 인산 등을 사용하여 산성화하면 효소 작용을 억제할 수 있다.

효소의 활성은 온도가 내려갈수록 감소하므로 냉동에 의한 갈변 반응을 억제할 수 있다. 하지만 효소의 작용이 −10℃까지 계속되므로 식품을 빠르게 냉동시킨 후 식품의 온도를 −10℃ 이하로 유지하여야 한다. 그러나 식품을 해동하거나 온도가 그 이상이 되면 다시 갈변이 진행되며 그 과정에서 세포가 파괴될 경우 더욱 심한 갈변이 될 수 있으므로 냉동처리만으로는 완전히 억제할 수 없다.

## 2) 산소의 제거

효소 및 비효소적 갈변 반응에 있어 산소가 존재하지 않으면 갈변 또는 갈변 반응의 중요 반응 중 하나인 산화 반응이 일어나지 않기 때문에 산소의 제거로 갈변 반응을 효과적으로 억제할 수 있다.

따라서 식품을 넣은 용기 내에 공기를 제거하거나 $N_2$, $CO_2$ 등의 불활성 기체로 치환하는 가스치환포장(modified atmosphere packaging, MAP)을 통해 갈변을 억제할 수 있다. 또한 Oxy Bran 등의 산소제거제를 첨가하여 산소를 제거하기도 하나 이것은 대부분 식품과 섞여서는 안 되며, 액체 또는 액체와 고체의 혼합 식품에는 사용할 수 없다.

그러나 동식물의 생체조직 중의 산소를 제거하게 되어 혐기적인 조건이 지속되면 이상 대사 물질이 생성되며, 이에 따라 세포의 파괴 및 조직의 연화 등이 일어날 수 있다.

## 3) 기질의 제거 및 변화

효소 반응에 있어 기질을 제거하는 것은 어려우나, 고구마의 경우 껍질에 대부분의 기질이 존재하므로 가공 시 껍질을 벗기고 물에 담그면 폴리페놀 화합물에 의한 갈변 억제가 가능하다.

과일과 채소류에 있어서는 효소 반응의 기질을 변화시켜 갈변을 억제하는 방법이 있다. 폴리페놀 산화효소는 기질의 o-디하이드록시(dihydroxy)기에 작용하는데, o-dihydroxy의 구조를 메틸(methyl)화시켜 디페놀(diphenol)의 반응기를 차단시켜 효소의 기질이 되지 못하게 함으로 갈변을 억제한다.

## 4) 환원성 물질의 첨가

갈변 반응은 산화 과정이므로 환원성 물질을 첨가하여 갈변 반응을 억제할 수 있다. 실제 사용되는 환원성 물질로는 아황산가스($SO_2$) 또는 아황산염 용액, SH 화합물(thiol/sulfhydryl compounds), 주석 이온($Sn^{2+}$) 및 아스코르브산(ascorbic acid) 등이 있다.

### (1) 아황산가스($SO_2$) 또는 아황산염 용액 처리

아황산가스와 아황산염들은 식품의 제조 및 가공 시에 표백 작용, 보존, 항균, 산화 방지 목적으로 사용된다. 주로 과일과 채소류, 새우, 감자 등 원료로 제조되는 식품에는 갈변 방지를 목적으로 사용되고, 포도주에는 보관 중 산소에 의한 산화를 방지하고 유해 미생물의 생육을 억제하여 맛과 향을 유지시켜 주는 역할을 한다.

아황산가스와 아황산염들은 폴리페놀 산화효소를 저해하며 또한 갈변 반응의 중간물질인 퀴논(quinone)과 반응하여 산화가 더 이상 진행되는 것을 억제한다.

실제로 감자나 사과, 복숭아 등의 가공 시 갈변을 억제하기 위해 아황산가스 처리법과 아황산염 용액 침지법이 이용된다. 그러나 아황산가스는 식품에 흡수되는 아황산가스의 농도를 조절하기 어렵고, 또 가스 자체가 매우 부식성이 커서 폐기가스로 처리해야 하기 때문에 농도 조절과 취급이 용이한 아황산염 용액에 식품을 침지하는 방법이 많이 사용된다.

아황산염은 체내에서 빠르게 대사되어 황산염 형태로 소변을 통해 배출되며 체내 조직에 축적되지 않기 때문에 대부분의 사람은 일일 섭취 허용량 이내로 섭취 시 안전하다. 그러나 비타민 B1과 B2를 파괴한다고 알려져 있으며, 일부 천식환자나 아황산염에 민감한 사람의 경우 식품 섭취 시 발작이나 과민반응이 나타날 수 있다.

따라서 아황산 및 아황산염들은 국내에서 사용이 허가된 특정 식품에 대해 규정된 농도로 사용이 허가되어 있으며, 아황산염을 사용한 가공식품에는 사용된 아황산염의 종류와 용도를 표기하도록 하고 있다. 국내에서 허용된 아황산염으로는 무수아황산(이산화황)(sulfur dioxide), 메타중아황산칼륨(potassium metabisulfate), 결정아황산나트륨(sodium sulfite), 무수아황산나트륨(sodium sulfite anhydrous), 산성아황산나트륨(sodium bisulfite), 차아황산나트륨(sodium hydrosulfite)이 있다.

### (2) Thiol 화합물 (SH 화합물)

시스테인(Cystein), 글루타치온(glutathione) 등의 일부 thiol(−SH)기를 포함하는 술프하이드릴(sulfhydryl) 화합물은 효소에 의한 갈변 반응을 억제한다. thiol 화합물의 갈변 억제 작용은 일반적으로 클로로젠산(chlorogenic acid), 티록신(tyrosine), 3,4−디하이드록시페닐알라닌(dihydroxyphenylalanine) 등이 산화되어 생성되는 quinone류와 부가화합물을 형성하여 산화가 진행되는 것을 막음으로써 더 이상의 갈변 반응이 일어나는 것을 억제하여 준다.

### (3) 주석 이온($Sn^{2+}$)

주석 이온($Sn^{2+}$)은 강한 환원력을 가지고 있어 갈변 반응을 억제하나 이러한 목적으로 식품에 첨가하지 않는다. 그러나 통조림의 경우 용기로 사용되는 양철통에 있어 양철은 철강 원판에 주석을 도금한 것으로 깡통 내면의 부식과 이에 따른 내용물의 변색을 방지하기 위해 과일통조림이나 과즙통조림을 제외하고는 일반적으로 도장된 깡통이 사용되고 있다. 내부에 특별한 칠을 하지 않은 과일이나 과즙통조림에서는 그 과즙 중의 유기산에 의해 주석 이온이 용출되어 나오므로 이들 내용물에서 일어날 수 있는 갈변 반응을 억제하여 준다.

### (4) 아스코르브산(ascorbic acid)

ascorbic acid는 앞에서 살펴본 바와 같이 DHA(dehydroascorbic acid)로 전화될 때까지는 갈변 반응을 억제한다. 이는 주로 과실 조직 내에 용해되어 있는 산소를 급속히 환원시키고, 또 폴리페놀 산화효소에 의해 형성된 퀴논(quinone)류는 ascorbic acid의 환원 작용에 의해 본래의 디페놀(diphenol)로 전환되고, ascorbic acid는 DHA로 전환되어 갈변이 억제된다.

그러나 ascorbic acid이 모두 소모되면 다시 갈변 반응이 시작된다. ascorbic acid는 빠르게 산화되어 소멸되므로 이를 지연시키기 위해 ascorbic acid-2-phosphate, ascorbic acid-triphosphate 등의 유도체를 사용하기도 한다. 이 유도체들은 환원성은 없으나 식물세포 내부에 존재하는 phosphatase에 의해 서서히 분해되어 ascorbic acid를 지속적으로 공급하여 갈변 반응을 억제할 수 있다.

## 5) 금속 이온의 제거

Polyphenol oxydase와 tyrosinase는 구리(Cu)를 함유하는 산화효소들이다. 이들 효소들은 $Fe^{2+}$, $Fe^{3+}$, $Cu^{2+}$ 등의 금속 이온에 의해 활성화된다. 이들 금속 이온을 시트르산(citric acid), 타르타르산(tartaric acid), 인산(phosphoric acid) 등의 첨가에 의해 제거하고 이들 금속 이온이 존재하는 용기나 기구를 사용하지 않는 것으로 갈변을 막을 수 있다.

# Food Chemistry

Chapter 11

# 식품의 맛

1. 맛의 인지
2. 맛의 분류
3. 맛 성분의 분류
4. 맛의 변화

우리가 일반적으로 섭취하는 식품들은 각기 고유한 맛을 가지고 있는데, 이러한 맛을 내는 성분들은 식품의 냄새 및 색상과 함께 기호성을 결정하는 중요한 요소이다. 식품의 질적 요인에 있어 맛의 역할은 대단히 크다. 그러나 식품의 맛은 여러 가지가 복합된 것이므로 과학적으로 정확히 분류하기에 어려움이 있다. 따라서 맛의 종류나 맛의 좋고 나쁨도 정확하게 표현하기 어렵다. 다만, 일반적으로 맛이란 어떠한 물질을 입에 넣었을 때에 미각과 후각을 자극하고, 입안의 통각·촉감·온도감수를 자극함으로써 일어나는 감각으로 정의할 수 있다. 맛을 내는 성분들은 대부분 비휘발성의 수용성 물질이며, 휘발성 물질은 냄새로 인식되지만 초산과 같은 중간 물질은 맛과 냄새 모두로 인식되어진다.

맛은 혀의 표면에 있는 미뢰(味雷, 맛봉오리)의 미각신경이 화학적인 자극을 받아서 일어나는 감각이다. 맛의 인식기관인 이들 세포들은 용액으로 존재하는 여러 물질에 의하여 자극되므로 액체식품의 맛이 고체식품의 맛보다 쉽게 느껴진다.

맛은 일부는 감각적이고 일부는 주관적인 것이다. 맛에 대한 느낌은 개인차가 크며, 같은 사람이라도 조건에 따라 다르다. 또 식습관·풍습·편견·정서 및 생리적 상태에 따라서 맛에 대한 인식이 달라질 수 있다.

## 1. 맛의 인지

### 1) 미각기관

식품의 맛은 혀의 표면에 있는 미뢰(맛봉오리)의 미각수용체와 식품의 화학물질 간의 상호작용에 의해 인지되는 화학적 감각을 말한다.

맛에 대한 감각은 혀의 표면에 분포하는 미뢰에서 주로 느끼며, 이 외에도 구강, 인두, 후두에서도 느낀다. 그러나 맛을 나타내는 물질이 미각수용체와 상호작용에 의해 감지되는 원미는 혀에서만 느껴진다.

미각기관으로서 혀에는 유두(papilla)가 존재하며 그 생김새에 따라 울타리꼴, 잎꼴, 실꼴, 버섯꼴의 네 가지가 있다. 유두의 밑부분에는 여러 개의 미뢰가 분포하며, 미뢰는 꽃봉오리 모양으로 혀 점막의 유두 속에 다수 존재하며, 연구개나 후두의 상피 속에서도 흔히 볼 수 있다. 미뢰 속에는 수십 개의 미각세포가 있고, 미뢰의 상단에는 미공(맛구멍)이 있어 표면이 열려 있다. 성인의 혀에는 약 1만 개의 미뢰가 존재하며, 미뢰 하단으로부터는 몇 개의 신경섬유가 들어가 있어서 미세포에 도달하고 있다.([그림 11-1]).

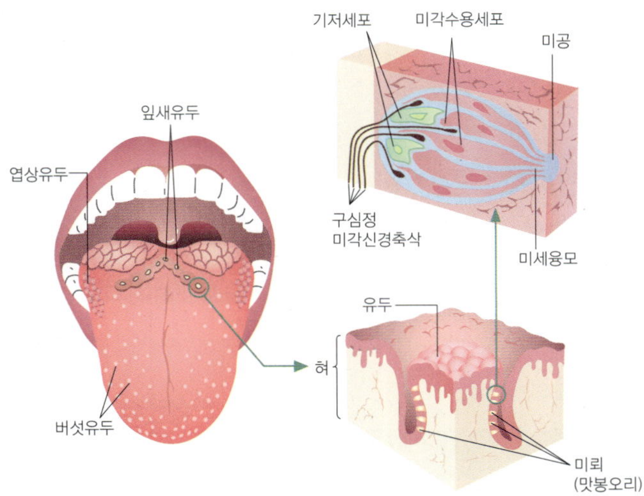


[그림 11-1] 미각기관의 구조

## 2) 맛의 감지

미각기관은 혀의 표면에 돌기상의 유두(乳頭)와 미뢰(味蕾)로 구성되어 있다. 미공(味空)은 가용성 물질이 이동하는 곳으로 그 수는 사람에 따라 다르며, 50대 후반부터 감소한다.

침이나 음식물의 즙액에 녹아 있는 정미물질은 미공을 통과하여 미뢰로 들어와 맛세포를 자극하고, 그 자극은 미뢰의 내부에 분포되어 있는 미각신경에 의해 대뇌의 미각중추에 전달됨으로써 비로소 음식물의 맛을 느끼게 된다.

(식품 중의 가용성 물질 ⇒ 미공을 통한 이동 ⇒ 미뢰의 맛세포 자극에 의한 전

위(電位)의 변화 ⇒ 미각신경에 의해 대뇌의 미각 중추에 전달 ⇒ 맛을 느낌)

혀에서 맛을 감지함에 있어 단맛은 혀의 끝부분, 신맛은 혀의 가장자리, 쓴맛은 혀의 안쪽 그리고 짠맛은 혀의 전체에서 느낄 수 있음이 오래전부터 알려져 왔으며 이를 혀의 맛지도라 한다. 그러나 혀의 맛지도는 1890년대 독일에서 정신물리학 연구 결과를 잘못 해석한 것이고, 맛지도가 잘못되었다는 연구는 이미 1970년대부터 이루어져 왔으며, 최근의 연구 결과 우리의 혀는 부분에 따라 각각의 맛을 느끼는 정도가 별 차이가 없고 입천장도 부위와 상관없이 맛을 느끼는 정도에 차이가 없다고 보고되고 있다.

## 3) 미각에 영향을 미치는 요인

미각의 정도를 비교하는 방법으로 맛의 역가(threshold value)를 사용하는데, 역가란 맛을 느끼는 정미성분(flavour compound)의 최저농도이다.

〈표 11-1〉 기본 정미성분의 역가

| 맛의 종류 | 정미성분 | 역가(g/100ml) |
|---|---|---|
| 단 맛 | 설 탕 | 0.4108 |
| 짠 맛 | 소 금 | 0.1229 |
| 신 맛 | 주석산 | 0.0056 |
| 쓴 맛 | caffeone | 0.0038 |

### (1) 온도

음식의 맛은 온도에 따라서 맛의 정도가 달라진다. 혀의 미각은 일반적으로 10~40℃에서 잘 느껴지며, 30℃일 때 가장 잘 느껴진다. 신맛은 거의 변화가 없으나 고온일 때 느낌이 많고, 짠맛과 쓴맛은 저온일 때 감도가 좋고 온도 상승에 따라 맛을 느끼기 어려워지며, 특히 쓴맛은 37℃ 이상이 되면 느낌이 급격히 좋지 않다. 단맛은 34~37℃에서 가장 감도가 좋으며, 20℃ 이하에서 급격히 둔화된다.

〈표 11-2〉 음식을 섭취할 때 적온(℃)

| 음식물 | 적 온 | 음식물 | 적 온 |
|---|---|---|---|
| 물 | 10~15 | 된장국 | 62~68 |
| 커피 | 72 | 단팥죽 | 60~64 |
| 냉커피 | 6 | 우동 | 58~70 |
| 냉보리차 | 8 | 두부 | 60~70 |
| 우유(온) | 60 | 튀김 | 64~65 |
| 우유(냉) | 15~16 | 수박 | 8~10 |
| 맥주 | 8 | 아이스크림 | -6 |
| 주스 | 8~10 | 찐 고구마 | 80 |

### (2) 용매와 기질

정미 물질이 용해되어 있는 용매에 따라 맛과 그 역가에 차이를 나타낸다.

맛을 나타내는 성분이 지니고 있는 기질(substrare)의 성질은 맛의 역가에 영향을 준다.

그 예로 설탕, 소금, 카페인, 주석산 등의 역가는 액상(liquid phase), 젤상(gel), 거품상(foam) 및 커스터드(custard) 형태의 식품 중 액상으로 된 식품에 존재할 때 가장 낮았으며, 젤상에서 가장 높다고 한다.

### (3) 연령과 성별

미각에 대한 감도의 감퇴는 50대 후반기 또는 60세 이후부터 현저하게 나타난다. 성별의 차이에 관하여는 여자가 단맛과 짠맛에 대하여 감도가 높으며, 남자는 신맛에 대해 감도가 높다. 쓴맛에 대하여는 남녀 간에 차이가 없다고 보고되고 있다.

### (4) 수면과 공복

3일까지의 불수면은 단맛과 짠맛에 대한 역가에 영향이 미비하며, 신맛에 대한 역가는 현저하게 증가한다고 한다. 공복에 대한 영향을 보면 4가지 기본 맛의 감도는 식후 1시간에는 크게 둔화되었다가 3~4시간 후에는 증가된다.

### (5) 흡연

담배를 피우는 사람과 피우지 않는 사람 간의 미각 차이에 관하여 조사된 바에 의하면, 단맛, 짠맛, 신맛에 대한 역가에는 양자 간에 차이가 없고 쓴맛에 대한 역가는 흡연자가 현저하게 높다고 보고되고 있다.

그 외의 미각에 영향을 미치는 요소로서 신체적, 정신적 건강 상태, 식습관, 음주 상황 등을 들 수 있다.

## 4) 맛의 상호 작용

### (1) 맛의 대비효과(contrast effect, 혹은 맛의 강화효과)

서로 다른 맛을 내는 물질이 혼합되었을 경우 주된 물질의 맛이 증가되는 것을 맛의 대비현상(contrast effect) 또는 강화현상이라고 한다. 일반적으로 단맛이나 감칠맛에 대해서는 짠맛이, 짠맛에 대해서는 신맛이 강화현상을 나타낸다.

〈표 11-3〉 단맛, 짠맛, 감칠맛에 대한 맛의 대비효과

| 특징 | 예 |
|---|---|
| 단맛 성분에 소량의 짠맛 성분 | – 단맛 증가: 15% 설탕용액에 0.01% 소금<br>– 팥죽+설탕+소금 → 단맛 증가 |
| 짠맛 성분에 소량의 신맛 성분 | 소금물+유기산(구연산, 젖산 등) → 짠맛 증가 |
| 감칠맛 성분에 소량의 짠맛 성분을 혼합하면 주된 맛 성분이 증가함 | MSG+소금물 → 감칠맛 증가(멸칫국) |

### (2) 맛의 상쇄효과(compensating effect)

서로 다른 맛을 내는 물질을 2종류씩 적당한 농도로 섞어 주면 각각의 고유한 맛이 느껴지지 않고 조화된 맛으로 느껴지는 것을 맛의 상쇄효과(compensation effect)라고 한다.

그 예로 간장과 된장은 짠맛과 감칠맛의 조화로 짠맛이 상쇄되며, 김치의 짠맛은 신맛과의 조화로 상쇄된다.

### (3) 맛의 억제효과(inhibitory effect)

서로 다른 맛을 내는 물질이 혼합되었을 경우 주된 물질의 맛이 약화되는 것을 맛의 억제효과(inhibitory effect)라고 한다. 쓴맛이나 신맛은 단맛에 의하여 억제된다.

커피에 설탕을 섞으면 쓴맛이 단맛에 의해 억제되며, 신맛이 강한 과일에 설탕을 섞으면 신맛이 억제되는 것을 그 예로 볼 수 있다.

### (4) 맛의 상승효과(synergistic effect)

같은 종류의 맛을 가지는 2종류의 물질을 서로 혼합하였을 경우 각각 가지고 있는 맛보다 훨씬 강하게 느껴지는 것을 맛의 상승효과(synergistic effect)라고 한다.

### (5) 맛의 변조(modulation)

한 가지 맛을 느낀 직후에 다른 종류의 맛을 보면 고유의 맛이 아닌 다른 맛이 느껴지는 것을 맛의 변조(modulation)라고 한다.

설탕을 맛본 직후 물을 마시면 순수한 물일지라도 신맛이나 쓴맛을 낸다. 또한 오징어를 먹은 직후에 식초나 밀감을 먹으면 쓴맛 느낌이며, 쓴 약을 먹은 직후에 물을 마시면 달게 느껴지는 것이 맛의 변조라 할 수 있다.

### (6) 맛의 상실

열대 지방의 식물인 김네마 실베스터(Gymnema sylvestre)의 잎을 씹은 뒤에는 맛을 느낄 수 없게 되는데, 이를 맛의 상실이라 한다.

### (7) 맛의 피로(fatigue, 혹은 순응)

같은 정미성분을 계속 맛볼 경우 미각이 둔해져 역가가 높아지는 현상을 맛의 피로 또는 순응이라고 한다. 또한 정미성분이 약한 음식물을 계속적으로 먹게 되면 맛을 느끼지 못하게 되며, 농도 높은 정미성분에 순응하게 되면 미각의 소멸시간이 길어지게 된다.

### (8) 미맹(taste blind)

대부분의 사람은 쓴맛 성분인 PTC(phenyl thiocarbamide)와 PTU(phenylthiourea)의 쓴맛을 느끼는데 그 맛을 느끼지 못하고 무미로 느끼는 사람들이 있다. 이를 미맹이라고 한다.

미맹은 멘델의 열성형질로 유전하며, 인종과 성별에 따라 차이가 있다. 미맹의 수는 백인이 약 30%, 황색인은 15%, 흑인은 2~3%이며, 남자의 25.9%, 여자의 22.2%가 미맹자로 알려져 있다.

## 2. 맛의 분류

음식물이나 식품의 맛은 여러 가지 요소가 복합된 것이나, 몇 가지 기본 맛을 중심으로 이루어진다.

식품의 기본 맛은 단맛(sweet taste), 짠맛(salt taste), 신맛(sour taste), 쓴맛(bitter taste)의 네 가지로, 이를 4원미라고 한다. 이 원미는 각기 다른 맛 수용체가 존재하며 그 맛이 인식되어진다. 이 네 가지 맛은 각기 특성 있는 맛을 가지며, 서로 복합되어 여러 가지 맛을 나타낸다.

동양에서는 이 4원미에 매운맛을 더하여 5미를 기본 맛이라고 한다. 현재 널리 통용되고 있는 맛의 분류는 H. Henning이 제시한 것으로, 맛의 사면체라 한다.

Henning은 맛의 분류에서 4가지 맛이 맛의 정사면체를 형성하고, 모든 맛은 정사면체의 어느 한 공간에서 한 점으로 나타낼 수 있다고 하였다.

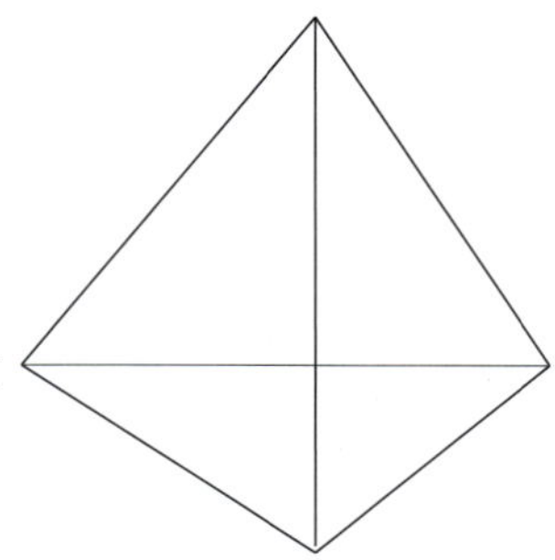


[그림 11-2] Henning의 맛의 정사면체

맛을 분류하는 데는 단맛, 쓴맛, 신맛, 짠맛의 네 가지를 기본으로 한 4원미가 통용되고 있으며, 최근에는 여기에 감칠맛이 추가된 5원미가 주장되기도 한다.

4가지 맛 이외에도 매운맛(hot taste), 맛난 맛(palatable taste), 떫은맛(astringent taste), 알칼리 맛(alkaline taste), 금속 맛(metallic taste), 아린 맛(acrid taste), 구수한 맛 등이 있다.

## 1) 단맛(감미, sweet taste)

인간의 단맛에 대한 욕구와 집착은 대단히 강하며 또한 일반적이다. 단맛을 내는 물질은 복잡한 유기화합물로 자연계에 다수 존재하며, 대표적으로 설탕 이외에 당류와 당알코올류, 배당체, 아미노산, 펩타이드 및 단백질 등이 있다. 합성감미료에는 사카린(saccharin), 둘신(dulcin), 사이클라메이트(cyclamate), 아스파탐(aspartame) 등이 있다. 단맛을 내는 물질의 단 정도는 차이가 많아서 설탕과 비교하여 상대적으로 평가한다. 어떠한 감미료는 단 정도가 설탕의 200배나 되는 것도 있다.

〈표 11-4〉 단맛 성분의 감미도 비교

| 종류 | 감미도 | 종류 | 감미도 |
|---|---|---|---|
| 당류 | | | |
| sucrose | 100 | xylose | 40 |
| glucose | 50~70 | lactose | 27 |
| invert sugar | 80~90 | rhamnose | 60 |
| galactose | 60 | palatinose | 40 |
| fructose | 110~180 | trehalose | 45 |
| maltose | 50 | glucosamine | 40~50 |
| 당알코올 | | | |
| sorbitol | 50~70 | xylitol | 75~90 |
| mannitol | 45 | frythitol | 45 |
| inositol | 45 | glycerol | 45~70 |
| 아미노산류 | | | |
| glycine | 70 | alanine | 60 |
| 인공감미료 | | | |
| saccharin | 20,000~70,000 | aspartame | 10,000~20,000 |
| Na-cyclamate | 3,000~8,000 | dulcin | 3,000~8,000 |
| 방향족화합물 | | | |
| perillartin | 20,000 | phyllodulcin | 40,000~50,000 |
| glycyrrhizin | 10,000 | stevioside | 30,000 |
| 황화합물 | | | |
| propylmercaptan | 5,000 ~ 7,000 | methylmercaptan | 5,000 ~ 7,000 |

## 2) 짠맛(함미, salt taste)

짠맛은 조리에서 가장 기본이 되는 맛이다. 짠맛의 성분은 무기 및 유기의 알칼리염으로 주로 음이온을 띠는 것이다. 순수한 짠맛의 대표적인 것은 소금으로서 체액의 삼투압에 관여하는 등 생리적으로도 중요하다. 소금은 그 자체의 맛은 좋지 않지만 풍미를 강화시켜 조리할 때 가장 기본적으로 사용된다.

짠맛을 내는 물질은 무기 및 유기의 알칼리염으로, 양이온과 음이온의 성질에 따라 그 맛이 달라진다. 짠맛은 주로 음이온에 의존하고 양이온은 오히려 쓴맛을 낸다. 식염에는 소금($NaCl$) 이외에도 소량의 $KCl$, $CaCl_2$, $MgSO_4$ 등의 불순물이 함유되어 있어 양이온에 의한 짠맛 이외에 약간의 쓴맛도 나타난다.

짠맛에 관여하는 성분은 무기염류가 해리되어 생긴 음이온에 의해 나타나며, 짠맛의 강도는 황산 이온($SO_4^{2-}$) > 염소 이온($Cl^-$) > 브롬 이온($Br^-$) > 요오드 이온($I^-$) > 탄산 이온($HCO_3^-$) > 질산 이온($NO_3^-$)의 순서로 알려져 있다.

### 3) 신맛(산미, sour taste)

식품의 신맛은 향기를 수반하는 경우가 많으므로 본래의 맛과 아울러 식품의 맛을 좋게 하고 식욕을 증진시키기도 한다. 신맛을 내는 성분은 유기산(有機酸)과 무기산(無機酸), 산성염과 같은 물질이 제공하는 수소 이온($H^+$)에 의해 신맛을 내게 된다. 그 신맛은 용액 중에 해리되어 있는 수소 이온과 해리되지 않은 산 분자에 기인한다.

따라서 신맛의 강도는 pH에 정비례하지 않는다. 같은 pH라 할지라도 유기산이 무기산보다 더 시게 느껴진다. 이들 신맛은 상쾌한 신맛과 특유의 감칠맛을 지닌다. 그러나 같은 농도에서는 무기산의 신맛이 강하다.

일상적으로 우리들이 섭취하고 있는 신맛 성분은 식초산, 젖산, 호박산, 주석산, 구연산 등의 유기산이다. 무기산인 염산, 질산, 황산 등도 신맛을 나타내지만 식품의 신맛을 주기 위해서는 거의 사용하지 않는다. 다만 탄산은 자극성의 약한 신맛으로 상쾌함을 주기 때문에 청량음료에 사용되고 있다.

같은 농도에서 $HCl$의 신맛을 100으로 할 때 신맛의 강도는 염산[HCl(100)] > 질산[$HNO_3$] > 황산[H2SO$_4$] > 포름산[formic acid(84)] > 시트르산[citric acid(78)] > 말산[malic acid(72)] > 젖산[lactic acid(65)] > 아세트산[acetic acid(45)] > 뷰티르산[butytic acid(32)] 순이다. 유기산은 과일과 채소에서 신맛을 나타내며, 입안에서 느끼는 신맛의 강도는 산기의 특성, pH, 적정 산도, 완충능에 따라 달라진다.

## 4) 쓴맛(고미, bitter taste)

식품에 있어 쓴맛은 일반적으로 좋은 맛이라고 할 수 없으나, 기본 맛 중에서 가장 예민하게 느껴진다. 그러나 미량의 쓴맛은 오히려 식품의 맛을 강화시켜 주거나 약리 작용을 가지는 경우가 많다. 또한 커피나 맥주, 코코아, 차, 초콜릿 등 식품으로서의 쓴맛은 그 식품의 특징적인 맛이 되고, 된장이나 치즈 등의 발효식품에서 미량의 쓴맛은 다른 맛과 조화되어 맛의 깊이를 더해 주기도 한다.

식품 중의 쓴맛을 나타내는 물질들은 그 화학적 구조에 따라 알칼로이드, 배당체, 아미노산 및 펩타이드, 케톤류, 무기염류 등으로 구분되며, 이들 물질은 분자 내에 N≡, =N≡N, −SH, −S−S, −S−, =CS, $-SO_2$, $-NO_2$ 등의 원자단을 가지고 있다.

또한 무기염류 중에서는 $Ca^{2+}$, $Mg^{2+}$, $NH_4^+$ 등의 양이온이 쓴맛을 나타낸다.

## 5) 감칠맛(맛난 맛, 지미, savory or palatable taste)

감칠맛은 구수한 맛, 맛난 맛 등으로 표현되기도 하고, 서양에선 맛증진제(flavor enhancer)라고 표현되고 있다. 감칠맛은 아직도 일부에서는 원미로서 인정하지 않고 있으나, 원미의 충족 조건으로서 해당 맛 수용체의 존재, 다른 원미의 맛에 영향을 주지 않고 또한 맛의 질이 다른 원미와 달라야 하고, 다른 원미물질을 여러 가지 조합으로 혼합해도 그 맛을 낼 수 없다는 조건들을 충족시키고 있어 근래에 발표된 자료들에서는 감칠맛이 원미로서 여러 조건을 충족시키고 있음을 보여준다.

감칠맛을 내는 성분은 아미노산, 펩타이드, 콜린(choline) 및 그 유도체, 뉴클레오타이드(nucleotide) 등에 의해 나타나는 맛으로, 감칠맛을 가진 식품으로는 고기의 열수 추출물, 간장, 된장, 조개류, 젓갈류, 버섯류 등의 단백질 성분에 많이 들어 있다. 따라서 이러한 감칠맛을 내기 위해 예로부터 이들 식품을 천연조미료로 이용해 왔다. 근래에는 MSG(monosodium−L−glutamate)나 핵산조미료와 같이 감칠맛 성분을 추출하고 합성하여 공업적으로 대량생산한 상품을 이용하기도 한다.

## 6) 기타의 맛

앞에서 언급한 맛 이외에도 매운맛, 떫은맛, 아린 맛 등의 여러 가지 맛을 느낄 수 있는데, 이들 맛은 원미와 달리 맛 수용체에서 인식되는 것이 아니라 자유 신경이나 혀의 점막 등 구강 내에서 복합적으로 느껴지는 감각이다.

### (1) 매운맛(hot taste)

매운맛은 순수한 미각이라기보다는 혀 · 구강 · 비강 등의 점막을 자극하는 생리적인 통각이라 할 수 있다. 즉, 미각신경을 강하게 자극함으로써 느껴지는 기계적 자극 현상이다. 매운맛은 보통 향신료에 많이 들어 있어 식품의 풍미를 향상시키고 미각을 크게 자극하여 소화액 분비를 촉진시킨다. 매운맛 성분은 대체로 유황을 갖는 화합물로 벤젠핵에 불포화측쇄를 갖는 화합물이다.

### (2) 떫은맛(astringent taste)

떫은맛은 수렴성의 맛으로, 폴리페놀(polyphenol)이 많이 함유된 식품을 먹었을 때 이 성분이 혀의 점막 단백질과 강한 수소결합 또는 기타 결합을 함으로써 일시적으로 응고시켜 미각신경이 마비되어 점막이 수축되는 감각을 말한다. 식품 중에서는 주로 감, 차, 커피, 맥주, 포도주, 도토리 등에서 느낄 수 있으며, 이들 식품에서 특징적인 풍미를 나타낸다.

### (3) 아린 맛(acrid taste)

아린 맛은 쓴맛과 떫은맛, 매운맛 등이 복합적으로 어우러져 나타나는 불쾌한 맛이다. 아린 맛을 가진 식품으로는 죽순, 고사리, 우엉, 토란, 가지 등이 있으며 대부분 물에 담가 두면 제거된다. 아린 맛은 복합적인 맛으로 여러 성분들이 관여하나, 아이소싸이오사이아네이트(isothiocyanate), 알칼로이드(alkaloid), 탄닌(tannin), 알데하이드(aldehyde), 유기산, 무기염류 등에 의해 나타난다.

### (4) 알칼리맛(alkaline taste)과 금속맛(metallic taste)

$OH^-$은 알칼리맛을 나타내며 식품 중에 존재하거나 가공 중에 첨가되는 NaOH, KOH, $NaHCO_3$ 등에 의해 나타날 수 있는 맛이다.

금속맛은 금속 이온에 의해 나타나는 맛으로 수저나 식기 등에서 느낄 수 있으며, 철(Fe), 은(Ag), 주석(Sn) 등의 금속 이온이 띠는 약한 맛이다.

### (5) 교질맛(colloidal taste)

교질맛은 식품이 혀의 표면과 입 속의 점막에 물리적으로 접촉될 때 느끼는 감각으로 맛이라기보다는 식품의 질감에 속하며 원활미라고도 한다. 이 맛은 주로 식품의 교질 상태에 의해 나타나는 맛으로, 식품 중의 교질 성분으로는 전분이나 검류, 단백질의 콜로이드, 지방의 유화물 등이 있다. 예를 들면, 곡류 등의 전분질 식품은 가열에 의해 알파-전분이 생겨 친수성이 될 때 촉감이 좋고, 찹쌀밥은 친수성이 강한 아밀로펙틴이 많아 끈기가 세다.

# 3. 맛 성분의 분류

## 1) 단맛 성분

### (1) 당류

일반적으로 당류는 그 종류와 구조 등에 따라 정도의 차이는 있으나 단맛을 가지고 있으며, 분자량이 증가함에 따라 단맛이 감소하게 된다. 이는 용해도가 감소하고 분자의 크기가 커지기 때문이다. 단당류나 이당류 등은 단맛을 가지고 있지만 다당류가 되면 거의 단맛이 없어지게 된다. 또한 단맛을 내는 당류는 같은 당이라도 온도에 따라 단맛이 변하는데, 이것은 당의 α형과 β형의 입체 구조 차이에 기인한다.

설탕은 단맛을 가진 대표적인 물질로 자연식품 등에 널리 분포하며 비교적 순수한 형태로 얻을 수 있기 때문에 감미료로서 이용되어진다. 또한 설탕은 다른 당류처럼 α형과 β형의 이성체가 없기 때문에 설탕의 감미도는 동일 농도와 온도에서는 일정한 단맛을 가지므로 단맛을 갖는 물질의 상대적 감미도를 측정하는 표준물질로 사용한다.

#### ① 포도당(Glucose)

포도당(Glucose)의 단맛은 대체로 설탕의 50~70% 정도이며, 보통 사용하는 포도당은 α형이다. 포도당은 α형이 β형보다 1.5배가 더 달다. 그러나 α형은 불안정하여 포도당 수용액을 방치하거나 가열하면 더욱 β형이 증가하여 단맛이 약해지게 된다. 따라서 분말 형태나 낮은 온도의 용매에 녹여 사용하면 단맛이 강해진다.

#### ② 과당(Fructose)

과당(Fructose)은 자연식품에 널리 분포되어 있을 뿐만 아니라 꿀이나 설탕의 가수분해물, 즉 전화당의 주성분이며, 감미도가 150% 정도로 천연의 당류 중에서 가장 단맛이 강하고 상쾌한 맛을 준다. 과당은 β형이 α형보다 단맛이 3배 정도 강하지만 보통 β형은 불안정하며, 수용액 상태에서는 일부가 α형으로 변화하여 평형을 이룬다. 이때는 고온에서는 α형이, 저온에서 β형이 많아지므로 과당이 단맛의 주성분인 과일은 차게 하여 먹고 벌꿀도 가열하지 않고 그대로 먹는 것이 더 달다.

#### ③ 설탕(Sucrose)

설탕(Sucrose)은 α-glucose와 β-fructose가 결합하여 glycosidic OH기가 없어졌기 때문에 α형과 β형의 이성체가 존재하지 않는다. 따라서 수용액 중에서 변선광의 현상을 나타내지 않으며, 같은 농도에서는 항상 일정한 단맛을 가지고 있어 단맛의 상대적 감미도 측정의 표준물질이다.

#### ④ 맥아당(Maltose)

맥아당(Maltose)은 α형이 β형보다 더 달고 단맛은 설탕의 30~50% 정도이며, 보통 β형으로 존재한다. 맥아당 수용액은 방치하거나 가열하면 일부 β형이 α형으로 되어 단맛이 강해진다. 맥아당은 자연식품에 많고 물엿이나 식혜의 단맛을 이룬다.

⑤ 유당(Lactose)

유당(Lactose)의 단맛은 천연의 당류 중에서 가장 약하며 설탕의 27% 정도이다. 포유동물의 유즙에만 있으며, β형이 α형보다 조금 더 달다.

⑥ 전화당(Invert sugar)

전화당(Invert sugar)은 설탕의 가수분해로 생성된 포도당과 과당의 등량 혼합물로서 벌꿀의 주성분이며 설탕보다 약간 강한 단맛을 갖는다.

### (2) 당알코올류(Sugar alcohol)

포도당이나 과당의 환원 생성물인 당알코올은 당의 카보닐기가 환원되어 알코올로 된 것이다. 알코올의 단맛은 친수기인 －OH기에 기인하는 것으로, －OH기가 증가함에 따라 단맛도 증가한다. 솔비톨(D－sorbitol)은 단맛이 설탕의 40~70% 정도로 단맛은 강하지 않으나 상쾌하며, 물에 잘 녹고 화학적으로 안정하다.

만니톨(D－mannitol)은 만노즈 및 과당을 환원하여 만든 당으로 단맛은 설탕의 45% 정도이며, 다른 당알코올류와는 달리 물에 잘 녹지 않는다.

자일리톨(D－xylitol)은 D－자일로스를 환원하여 만든 당알코올로서 솔비톨보다 단맛이 강하다.

단맛을 내는 당알코올은 이노시톨(inositol), 솔비톨(sorbitol), 만니톨(mannitol), 둘시톨(dulcitol), 에리트리톨(erythritol) 등이 있으며, 이들은 체내에 흡수되지 않으므로 저칼로리 감미료로 사용되고, 당뇨환자에게 이용가능하다.

### (3) 아미노산(Amino acid)

아미노산 중에서 글리신(glycine), 알라닌(alanine), 프롤린(proline), 세린(serine), 발린(valine), 류신(leucine) 등은 단맛을 가지고 있다. 특히 leucine의 $-NH_2$기를 －OH기로 치환한 leucinic acid는 설탕보다 단맛이 강하기 때문에 당뇨병 환자의 감미료로 이용한다. 아미노산은 각기 특유한 맛을 가지고 있으며, 그 맛은 광학 이성질체인 L형, D형에 따라 다르다. 일반적으로 자연 아미노산인 L형보다는 합성 아미노산인 D형이 단맛을 가지는 것이 많다. 그러나 proline, hydroxyproline의 아미노산은 L형만 단맛이 있다.

### (4) 인공감미료

#### ① 사카린(Saccharin)

사카린의 단맛은 설탕의 300~700배 정도로 세계 각국에서 인공감미료로 사용하고 있으며, 보통 sodium saccharin 형태로 사용된다. 그러나 사카린은 특유의 쓴맛이 있어 일반적으로 0.02~0.03% 이내에서 사용되며, 산성식품과 함께 가열하면 서서히 분해되어 단맛이 약해지고 쓴맛이 생기므로 조리 마지막에 첨가하는 것이 효과적이다. 사카린은 체내에서 분해되지 않고 배설되어 영양가가 없으나, 사카린의 독성에 대한 연구에서 하루 3g 정도 섭취할 시 해가 없지만 다량 섭취하면 소화효소의 작용이 방해되며 신장 장애를 가져온다고 하여 사용이 제한되어 있다.

#### ② 둘신(Dulcin)

둘신은 냉수에는 잘 녹지 않으나 알코올에는 잘 녹으며, 그 단맛은 설탕의 250배 정도나 되고 열에 의해 단맛이 감소된다고 한다.

둘신은 체내에서 위액에 의하여 분해되면 혈액독인 p-아미노페놀(aminophenol)과 페나세틴(phenacetin)으로 되어 인체에 유해하기 때문에 대부분 사용이 금지되어 있다.

#### ③ 소디움 사이클라메이트(Sodium cyclamate)

물에 잘 녹으며, 그 단맛은 설탕의 약 30~40배 정도로 다른 인공감미료보다 단맛이 덜하나 가장 설탕에 가까운 순수한 단맛을 가지고 있다. 그러나 0.5% 이상의 고농도에서는 쓴맛이 나타나고, 체내에서 cyclahexylamine인 독성대사산물을 생성하여 발암물질로 알려져서 사용이 금지되고 있다.

#### ④ 아스파탐(Aspartame)

아스파탐은 L-aspartic acid와 L-phenylalanine으로 구성된 dipeptide의 methyl ester로서 아스파탐의 단맛은 농도에 따라 다르나 설탕의 100~200배 정도이고 그 단맛이 설탕과 매우 유사하며 뒷맛 등이 전혀 없다. 그러나 아스파탐은 열에 불안정하여 가열하면 각각의 구성 아미노산으로 분해되며, 수용액 상태로 존재할 때 methyl ester결합이 분해되어 무미한 dipeptide 형태가 된다.

#### ⑤ 나린진(Naringin) 및 네오헤스페리딘 디히드로칼콘(neohesperidin dihydrochalcone)의 유도체

Horowitz에 의하여 나린진(naringin), 네오헤스페리딘(neohesperidin) 등의 flavonoid 화합물의 디하이드로-칼콘(dihydro-chalcone) 유도체가 매우 강한 단맛을 가지고 있다는 사실이 알려진 후 이들에 대한 인공감미료로서의 개발이 시도되어 왔다. 아직 실용화 단계는 아니나 naringin dihydrochalcone, neohesperidin dihydrochalcone의 단맛은 각각 설탕의 100배와 1,000배 정도이며 또한 이들의 유도체도 단맛을 가지고 있는 것으로 알려져 있다.

감귤류의 과피에 존재하는 쓴맛을 가지는 naringin은 알칼리의 작용에 의해 naringin chalcone이 되며 이것의 쓴맛은 없어지고 단맛을 가지게 된다. neohesperidin도 알칼리에 의해 neohesperidin chalcone이 되며, 이들 chalcone에 수소를 첨가하여 dihydrochalcone을 얻을 수 있다. 이들의 원료가 자연식품에 널리 분포되어 있고 독성도 매우 낮아 인공감미료로서 개발이 기대되고 있다.

### (5) 특수 감미료

#### ① 글리시리진(Glycyrrhizin)

글리시리진은 감초의 뿌리에 함유되어 있는 단맛 성분으로서 설탕의 약 150배 단맛을 가지며 열에도 안정하지만 독성이 비교적 강하여 식품에 직접 사용할 수 없고 비식품 감미료로서 담배향료 또는 의약품 등에 사용되어진다.

#### ② 페릴라틴(Perillartin)

페릴라틴은 자소의 잎에 함유되어 있는 특유한 향기를 가진 단맛 성분으로서, 설탕의 약 2,000배의 강한 단맛을 가지며 방부력이 세지만 독성도 매우 강하기 때문에 식품에 사용할 수 없고 비식품 감미료로서 담배향료 등에 사용되고 있다.

#### ③ 피로둘신(Phyllodulcin)

피로둘신은 감차의 잎에 함유되어 있는 단맛 성분으로서 flavonoid계 화합물이다. 피로둘신은 설탕의 약 400~500배의 단맛을 가진다. 감차는 당뇨병 환자의 감미료로서 사용되기도 한다.

#### ④ 스테비오사이드(Stevioside)

스테비오사이드는 남미의 스테비아(stevia)의 잎에 함유되어 있는 단맛 성분으로 디테르펜(diterpene) 배당체이며 백색의 흡습성 결정이다. 이것은 설탕의 약 300배의 단맛을 가지며, 열, 산, 알칼리에도 안정하고, 단맛도 설탕과 유사하다.

## 2) 짠맛 성분

### (1) 무기염

짠맛에 관여하는 성분은 무기염류가 해리되어 생성된 음이온에 의해 나타난다. 무기염 중 NaCl이 가장 순수한 짠맛을 가지고 있다. 짠맛의 강도는 황산 이온($SO_4^{2-}$) > 염소 이온($Cl^-$) > 브롬 이온($Br^-$) > 요오드 이온($I^-$) > 탄산 이온($HCO_3^-$) > 질산 이온($NO_3^-$)의 순서로 알려져 있다. 양이온은 $Na^+$, $Li^+$, $K^+$, $NH_4^+$ 등이 짠맛을 내지만, $Ca^+$, $Mg^{2+}$ 등은 오히려 쓴맛을 낸다.

무기염류 중에서 짠맛을 강하게 내는 무기염으로는 NaCl, KCl, $NH_4Cl$, NaBr, NaI가 있으며, 짠맛과 쓴맛을 같은 정도로 나타내는 것으로는 KBr, $NH_4I$ 등이 있다. $MgCl_2$, $MgSO_4$, KI는 짠맛보다 쓴맛이 강하게 나타나며, $CaCl_2$는 짠맛을 가지나 양이온에 의하여 떫고 쓴 불쾌한 맛을 나타낸다.

### (2) 유기염

유기염 중에서 다이소듐 말레이트(disodium malate), 다이암모늄 말로네이트(diammonium malonate), 소듐 글루코네이트(sodium gluconate) 등은 소금과 유사한 짠맛을 가지고 있다. 이러한 물질들은 신장염, 고혈압, 간장병 등의 $Na^+$ 섭취가 금지 또는 제한된 환자들에게 식염 대용으로 사용되거나, 무염간장 제조 등에 사용되고 있다.

## 3) 신맛 성분

### (1) 무기산

무기산의 신맛은 탄산 이외에는 일반적으로 불쾌하다. 탄산은 약산으로서 $CO_2$를 물에 용해되어 생기는 산으로 수용액으로만 존재한다.

$$H_2CO_3 \leftrightarrows H + HCO_3^- \leftrightarrows 2H + CO_3^{2-}$$

이와 같이 해리되며 자극성의 약한 신맛이 상쾌한 느낌을 주기 때문에 탄산음료로 널리 이용된다.

### (2) 유기산

일반적으로 과실류의 신맛은 주로 그 속에 함유된 유기산에 기인한다. 과실류나 채소류의 신맛은 유기산의 종류에 따라 다양하게 나타난다.

#### ① 초산(acetic acid)

당질의 초산 발효에 의해 생성되는 유기산으로, 초산은 식초의 주성분으로서 4~6% 함유되어 있다. 식초에는 초산 이외에도 숙신산(succinic acid), 글루콘산(gluconic acid), 젖산(lactic acid) 등도 들어 있다. 초산은 순도가 높을수록 녹는점이 높아지는데, 98% 순도의 녹는점은 13.3℃이고 99% 이상에서 순도의 녹는점은

16.6℃이다. 따라서 순도가 높은 초산은 낮은 실온에서 얼음 상태인 고체가 되므로 빙초산이라는 이름이 붙었다. 식품위생법에 의한 식품첨가물 규격에서 빙초산은 초산 99% 이상을 함유하는 것으로 규정되어 있다.

빙초산은 피부와 점막에 닿으면 심한 염증을 일으킨다. 용매 또는 유기화합물을 합성하는 데에 많이 사용되고 있다.

#### ② 젖산(lactic acid)

젖산은 요구르트나 젖산 음료 등의 유제품에 0.4~1.5% 함유되어 있고, 김치, 간장, 청주 등에도 들어 있다. 당류에 유산균이 작용하거나 우유가 산패할 때에 생성된다.

젖산은 현재 모두 녹말질, 당질류를 원료로 하여 발효법에 의해 제조되고 있다. 신맛이 나고 식용으로는 과실엑기스 · 시럽 · 청량음료의 산미제로 이용되며, 주류의 발효 초기에 첨가해서 부패균의 번식을 방지하는 데도 사용된다. 젖산 함유 식품을 섭취하게 되면 장내에 있는 유해 세균의 발육을 억제하여 장의 기능을 좋게 한다.

#### ③ 구연산(citric acid)

구연산은 감귤, 매실, 레몬 등의 과실과 토마토, 상추, 양배추 등의 채소류에 함유되어 있는 주요 유기산이다. 구연산은 주로 감귤류 과일에 존재하는데, 특히 레몬과 라임에서 높은 농도로 존재하며 이는 마른 과일 무게의 8% 정도 존재한다. 천연방부제인 동시에 음식 혹은 탄산음료의 맛 또는 신맛을 내는 데 사용한다. 또한 구연산은 상쾌한 신맛을 주며, 피로회복을 빠르게 하는 효과가 있기 때문에 식품첨가물로서 많이 이용되고 있다.

#### ④ 사과산(malic acid)

사과산은 사과, 포도, 복숭아 등의 과일과 토마토, 시금치, 상추 등의 채소에도 미량 들어 있다. 상쾌한 신맛을 가지고 있어 음료(각종 주스, 과실주, 유산균 음료, 과일우유, 콜라 등), 빙과, 가공식품(잼, 케첩, 소스, 식초, 마요네즈, 절임류 등)에 산미료로 사용된다. 또한, 천연 주스의 색조 유지, 마요네즈의 유화 안정, pH 조정제로도 쓰인다. 사용 기준은 없으며, 과즙에서 추출하거나 발효법이나 합성법으로 만든다.

### ⑤ 주석산(tartaric acid)

주석산은 흰색 결정을 지닌 유기산의 일종으로 포도, 파인애플, 죽순, 바나나, 타마린드와 같은 많은 식물에서 존재하며, 포도주에서 발견되는 주요한 산의 일종이다. 신맛을 가하기 위해 식품에 첨가되기도 하며, 산화방지제로 사용되기도 한다.

### ⑥ 호박산(succinic acid)

호박산은 유기산의 일종으로 처음에 호박의 건류에 의하여 얻어졌기 때문에 이름이 붙여졌으며, 청주 등의 양조제품, 조개류 등에 널리 들어 있다. 사과나 딸기에도 미량 들어 있고, 신맛보다는 시원한 감칠맛을 가진 유기산이다. 글루탐산나트륨과 혼합하여 조미료로 사용된다.

### ⑦ 푸마르산(fumaric acid)

푸마르산은 동식물에 소량 존재하며, 고체 유기산 중 가격이 저렴하고 그 효과가 커서 가장 경제적인 산으로 알려져 있다. 푸마르산은 강하고 독특한 수렴성 신맛을 가지고 있는데, 시트르산의 신맛보다 1.8배 강하다. 인체 대사 과정인 크렙스 회로(Krebs Cycle)의 중간체로 생성되며 인체에 중요한 유기산이다.

푸마르산은 청량음료, 과일 통조림, 합성 청주, 절임류 등에 첨가하며, 비흡습성이므로 분말식품에 사용하면 효과적이고, 물에 용해도가 낮아 분말주스의 발포제로 사용하면 기포의 지속성에 좋다.

### ⑧ 기타 신맛을 내는 유기산

수산(oxalic acid), 낙산(butyric acid), 글루콘산(gluconic acid), 아스코르브산(ascorbic acid) 등이 있다.

〈표 11-5〉 식품에서 중요한 유기산

| 종류 | 구조식 | 소재 |
|---|---|---|
| 초산(acetic acid) | $CH_3COOH$ | 식초, 김치류, 토마토 |
| 수산(oxalic acid) | COOH<br>\|<br>COOH | 시금치, 우엉, 죽순, 상추, 양배추, 토란 |

| 우유, 젖산(lactic acid) | $CH_3CHOHCOOH$ | 김치, 발효 유제품, 청주, 간장 |
|---|---|---|
| 낙산(butyric acid) | $CH_3CH_2CH_2COOH$ | 김치, 유제품, 산패 식품 |
| 호박산(succinic acid) | $CH_2COOH$<br>\|<br>$CH_2COOH$ | 포도, 딸기, 사과, 청주, 조개류 |
| 사과산(malic acid) | $CH_2COOH$<br>\|<br>$CHOHCOOH$ | 사과 및 기타 과실(복숭아, 포도 등) |
| 주석산(tartaric acid) | $CHOHCOOH$<br>\|<br>$CHOHCOOH$ | 포도, 파인애플, 죽순 |
| 구연산(citric acid) | $CH_2COOH$<br>\|<br>$HO-C-COOH$<br>\|<br>$CH_2COOH$ | 감귤류, 포도 및 기타 과실 |
| 글루코산(giuconic acid) | $HOOC(COOH)_4CH_2OH$ | 곶감, 양조식품 |
| 비타민 C(ascorbic acid) | ┌─O─┐<br>$CO-C=C-CHCHOHCH_2OH$<br>\| \|<br>HO OH | 감귤류, 채소류, 기타 과실류<br>(산화 방지력 있음) |

### (3) 산미료

식품의 신맛은 대체로 향기를 동반하는 경우가 많으며, 미각을 자극시켜 식욕을 증진시켜 주는 효과가 있다.

산미료(Acidulent)는 식품에 신맛을 부여할 뿐만 아니라 향미료, 완충제, 보존료, 상승제 등의 목적과 기능에 의하여 식품에 많이 사용된다.

우리나라에서 허가된 산미료의 종류로는 시트르산(citric acid), 빙초산(glacial acetic acid), 말산(malic acid), 락트산(lactic acid), 타르타르산(tartaric acid), 아세트산(acetic acid), 숙신산(succinic acid), 푸마르산(furmaric acid), glucono−δ−lactone 등이 있으며 종류에 따라 용도와 사용법이 다르다.

## 4) 쓴맛 성분

쓴맛(bitter taste)은 여러 가지 식품의 맛의 구성 성분으로서 단맛 또는 신맛과 조합되어 나타나며 매우 예민하게 느껴진다.

식품 중의 쓴맛을 나타내는 물질들은 그 화학 구조에 따라 알칼로이드, 배당체, 케톤류, 무기염류 등으로 구분된다.

### (1) 알칼로이드(alkaloids)

알칼로이드는 식물염기라고도 하며, 식물체에 들어 있는 질소를 포함하는 염기성 유기화합물의 총칭으로서 식물계에 널리 분포한다. 동물에 대해서 매우 특이하면서도 강한 생리작용을 나타내고, 인체 내에서는 특수한 약리 작용을 가지며 쓴맛을 나타내는 것이 많다. 화학적으로 매우 광범위한 물질이며, 현재 250종 이상의 것이 알려져 있다. 보통 식품 중에는 대부분 함유되어 있지 않으나, 대표적인 것으로 차나 커피에 들어 있는 카페인(caffeine), 코코아, 초콜릿에 있는 테오브로민(theobromine) 등이 있고 퀴닌, 니코틴, 몰핀, 코카인 등도 쓴맛을 내는 알칼로이드이다. 이 중 퀴닌(quinine)은 쓴맛의 표준물질로 사용되며, 일부의 청량음료에서 쓴맛을 내기 위해 사용되기도 한다.

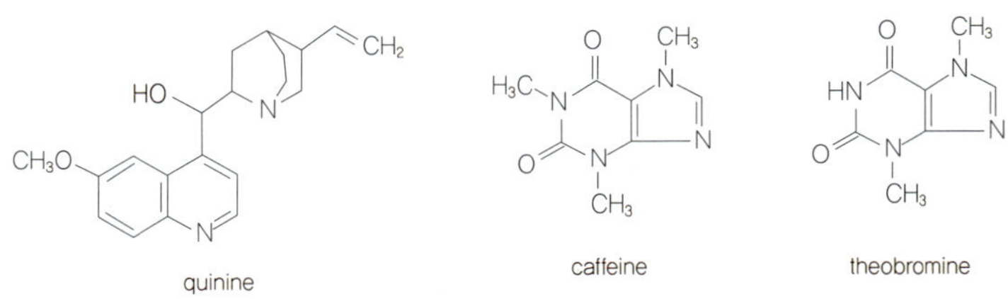


[그림 11-3] 쓴맛을 내는 알칼로이드 구조

### (2) 배당체

배당체는 식물계에 널리 분포되어 있으며 주로 과실이나 채소의 쓴맛 성분을 이루고 있다.

식품 중의 쓴맛을 나타내는 배당체로 잘 알려진 것으로는 감귤류, 특히 자몽의 쓴맛 성분인 나린진(naringin), 오이 꼭지 부위에 들어 있는 큐커비타신(cucurbitacin), 양파 껍질의 케르세틴(quercetin) 등이 있다. 또한 감귤류에는 지연성 쓴맛 성분(delayed bitterness)으로 알려진 리모닌(limonin)이 있는데, 이것은 신선한 과즙의 상태에서는 쓴맛이 없으나 조직을 압착하면 감귤류 껍질의 내부에 함유되어 있는 limonin 전구물질이 과즙에 들어가 유기산에 의해 가수분해되어 쓴맛을 가진 limonin을 형성하게 된다.

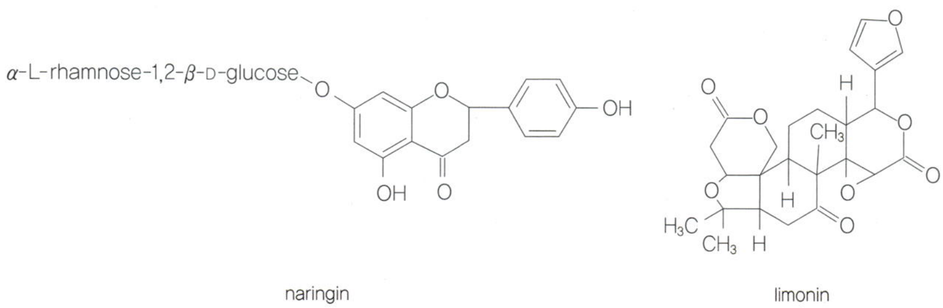


[그림 11-4] 나린진과 리모닌의 화학 구조

### (3) 케톤류

케톤류로서는 호프(Humulus lupulus) 암꽃 중에 존재하는 알파-산(α-acid)으로 알려진 후물론(humulone) 및 그 유도체와 베타-산(β-acid)으로 알려진 루프론(lupulone) 및 그 유도체 등이 있으며, 이들은 맥주 제조 과정 중의 가열, 발효 과정에서 이소-알파-산(iso-α-acid)과 이소-베타-산(iso-β-acid)으로 이성화되어 맥주 특유의 쓴맛을 갖게 된다.

이들 성분은 모두 항균력이 강하여 맥주를 양조할 때 변패 방지의 역할을 하며, 체내에서도 장내 세균을 억제한다.

이 밖에도 고구마를 저장할 때 곰팡이의 기생으로 검은 반점이 생겨 쓴맛을 가지는 경우가 있는데, 이 성분은 이포메아마론(ipomeamarone; furan의 유도체)이며 독성을 가지고 있다.

### (4) 무기염류 및 기타

무기염류 중에서 간수에 함유되어 있는 염화칼슘($CaCl_2$)이나 염화마그네슘($MgCl_2$)은 쓴맛을 가진다. 또한 무기염류 중에서는 $Ca^{2+}$, $Mg^{2+}$, $NH_4^+$ 등의 양이온이 쓴맛을 나타낸다.

아미노산 중에서 쓴맛을 가지는 것은 L-루이신, L-페닐알라닌, L-타이로신, L-트립토판 등이 있으며, 치즈 숙성 시와 같이 단백질을 효소적으로 가수분해할 때에도 쓴맛을 가지는 펩톤(peptone)류가 형성된다.

## 5) 감칠맛 성분

최근 제5의 맛이라고 하는 감칠맛은 다시마, 쇠고기, 버섯 등에서 느낄 수 있는 맛으로서, 고깃국물, 조개류, 젓갈류 등의 단백질 성분에 많이 들어 있으며 간장, 된장 등에도 들어 있다.

### (1) 아미노산 및 펩타이드류

감칠맛은 단백질의 발효 중에 가수분해에 의해 생성된 아미노산 성분들이 감칠맛을 나타낸다. 감칠맛의 대표적 성분인 MSG(monosodium L-glutamate)는 미역, 다시마의 감칠맛 성분으로 Ikeda(1908)에 의해 처음 분리된 이래 감칠맛 성분의 조미료로 널리 사용되고 있다. MSG는 글루탐산(glutamic acid)의 함량이 많은 밀이나 옥수수 또는 콩 단백질인 글루텐(gluten)을 가수분해하여 만들었으나, 최근에는 당밀을 원료로 하여 glutamic acid 발효균(Brevibacterium lactofermentum 등)을 이용한 발효법에 의해 대량 생산하고 있다.

Glutamic acid는 모노소듐 글루타메이트(monosodium glutamate)와 디소듐 글루타메이트(disodium glutamate)가 있으나 monosodium glutamate만 감칠맛이 있으며 또한 monosodium glutamate는 L-형과 D-형이 존재하나 L-형만이 감칠맛을 가진다.

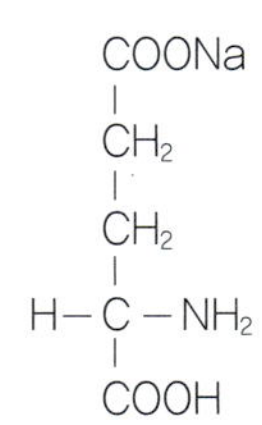

[그림 11-5] MSG(monosodium L-glutamate)의 구조

또한 조개류, 새우, 게 등에 다량 함유되어 독특한 풍미의 감칠맛을 주는 성분인 글리신(glycine)은 특히 겨울철에 많이 함유되어 있으며, 여름철에는 이 글리신(glycine)이 methyl화 형태의 베타인(betaine)에 의하여 감칠맛을 나타낸다. 또한 어류나 육류의 감칠맛 성분으로는 글리신의 유도체라고 할 수 있는 크레아틴(creatine)이나 크레아티닌(creatinine)이 있다.

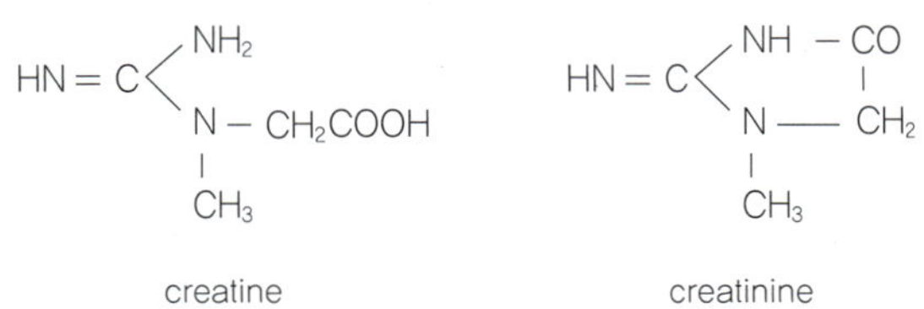

[그림 11-6] 크레아틴(creatine)과 크레아티닌(creatinine)의 구조

아스파라긴(asparagine)과 글루타민(glutamine)은 각각 아스파트산(aspatic acid)과 글루탐산(glutamic acid)의 아마이드(amide)로 어류, 육류 및 채소에 함유되어 있는 감칠맛 성분이다. 차의 성분인 테아닌(theanine)은 아미노산의 일종으로 L-글루탐산(glutamic acid)의 Υ-에틸아마이드(ethylamide)이다.

감칠맛을 내는 펩타이드(peptide)에는 어류와 육류에 함유되어 있는 카르노신(carnosine)과 안세린(anserine)이 있으며, 이는 각각 β-alanine(알라닌)과 L-histidine(히스티딘)의 dipeptide(β-alanyl-L-histidine), β-alanine(알라닌)과 1-methylhistidine(메틸 히스티딘)의 dipeptide(N-β-alanyl-1-methylhistidine)이다.

이 외에도 동식물계 식품에 널리 분포하는 tripeptide 형태의 글루타치온(glutathione)도 감칠맛을 나타낸다.

### (2) 콜린(choline) 및 그 유도체

콜린(choline) 및 콜린 염기에 속하는 베타인(betaine)과 카르니틴(carnitine)은 동식물계에 널리 분포하고 있는데, 그중 베타인은 메틸기를 세 개 가진 아미노산으로서 어류의 근육에는 0.1% 이하로 존재하지만, 오징어, 문어, 새우 등의 수산무

척추동물의 근육에는 어류보다 많이 존재하며, 이 외에도 비트나 두류, 무, 구기자 등에도 들어 있다.

콜린은 비타민 B 복합체의 하나로 동식물 조직에 유리 및 결합물의 상태로 분포하는 감칠맛 성분이다.

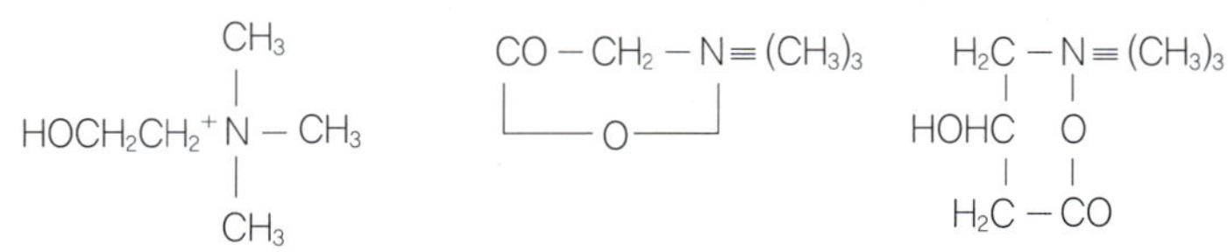

[그림 11-7] 콜린(choline), 베타인(betaine) 및 카르니틴(carnitine)의 구조

### (3) 퓨린(Purine) 염기 및 뉴클레오타이드(nucleotide)류

퓨린(Purine) 염기인 아데닌(adenine), 구아닌(guanine), 히포산틴(hypoxanthine), 잔틴(xanthine) 그리고 구아닌의 산화 생성물인 구아니딘(guanidine), 메틸구아니딘(methyl guanidine)도 어류나 육류에 들어 있는 감칠맛 성분이다.

뉴클레오타이드(nucleotide)는 핵산의 구성 성분으로 감칠맛을 내는 것으로 알려졌으며, 그 종류로는 5′–GMP(guanosine 5′–monophsphate), 5′–IMP(inosine 5′–monophosphate), 5′–XMP(xanthine 5′–monophosphate) 등이 있다.

5′–GMP는 표고버섯, 송이버섯의 중요한 감칠맛 성분이고, 5′–IMP는 쇠고기, 돼지고기, 닭고기, 어류의 중요한 감칠맛 성분이다. 또한 이들 리보뉴클레오타이드(ribonucleotide)류의 풍미 강화 효과의 크기는 5′–GMP(2.3)〉 5′–IMP(1)〉 5′–XMP(0.61)의 순서로 알려져 있다.

이러한 핵산계 조미료가 감칠맛을 갖기 위해서는 퓨린 염기의 C6의 –OH기와 리보스(ribose)의 C5 위치가 인산화되어 있어야 한다.

한편, 핵산계 조미료로서 시판되고 있는 리보뉴클레오타이드류는 MSG의 맛과는 약간 다르나, 함께 혼합하면 감칠맛이 상승하고 식품의 신맛이나 쓴맛을 억제하는 기능이 있다. 주로 사용되는 리보뉴클레오타이드류는 5′–GMP 또는 5′–IMP

의 나트륨염이며, MSG와 함께 사용할 때 서로의 풍미 강화 효과를 크게 상승시켜 주는 작용을 한다.

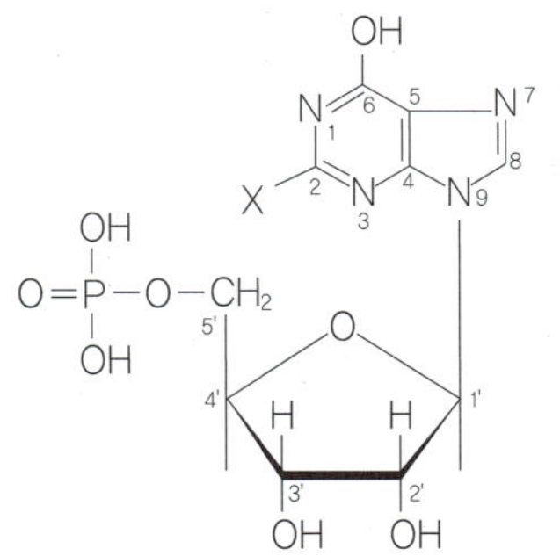

(X 위치에 오는 분자의 종류에 따라 그 종류가 달라진다.)

① −NH2 : 5′− GMP ② −H : 5′− IMP ③ −OH : 5′− XMP

[그림 11−8] 리보뉴클레오타이드(Ribonucleotide)의 구조

## 6) 기타의 맛 성분

### (1) 매운맛 성분

앞에서 언급했듯이, 매운맛은 순수한 미각이라기보다는 혀 · 구강 · 비강 등의 점막을 자극하는 생리적인 통각으로 미각신경을 강하게 자극함으로써 느껴지는 기계적 자극현상이다. 식품의 매운맛은 그들이 함유하는 성분이 다르기 때문에 그 종류에 따라 느끼는 맛이 조금씩 다르다. 식품 중의 매운맛을 나타내는 물질들은 그 화학 구조에 따라 방향족 알데하이드(aldehyde) 및 케톤(ketone)류, 산 아마이드(acid amide)류, 유황화합물, 아민(amine)류 등으로 구분된다.

〈표 11-6〉 식품 중의 매운맛 성분과 그 함유 식품

| 화학 구조 | 매운맛 성분의 종류 | 함유 식품 |
|---|---|---|
| 방향족 알데하이드(aldehyde) 및 케톤(ketone)류 | cinnamic aldehyde | 계피 |
| | zingerone, shogaol, gingerol | 생강 |
| | curcumin | 울금 (curry 분) |
| | vanillin | vanilla 콩 |
| 산 아마이드(acid amide)류 | capsaicin | 고추 |
| | chavicine, piperine | 후추 |
| | sanshool | 산초 |
| 아민(amine)류 | histamine | 썩은 생선, 변패 간장 |
| | tyramine | |
| 유황화합물 | 겨자유 | 겨자 |
| | allyl isothiocyanate | 흑겨자, 고추냉이, 무 |
| | ρ-hydroxybenzyl isothiocyanate | 백겨자 |
| | allicine | 마늘, 양파 |
| | dimethyl sulfide | 파래, 아스파라거스, 고사리, 파슬리 |
| | divinyl sulfide, dialkyl sulfide propylallyl sulfide | 부추, 파, 양파 |

### ① 방향족 알데하이드(aldehyde) 및 케톤(ketone)류

생강의 매운맛 성분으로는 진저론(zingerone), 쇼가올(shogaol), 진저롤(gingerol) 등의 바닐 케톤(vanillyl ketone)류 등이 알려져 있다.

울금(curry powder)의 매운맛 성분은 커큐민(curcumine)으로 알려진 황색 결정이다. 커큐민(curcumine)은 Curcuma longa Linn(Zingiberaceae)의 뿌리에서 추출된 폴리페놀 성분의 노란색 향신료로 카레 특유의 노란색을 띠게 하며, 항종양, 항산화, 항아밀로이드와 항염증작용을 가지고 있는 것으로 알려져 있다.

바닐린(vanillin)은 바닐라콩에서 추출한 바닐라향이 나는 방향족 알데하이드의 하나로 무색의 고운 가루이다. 음식의 단맛을 더해 주는 바닐라 향의 원료로서, 초콜릿, 아이스크림, 캔디 등의 향료로 널리 쓰인다.

계피에 함유되어 있는 계피유의 주요 성분인 신남알데하이드(cinnamic aldehyde)는 노란색의 유동성 액체로 매운맛을 가진 향기 성분으로 알려져 있다.

### ② 산 아마이드(acid amide)류

산 아마이드(acid amide)류는 암모니아($NH_4$)의 수소(H)가 아실기(RCO)로 치환한 화학 구조를 갖는 화합물의 총칭이며, 매운 맛을 가지는 산 아마이드(acid amide)류는 고추 매운맛의 주성분인 캡사이신(capsaicin), 후추의 매운맛 성분인 차비신(chavicine)과 피페린(piperine), 산초의 매운맛 성분인 산쇼올(sanshool)이 있다.

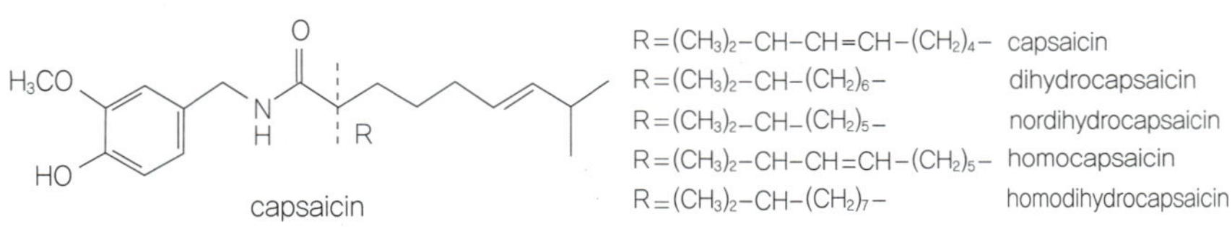


[그림 11-9] 산 아마이드류의 구조 및 종류

후추의 매운맛 성분은 차비신(chavicine)과 피페린(piperine)이며, 이들은 입체이성질체로 차비신(chavicine)은 cis형이고 피페린(piperine)은 trans형이다.

### ③ 아민(Amine)류

부패한 생선이나 변패한 간장에 함유되어 있는 히스티딘(histidine) 및 티록신(tyrosine) 등의 아미노산이 세균에 의하여 탈탄산되어 독특한 매운맛 성분인 히스타민(histamine)과 티라민(tyramine)을 생성한다.

이들 부패 아민류[(히스타민(histamine), 아그마틴(agmatine), 티라민(tyramine), 트립타민(tryptamine)]는 주로 어육에 있어서 어육단백질 내 아미노산의 부패 과정에서 히스티딘이 세균에 의한 탈탄산화에 따라 축적되면 특히 히스티딘 함량이 높은 어류(꽁치, 고등어, 정어리, 참치, 방어 등의 붉은 살의 어류)에서 알레르기와 유사한 식중독을 일으키기도 한다.

④ 유황화합물

휘발성의 유황화합물은 일반적으로 특유의 매운맛을 가지고 있다. 겨자유(mustard oil)에 속하는 매운맛 성분은 식물체 내에 존재하는 배당체에서 유래한다. 검은 겨자나 고추냉이에 물을 넣고 갈아 주면 세포가 파괴되어 배당체인 시니그린(sinigrin)에 효소 마이로시나제(myrosinase)가 작용하여 매운맛 성분인 알릴 이소티오시아네이트(allyl isothiocyanate)를 생성한다. 흰겨자에는 배당체인 신알빈(sinalbin)에 효소 마이로시나제(myrosinase)가 작용하여 매운맛 성분인 파라-히드록시벤질 이소티오시아네이트(*p*-hydroxybenzyl isothiocyanate)를 생성한다.

마늘, 양파, 파 등의 파류의 매운맛 성분은 디비닐설파이드(divinyl sulfide), 디알킬설파이드(dialkyl sulfide), 프로필-알릴설파이드(propyl-allyl sulfide) 등의 알릴설파이드(allyl sulfide)류이다. 파래, 고사리, 아스파라거스 등에도 온건한 매운맛 성분으로 디메틸설파이드(dimethyl sulfide)가 함유되어 있다.

또한 마늘에 함유되어 있는 알린이 효소 알리나제에 의하여 매운맛 성분인 알리신을 생성한다. 이 알리신은 티아민(비타민 $B_1$)과 결합하여 알리티아민이 되어 티아민(비타민 $B_1$)의 효과를 높이기도 한다.

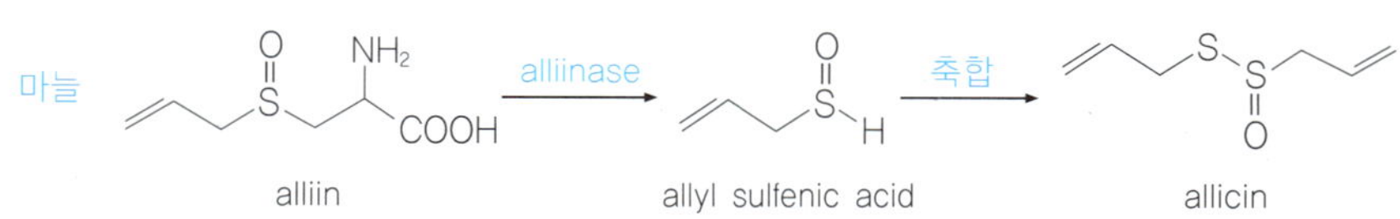


[그림 11-10] 알린의 알리신화 변환 과정

## (2) 떫은맛(astringent taste) 성분

떫은맛(astringent taste)은 수렴성의 감각으로서, 입안의 표피 단백질을 일시적으로 변성 응고시킴으로써 일어나는 미각신경의 마비 또는 수축 작용에 의하여 느껴진다. 식품 성분에는 감 및 차에 있는 탄닌류가 있다.

① 탄닌류

식품에서 주로 떫은맛의 원인인 탄닌은 많은 식물에 널리 분포하며, 여러 폴리페놀류가 중합한 복잡한 구조의 고분자물질(분자량 600~2000)로 단백질이나 기타 고분자 화합물과 결합하여 응고를 일으킨다. 화학 구조가 불분명한 것이 많지만 묽은 산과 가열하면 가수분해되어 갈릭산(gallic acid)이나 엘라그산(ellagic acid) 등을 생산하는 가수분해형 탄닌과 중합하여 물에 불용성인 적갈색 무정형 고형물인 phlobaphene을 형성하는 축합형 탄닌으로 분류된다.

탄닌 성분은 카테킨(catechin), 갈릭산(gallic acid) 및 그 유도체들이며, 이들 탄닌이 산화 또는 중합되어 물에 불용성이 되면 단백질 응고 능력이 없어지고 떫은맛도 나지 않는다.

찻잎의 떫은맛은 주로 카테킨(catechin), 갈릭산(gallic acid), 에피갈로카테킨 갈레이트(epigallocatechin gallate)에 의한 것이며, 이들 탄닌은 녹차의 경우는 대부분이 그대로 잔존하지만 홍차의 경우는 발효 과정 중에 산화되어 테아플라빈(Theaflavin)을 형성하여 떫은맛이 감소한다.

한편, 각종 차에는 페놀릭산(phenolic acid)의 일종인 테오갈린(theogallin)이 함유되어 있어 차의 고유한 맛을 낸다. 특히 녹차는 그 고유한 맛을 내는 아미노산의 일종인 테아닌(theanine)을 함유하고 있다.

감의 떫은맛은 갈릭산(gallic acid)과 프로로글루시놀(phloroglucinol)의 축합물인 시부올(shibuol)에 의한 것이다. 덜 익은 감의 떫은맛은 감의 성숙도에 따라 과실 내부에 생성된 알코올이나 알데하이드가 수용성 시부올과 중합하여 불용성 물질을 형성함으로써 떫은맛의 강도가 줄어든다.

밤 속껍질의 떫은맛은 2분자의 갈릭산(gallic acid)이 축합한 엘라그산(ellagic acid)에 의한 것이며, 커피의 떫은맛은 카페인산(caffeic acid)과 퀸산(quinic acid)이 축합한 클로로겐산(chlorogenic acid)에 의한 것이다.

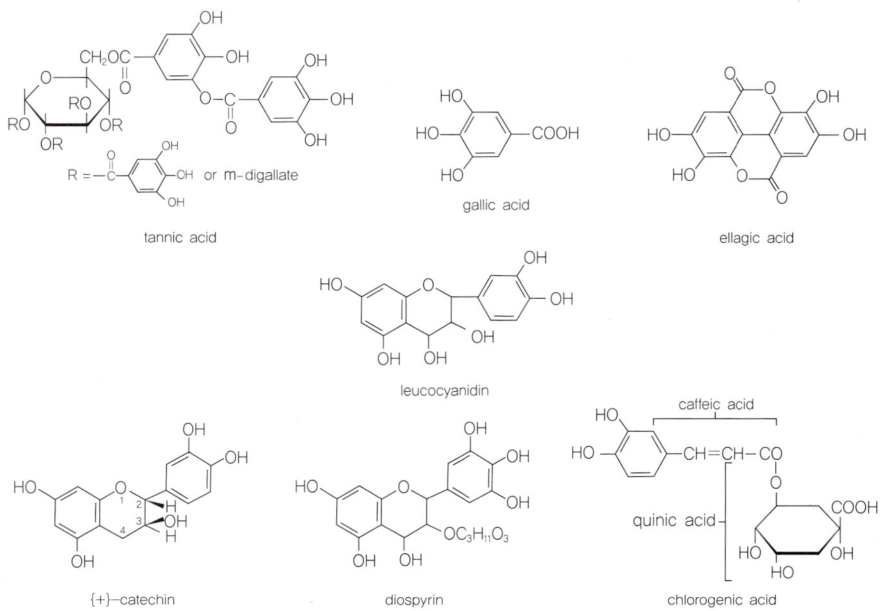


[그림 11-11] 떫은맛 성분의 구조

② 지방산, aldehyde류

정어리나 청어 등의 수산 건제품이나 훈제품 등 지질이 많은 식품을 장기간 저장하였을 때 떫은맛이 나타나는 경우가 있다. 이것은 지방의 산패에 의하여 형성된 일부의 유리 지방산이나 aldehyde가 떫은맛을 내는 것이다. 떫은맛을 가지는 유리 상태의 불포화지방산으로는 아라키돈산(arachidonic acid), 클루파노돈산(clupanodonic acid) 등이 있다.

### (3) 아린 맛(Acrid taste) 성분

아린 맛은 쓴맛과 떫은맛이 혼합된 듯한 불쾌한 맛이다.

아린 맛을 내는 성분으로는 $Ca^{2+}$, $Mg^{2+}$, $K^{+}$ 등의 무기염류, 탄닌(tannin)류, 알데하이드(aldehyde), 유기산 등으로 알려져 있다. 특히 죽순, 토란, 우엉의 아린 맛 성분은 페닐알라닌(phenylalanine)이나 타이로신(tyrosine)에서 생성된 호모젠티스산(homogentisic acid)이다.

### (4) 알칼리맛(Alkaline taste)과 금속맛(metallic taste) 성분

알칼리맛은 나무의 재나 중조($NaHCO_3$) 등에서 느낄 수 있는 맛으로, 수산 이온($OH^-$)에 의한 것이다.

금속맛은 수저나 식기 등에서 느낄 수 있는 맛으로 철(Fe), 은(Ag), 주석(Sn) 등의 금속 이온이 띠는 약한 맛이다.

### (5) 교질맛(Colloidal taste) 성분

교질맛은 교질성의 감각으로서 식품이 혀의 표면과 입 속의 점막에 물리적으로 접촉될 때 느껴진다. 이 감각은 주로 식품 중의 고분자 화합물인 다당류나 단백질의 교질 상태에 의해 좌우된다.

예를 들면, 곡류 등의 전분질 식품은 가열에 의해 α-전분이 생겨 친수성이 될 때 촉감이 좋고, 찹쌀밥은 친수성이 강한 아밀로펙틴(amylopectin)이 많아 끈기가 세다. 그 밖에 과실의 펙틴(pectin), 글루텐(gluten), 다시마 등 해조류의 다당류, 식물성 gum, 동물성의 뮤신(mucin), 뮤코이드(mucoid), 젤라틴(gelatin) 등은 점성을 가진 교질맛 성분들이다.

# 4. 맛의 변화

## 1) 가열조리에 의한 맛의 변화

일반적으로 가열에 의해 식품을 구성하는 세포의 조직이나 원형질에 변화가 일어나고 또한 세포 내에서 수분이 침출되어 삼투압의 변화에 의해 조미액이 쉽게 내부로 들어가는 등의 다양한 맛의 변화를 가져오며, 성분의 일부는 물리적이나 화학적 변화를 일으킴으로써 독특한 맛을 나타내기도 한다.

곡류 등의 전분질 식품은 가열에 의해 전분의 호화나 단백질 변성이 일어나 식품에 교질맛을 주게 되고, 무나 양파를 삶을 때 각각의 매운맛 성분인 디알릴디설파이드(diallyl disulfide)가 단맛이 있는 메틸멀캅탄(methyl mercaptan)이나 프로필멀캅탄(prophyl mercaptan)으로 변화되어 단맛이 증가하게 된다.

식품에 물을 가하여 가열하게 되면 식품에서 좋지 않은 맛이나 냄새를 제거할 수 있다. 채소류 등을 삶으면 아린 맛을 제거할 수 있고, 고기 종류는 끓는 물에 삶음으로써 지방질과 냄새 성분을 제거할 수 있다.

또한 감칠맛 성분이 함유된 다시마, 말린 멸치, 말린 가다랑어, 고기, 버섯 등의 식품들을 가열하여 맛을 내는 성분들을 침출시켜 그 국물을 조미액으로 사용할 수 있다.

### 2) 발효에 의한 맛의 변화

식품은 미생물에 의해 맛 성분이 변하게 되며 미생물에 의한 발효 또는 숙성 과정에 독특한 맛을 가지게 된다. 간장, 된장의 맛은 원료 중의 탄수화물, 단백질이 미생물에 의하여 분해되어 생성된 당분, 아미노산, 염기류 등이 혼합되어 나타난 맛이다. 김치류의 맛은 탄수화물의 분해로 생성된 초산, 젖산 등에 의한다.

젓갈류의 맛은 숙성 과정 중 자가효소나 미생물의 효소작용에 의해 어육 단백질이 서서히 분해되어 생성된 유리 아미노산에 의해 주로 나타난다.

### 3) 부패에 의한 맛의 변화

식품은 미생물에 의하여 발효뿐만 아니라 변패되어 맛이 변하기도 한다. 부패한 식품은 불쾌한 맛을 나타내게 된다. 밥이 쉬게 되면 초산에 의해 신맛을 띠고, 오래된 청국장은 단백질의 분해로 생성된 펩톤에 의하여 쓴맛을 띤다.

또 오래된 생선은 지방의 분해로 생성된 일부 유리 지방산, 알데하이드(aldehyde) 등에 의한 떫은맛이나 아미노산의 분해로 생성된 히스타민(histamine), 티라민(tyramine) 등에 의한 매운 맛을 나타낸다.

### 4) 숙성에 의한 맛의 변화

고기의 숙성이란 도축한 고기를 빙점 이상의 온도에서 장기간 보관하여 연도나 보수력, 풍미를 개선하는 것으로, 도축 직후는 거의 살아 있을 때의 근육, 즉 강직 전의 근육 상태에 있게 되나 도축 후 시간 경과에 따라 근육이 단단하게 굳어지고 신전성(늘어나는 성질)이 없어지면서 연도와 보수성이 떨어지는 현상인 사후강직 상태가 되어 고기는 질긴 상태로 변화하게 되는데, 상당히 질겨질 뿐만 아니라 풍미도 떨어짐에 따라 이를 개선하기 위해 일정 기간 동안 숙성을 시키게 된다.

고기가 숙성 과정을 거치면 단백질 분해효소에 의한 자기소화의 결과로 고기는 연해지고 ATP 등의 핵산이 IMP 등의 정미성분으로 분해되고, 지방과 단백질도 일부 분해되면서 발생되는 것으로 풍미가 증진된다. 그러나 지나친 숙성은 미생물의 번식과 지방 산패를 유발할 가능성이 높아 오히려 육질 저하를 가져오게 되므로 적당한 숙성방법과 기간을 지키는 것이 매우 중요하다. 숙성 기간은 축종, 품종, 연령에 따라 차이가 있지만, 고기 보관 온도가 높으면 숙성이 빨리 진행되는데 반해 세균의 번식이 왕성해지게 되므로 보통 4℃ 내외의 온도에서 도축 후 쇠고기는 7~14일, 돼지고기 1~2일, 닭고기 8~24시간이 적당한 것으로 알려져 있다.

또 다른 숙성에 의한 맛의 변화로는 포도주의 숙성을 들 수 있다. 발효가 갓 끝난 와인은 이스트 냄새나 탄산가스 등이 섞여 있어 냄새가 좋지 않고 맛이 거칠기 때문에 몇 개월에서 몇 년의 숙성 기간을 두면서 여러 가지 변화를 서서히 유도한다. 숙성 가능 정도는 포도 품종, 양조 방식, 포도주 생산 지역 등에 따라 상이하며, 포도주의 보관 상태에 따라서도 숙성 정도가 달라진다. 하지만 대부분의 포도주는 장기 숙성에 적합하지 않아, 90% 이상의 포도주는 생산 후 1년 이내~생산 후 5년 이내에 마시는 것이 적절하다. 이 숙성 기간 중에 거친 맛의 사과산이 젖산으로 변하면서 맛이 부드러워지고, 물 분자와 알코올의 회합에 의한 알코올맛의 순화와 에스터(ester)화에 의한 향의 생성, 오크(oak)통에서 우러나는 색소에 의한 갈변, 참나무향과 탄닌의 용출 등에 의하여 독특한 맛으로 변하게 된다.

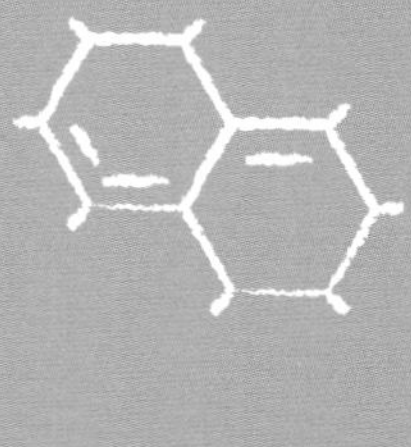

# Food Chemistry

Chapter 12

# 식품의 색

1. 자연색소의 분류
2. 식물성 색소
3. 동물성 색소

식품의 색은 식품 고유의 특징을 나타내고 각 식품의 형태, 크기, 향미 등과 함께 선택의 중요한 요소로 작용된다. 이렇게 식품 품질에 중요한 역할을 하는 색은 천연에 존재하는 천연색소가 대표적이다. 천연색소의 경우 식품 급원에 따라 식물에서 유래된 식물성 색소와 동물에서 유래된 동물성 색소로 분류된다.

## 1. 자연색소의 분류

### 1) 식물성 색소

식물성 식품의 색은 크게 지용성 색소와 수용성 색소로 구분할 수 있다. 지용성 색소의 경우 식물세포의 원형질(protoplasts)의 유색체(plastid)에 존재하며, 세포액에 녹아 있는 수용성 색소로 분류할 수 있다. 지용성 색소는 클로로필(chlorophylls)과 카로티노이드(carotenoids) 등이 있으며, 수용성 색소로는 안토사이아닌(anthocyanins), 안토잔틴(anthoxanthins) 등이 있다.

### 2) 동물성 색소

동물성 식품의 색은 크게 헴류, 카로티노이드류, 기타 색소로 분류할 수 있다. 동물의 근육, 혈액 등이 적색인 이유는 동물성 색소에 기인한다. 동물성 색소의 가장 중요한 헴류계 색소로는 근육에 존재하는 미오글로빈(myoglobin), 혈액에 존재하는 헤모글로빈(hemoglobin)이 있다. 난황, 새우, 게 등에 존재하는 카로티노이드류 색소와 피부 검은 반점의 원인 색소로 기타 색소인 멜라닌이 대표적인 동물성 색소이다.

〈표 12-1〉 자연색소의 분류

<table>
<tr><th>급원</th><th>특성</th><th colspan="2">색소</th><th>대표적 급원식품</th></tr>
<tr><td rowspan="5">식물성</td><td rowspan="2">지용성</td><td colspan="2">클로로필</td><td>녹색식품</td></tr>
<tr><td colspan="2">카로티노이드</td><td>노랑·주황 식품</td></tr>
<tr><td rowspan="3">수용성</td><td rowspan="3">프라보노이드류</td><td>안토잔틴</td><td>백색 식품</td></tr>
<tr><td>안토사이아닌</td><td>적·자색 식품</td></tr>
<tr><td>탄닌</td><td>과일류, 무색 채소</td></tr>
<tr><td rowspan="6">동물성</td><td rowspan="2">헴류</td><td colspan="2">미오글로빈</td><td>근육</td></tr>
<tr><td colspan="2">헤모글로빈</td><td>혈액</td></tr>
<tr><td rowspan="4">기타</td><td colspan="2">루테인</td><td>난황</td></tr>
<tr><td colspan="2">아스타잔틴</td><td>새우, 게, 연어</td></tr>
<tr><td colspan="2">멜라닌</td><td>피부</td></tr>
<tr><td colspan="2">리보플라빈</td><td>생선</td></tr>
</table>

## 2. 식물성 색소

### 1) 클로로필

클로로필(chlorophyll)은 일반적으로 엽록체 속에 카로티노이드(carotenoid)와 공존하고 있는 청녹색의 색소로 그 구조에 따라 크게 4종류로 나누며, 클로로필 a, b, c, d로 분류된다. 클로로필 a, b는 고등식물계에 주로 존재하며 그 비율은 약 2~3:1이다. 클로로필 a는 청록색을 띠며, 클로로필 b는 황록색을 각각 나타낸다. 또한 클로로필 c, d는 해조류에 존재한다.

#### (1) 클로로필의 구조

클로로필은 마그네슘($Mg^{2+}$)을 중심 원자로 한 화합물이다. 즉, 포르피린(porphyrin) 고리의 중앙에 마그네슘이 결합되어 있는 테트라피롤(tetrapyrrole) 색소라 말할 수 있다([그림 12-1]).

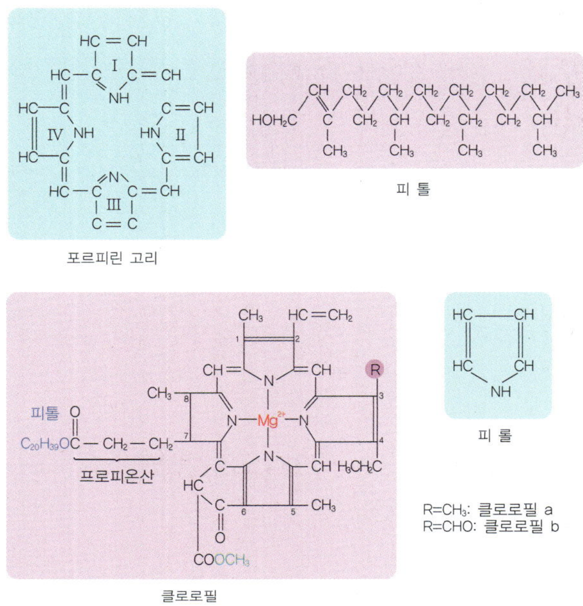


[그림 12-1] 클로로필과 포르피린의 구조

[그림 12-1]에서 보듯이 클로로필 a는 C-3에 메틸기가 결합되어 있고, 클로로필 b는 알데하이드기가 결합되어 있다. 또한 클로로필은 4개의 피롤 핵이 메틸기에 의해 서로 결합한 포르피린 고리의 중심에 마그네슘을 가지고 있으며, 파이톨기와 에스터 결합을 한 거대분자이다. 클로로필은 아세톤, 에테르, 벤젠 등에 녹는 지용성 색소이다.

### (2) 클로로필의 변화

클로로필은 거대분자로 비교적 안전한 물질이지만, 산·알칼리, 가열 공정 조리, 효소 처리(가공 시) 등 다양한 조건에 의하여 색이 변화하게 된다.

#### ① 산에 의한 변화

클로로필을 산으로 처리하면 포르피린에 결합되어 있던 마그네슘이 수소 이온으로 치환되어 녹갈색의 페오피틴(pheophytin)으로 된다. 클로로필 a가 b에 비해 페오피틴 전환 속도가 빠르며, 한번 수소 이온으로 치환된 클로로필은 다시 원래 색으로 돌아갈 수 없는 비가역 반응이다. 산의 작용이 계속되면 클로로필에 존재하는 phytyl ester group이 가수분해되어 갈색의 페오포바이드가 된다.

발효 식품의 일종인 오이김치, 오이피클의 경우 시간이 경과할수록 젖산 또는 초산의 함량이 증가하고 산성 환경에 놓인 오이의 클로로필이 작용하여 페오피틴이 되어 갈색으로 품질이 저하되는 것이 그 예이다. 산에 의한 갈변을 방지하기 위하여 가공 시 중탄산나트륨, 글루탄산염을 이용하여 약 알칼리성으로 하면, 마그네슘의 수소 치환을 방지할 수 있어 녹색을 유지할 수 있다.

[그림 12-2] 산에 의한 클로로필의 변화

② 알칼리에 의한 변화

클로로필 내 마그네슘은 알칼리에 의한 해리가 억제되어 매우 안정적이다. 클로로필에 알칼리 용액을 첨가하면 피톨기가 떨어져 나가 수용성인 녹색의 클로로필리드(chlorophyllide)가 되고, 계속하여 메틸에스터 결합이 가수분해되어 수용성의 진한 녹색의 클로로필린(chlorophylline)이 된다([그림 12-3]). 그러나 자연식품의 경우 알칼리성 식품은 거의 없으므로 실제 식품에서 일어나는 것을 보기는 어렵다. 일반적으로 녹색채소(시금치 등)를 삶을 때 중탄산나트륨(식소다, 중조)과 같은 알칼리를 가하면 녹색은 보존되지만 비타민 C와 같은 비타민들이 파괴되고 조직이 물러지는 현상이 동반된다. 조직 경도를 유지시키기 위해 탄산마그네슘과 초산칼슘의 혼합물을 소량 첨가하여 녹색을 안정화시키는 경우도 있다.

[그림 12-3] 알칼리에 의한 클로로필의 변화

③ 가열에 의한 변화

녹색 채소를 물에 끓이면 채소 조직의 부분적인 파괴로 액포 내의 휘발성 및 비휘발성 유기산들이 유리된다. 유리된 유기산에 의해 조리수가 산성으로 되어 클로로필은 페오피틴으로 변화하여 녹갈색이 된다. 한편, 채소를 가열할 때 많은 양의 물을 사용하면 유기산의 농도를 희석하여 클로로필이 페오피틴 전환을 다소 억제시킬 수 있다.

$Mg^{2+}$

클로로필(초록색) → 페오피틴(녹갈색)

가열, 유기산 생성

[그림 12-4] 가열에 의한 클로로필의 변화

> • 데치기(Blanching)에 의한 변화:
>
> 채소를 가열처리 할 경우 녹색이 갈색으로 변화되지만, 데치기를 할 경우 효소를 파괴하여 효소(대부분 산화효소)에 의한 변화를 억제함과 동시에 그 녹색이 선명해지는 효과가 있다. 이는 가열에 의한 클로로필의 분해를 최소화하여 결과적으로 페오피틴 전환을 최소화한다. 또한 데치기 시 낮은 온도(60~80℃)보다 높은 온도(100℃)에서 페오피틴 전환이 오히려 적다.

④ 효소에 의한 변화

클로로필라아제(chlorophyllase)는 식물의 조직 내에 존재하는 효소로 조직이 손상·파괴되면 유리되어 활성화된다. 클로로필라아제는 클로로필에 작용하여 파이틸(phytyl) 에스터 결합을 선택적으로 가수분해하여 클로로필리드(청록색)를 형성하고, 연속적으로 이어서 식물 조직 내의 산 또는 자가산화로 생긴 산에 의해 마그네슘이 유리되면서 페오포바이드(갈색)로 전환되어 녹색을 잃게 된다([그림 12-5]). 녹차의 녹색을 유지시키기 위하여 녹차 잎을 찌어(효소의 불활성) 가공하는 이유가 대표적이라 할 수 있다.

[그림 12-5] 효소에 의한 클로로필의 변화

#### ⑤ 금속에 의한 변화

금속 이온(구리, 철 등)과 함께 가열하면 클로로필의 마그네슘 이온이 구리, 철 등으로 치환되어 Cu-크로로필(선명한 청녹색), Fe-클로로필(선명한 갈색) 등이 생성된다. 일반적으로 완두콩 통조림을 만들 때 황산구리($CuSO_4$)를 첨가하여 완두콩 고유의 색이 퇴색되는 것을 방지한다.

## 2) 카로티노이드

카로티노이드(carotenoids)란 식물성 식품뿐만 아니라 동물성 식품에도 널리 분포하고 있는 지용성 색소로 yellow, orange, red의 색깔을 가지고 있다. 당근(carrot)에서 얻어지는 색소라 하여 최초 carotenes라 하였으며, 유사한 구조를 통칭하여 carotenoids라 명명해 지금까지 사용되어지고 있고 그 종류는 650종 이상으로 알려져 있다. 또한 식물에 클로로필과 공존하고 있어서 그 녹색에 가려 나타나지 않아 대부분의 채소가 녹색을 띠지만, 고추(청고추)의 경우 클로로필이 분해되면서 캡사이신(capsanthin)이 노출되어 황색 또는 붉은색의 색소가 나타난다.

### (1) 카로티노이드의 구조

카로티노이드는 산소 원자가 함유되지 않는 카로틴(carotene)류와 산소 원자가 함유되어 있는 잔토필(xanthophyll)류로 구별된다. 카로틴류는 α-카로틴, β-카로틴, γ-카로틴 및 라이코펜(lycopene)이 있으며, 잔토필류는 크립토잔틴, 루테인, 제아잔틴, 비올라잔틴, 아스타잔틴 및 캡산틴 등이 있다. 카로틴류 및 잔토필류는 [그림 12-6]과 같이 4개의 이오논(ionone; α-ionone, β-ionone, γ-ionone 및 pseudo-ionone) 핵을 양쪽 끝에 1개 이상 가지고 있으며, 이오논 핵의 종류에 따라 고유의 색 및 특성이 달라진다. 카로틴류 및 잔토필류의 구조와 함유 식품을 각각 〈표 12-2, 12-3〉에 나타내었다.

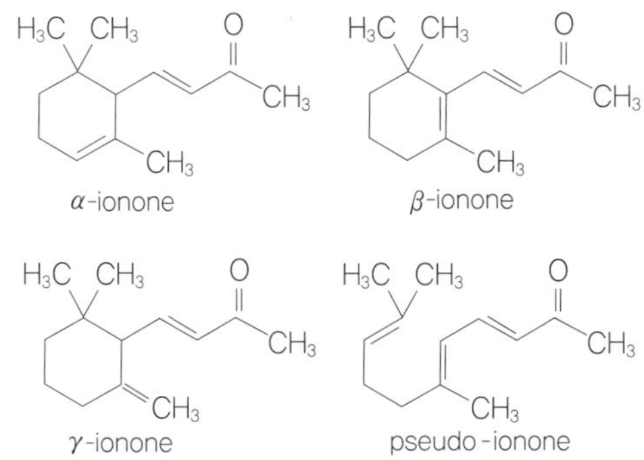


[그림 12-6] 카로티노이드의 기본 구조

〈표 12-2〉 식품 중의 대표적인 카로틴류

| 종류 | 색깔 | 구조 | 함유 식품 및 특성 |
|---|---|---|---|
| α-카로틴 | 노랑 | 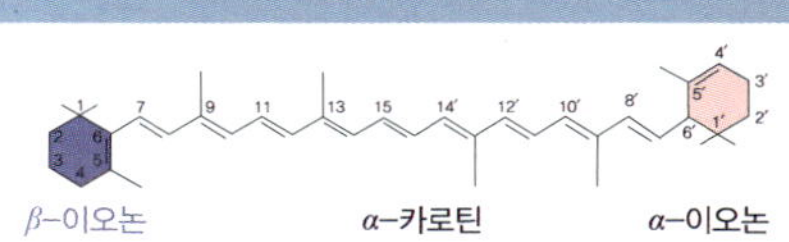 | • 당근, 찻잎<br>• 체내에서 1분자의 비타민 A 생성 |
| β-카로틴 | 노랑 | 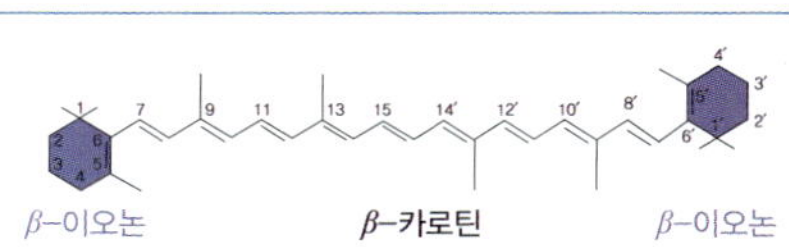 | • 당근, 고구마, 호박<br>• 체내에서 2분자의 비타민 A 생성 |
| γ-카로틴 | 노랑 | 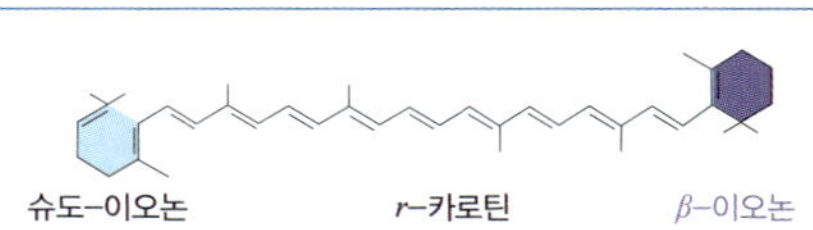 | • 당근, 살구, 팜유<br>• 체내에서 1분자의 비타민 A 생성 |
| 라이코펜 | 적색 | 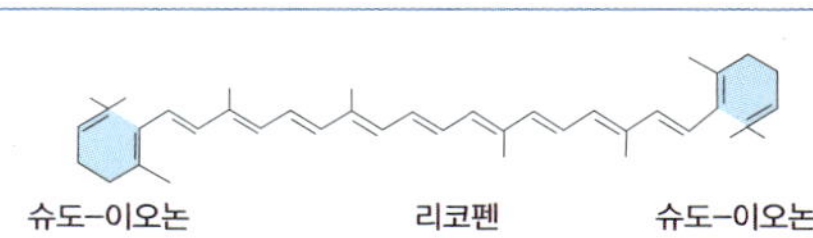 | • 수박, 토마토, 감<br>• 체내에서 비타민 A 효력 없음 |

〈표 12-3〉 식품 중의 대표적인 잔토필류

| 종류 | 색깔 | 구조 | 함유 식품 및 특성 |
|---|---|---|---|
| 크립토잔틴 | 노랑 | 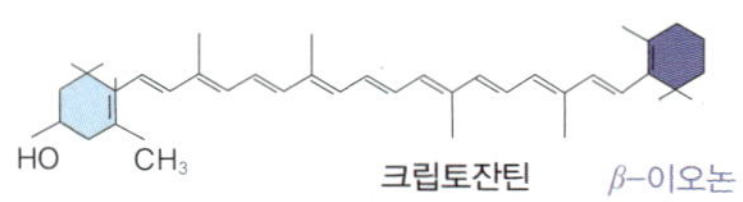 | • 옥수수, 감<br>• 체내에서 1분자의 비타민 A 생성 |
| 루테인 | 노랑 | 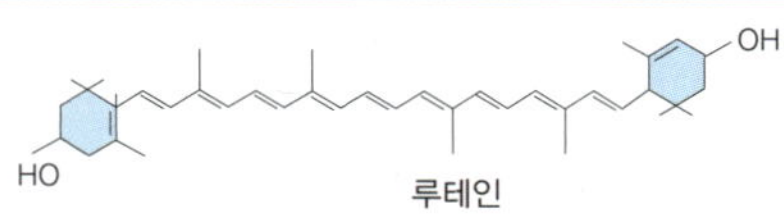 | • 난황, 녹색잎<br>• 체내에서 비타민 A 효력 없음 |
| 제아잔틴 | 노랑 | 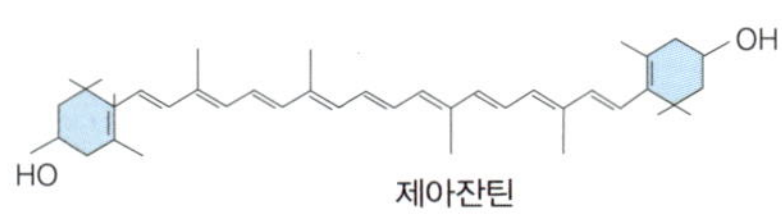 | • 난황, 간, 옥수수<br>• 체내에서 비타민 A 효력 없음 |
| 비올라잔틴 | 노랑 | 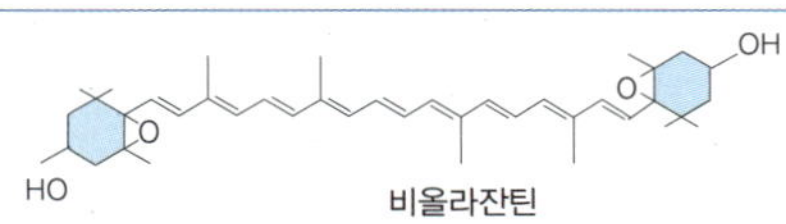 | • 자두, 고추, 감 |
| 아스타잔틴 | 적색 | 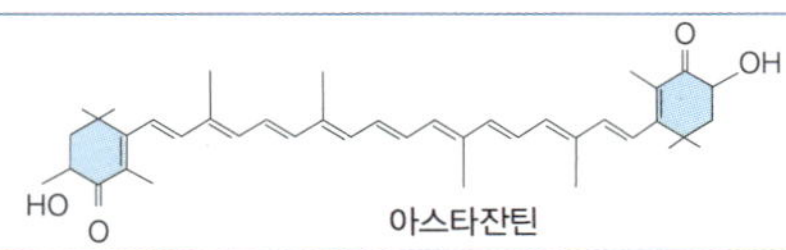 | • 게, 새우, 연어<br>• 결합형(청록색)<br>• 유리형(적색) |
| 캡산틴 | 적색 | 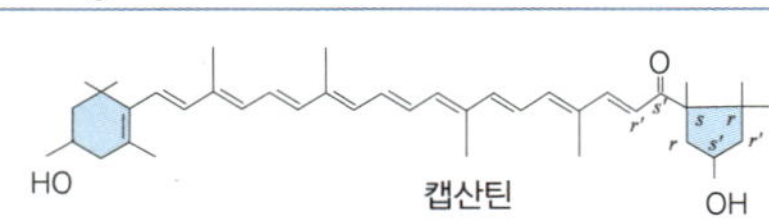 | • 고추, 파프리카 |
| 칸타잔틴 | 적색 | 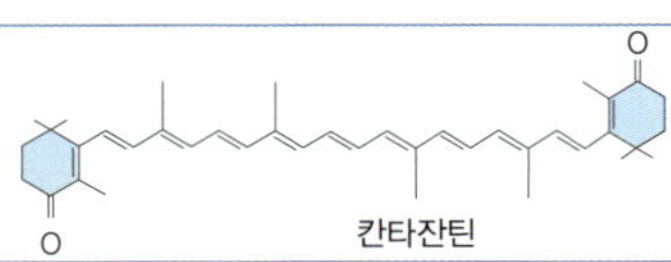 | • 양송이, 송어, 새우 |
| 푸코잔틴 | 적색 | 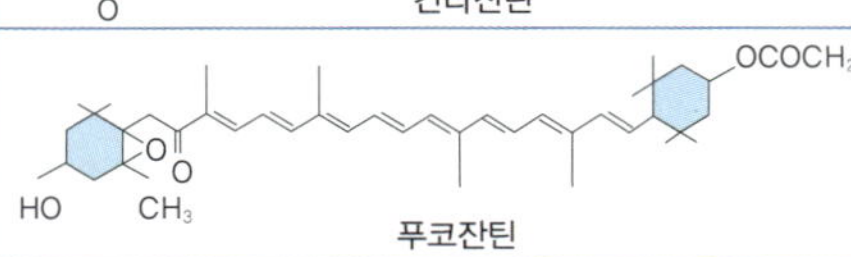 | • 해조류(미역, 다시마) |

## (2) 카로티노이드의 특성

카로티노이드는 지용성 물질로 물에는 녹지 않는다. 그러나 카로틴류와 잔토필류는 각기 다른 유기용매에 녹는데, 카로틴류의 경우 석유에테르에 용해되나 에탄올에는 용해되지 않고 잔토필류의 경우 에탄올에는 용해되나 석유에테르에는 용해되지 않는다.

### ① 산·알칼리에 의한 변화

앞서 언급했듯이 카로티노이드는 지용성 물질로 물에 녹지 않으므로 산이나 알칼리에 의해 변색되지 않는다.

### ② 효소 및 비효소적 산화에 의한 변화

효소에 의한 변화는, 식물성 식품 조직이 정상적인 경우 카로티노이드는 비교적 안정적이지만 손상을 받으면 peroxidase, lipoxidase 및 lipoperoxidase 등의 효소작용에 의해 산화된다.

또한 비효소적 산화에 의한 변화를 살펴보면, 카로티노이드는 이중결합을 다량 함유하고 있기 때문에 산소의 존재하에서 산화되기 쉽다. 예를 들어, 라이코펜을 100℃에서 3시간 동안 이산화탄소 환경에 방치하면 최대 11%의 손실이 일어나지만, 산소 중에서는 30% 이상 손실되는 것으로 알려져 있다. 이와 같이 카로티노이드의 구조적 특성상 자동산화는 불포화지방산이 함유된 식품과 같이 존재한다면 지방산의 자동산화에 따라 더욱 촉진되며(지방의 산화 과정에서 생성된 유리라디칼에 의하여 산화 촉진), 금속 이온 역시 상승효과를 일으킨다고 알려져 있다.

이처럼 카로티노이드의 산화되는 성질 때문에 인체 내에서는 항산화제(자기 자신이 산화되면서 세포의 산화적 손상 보호)로 작용할 수 있으며, 그 대표적인 물질로 토마토에 함유된 라이코펜의 항산화 효과가 매우 크다고 알려져 있다.

### ③ 비타민 A 전구체로의 전환

카로티노이드 색소 중 β–ionone 핵을 포함하고 있는 α–카로틴, β–카로틴, γ–카로틴 및 크립토잔틴은 인체 내에서 쉽게 비타민 A의 활성을 갖는 레티날(retinal) 또는 레티놀(retinol)로 전환될 수 있다. 따라서 상기 카로티노이드를 프로비타민 A라고 한다. β–ionone 핵을 두 개 가지고 있는 β–카로틴의 경우 2분자의 비타민 A로 전환되나, α–카로틴, γ–카로틴 및 크립토잔틴의 경우 1분자의 β–ionone 핵을 가지고 있어 비타민 A 1개 분자로 전환된다([그림 12–7]).

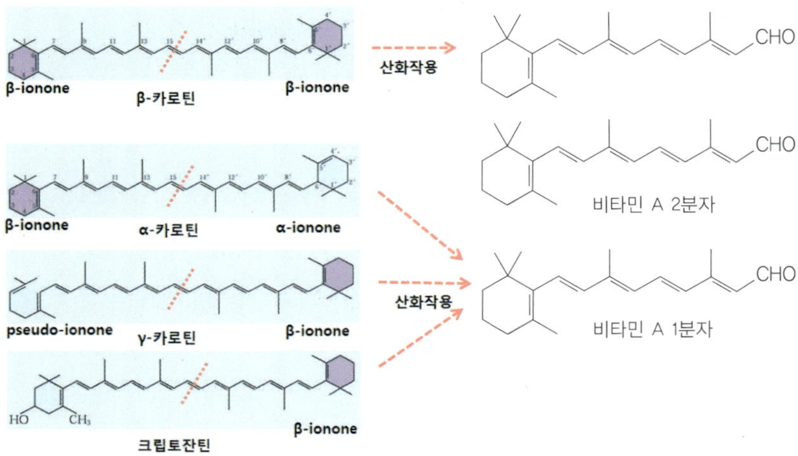


[그림 12-7] 카로티노이드의 비타민 A 전환

### ④ 카로티노이드의 항산화 활성

카로티노이드 색소는 수퍼옥사이드(superoxide) 이온, 과산화수소(hydrogen peroxide) 및 하이드록시 라디칼(hydroxyl radical) 등과 같은 활성산소에 대한 강력한 소거제로 작용할 수 있는 것으로 많은 연구가 보고되고 있다. 그 예로 루테인과 제아잔틴은 눈의 황반을 구성하는 색소로 노화 관련 황반변성을 방어하는 것으로 알려져 있으며, 라이코펜은 가장 강력한 항산화제 중 하나로 전립선암, 심혈관계 질환 등의 질병 예방 효과가 보고된 바 있다. 또한 카로티노이드 색소는 광산화 시 형성되는 일중항 산소를 이보다 반응성이 약한 보통의 산소인 삼중항 산소로 바꾸어 준다. 이러한 카로티노이드 특성상 식물의 광산화에 의한 붕괴를 막아 생명을 유지하는 것으로 생각된다.

### ⑤ 카로티노이드의 변색

앞서 언급했듯이 카로티노이드는 지용성 색소로 조리 과정 중 손실이 거의 없으며 열, 약산, 약알칼리에 비교적 안정적이다. 그러나 분자 구조에 이중결합이 많은 특성상 산화에는 매우 취약하며, 산화효소 및 햇빛 등에 의해 산화되어 변색되기 쉬운 특성을 갖고 있다.

## 3) 플라보노이드류

넓은 의미의 플라보노이드(flavonoid)는 안토잔틴(anthoxanthin), 안토사이아닌(anthocyanin), 탄닌(tannin) 및 카테킨(catechin) 등으로 크게 분류하나, 좁은 의미에서는 안토사이아닌만 뜻하는 경우도 있다. 이들 색소는 공통적으로 2개의 벤젠(benzene) 핵이 탄소로 연결된 $C_6-C_3-C_6$의 기본 구조를 갖는 플라반(flavane: 천연에는 존재하지 않는다. 단, 작용기 종류에 따라 다양한 형태로 존재한다.)이 기본이 된다([그림 12-8]).

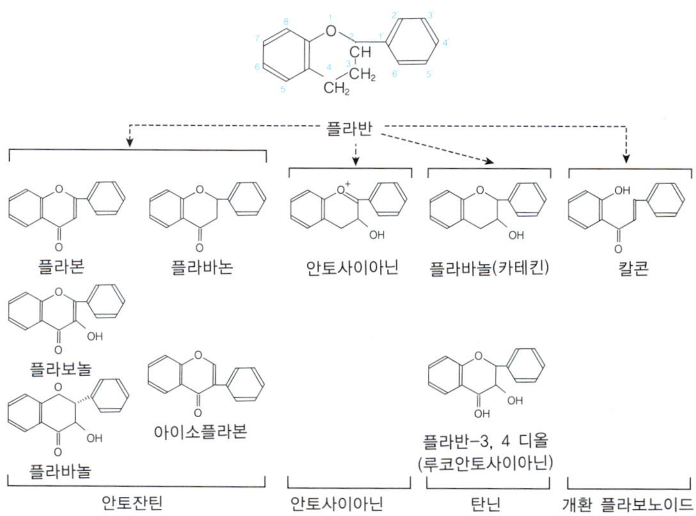


[그림 12-8] 구조에 따른 플라보노이드의 분류

### (1) 안토잔틴

안토잔틴은 식물의 황색 색소로 채소 및 과일에 널리 분포되어 있는 색소이며 주로 당과 결합된 배당체로 존재하고 있다. 특히 밀감 껍질에 많이 존재한다.

#### ① 구조 및 함유 식품

안토잔틴은 A, B벤젠 링의 결합 위치 및 이중결합 위치에 따라 플라본, 플라바논, 플라보놀, 아이소플라본 및 플라바놀의 5가지로 분류된다. 식품 중에 존재하지 않는 플라바놀을 제외한 4종류의 안토잔틴 색소에 대한 구조 및 함유 식품을 〈표 12-4〉에 나타내었다.

〈표 12-4〉 안토잔틴 색소의 구조 및 함유 식품

| 분류 | 배당체명 | 아글리콘 구조 | 아글리콘명 | 대표 식품 | |
|---|---|---|---|---|---|
| 플라본 | 아핀 | 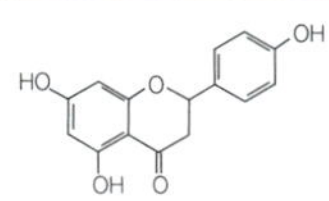 | 아피제닌 |  | 파슬리 |
| | 트리신 | 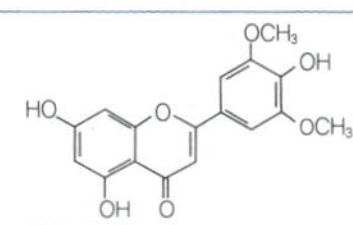 | 트리틴 | 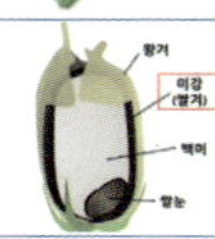 | 미강 |
| 플라보놀 | 퀘르세트린 | 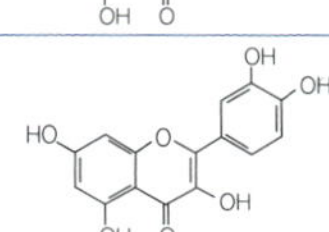 | 퀘르세틴 |  | 양파, 사과 |
| | 루틴 | 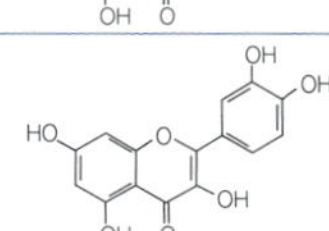 | 퀘르세틴 |  | 오트밀 |
| | 미리시트린 | 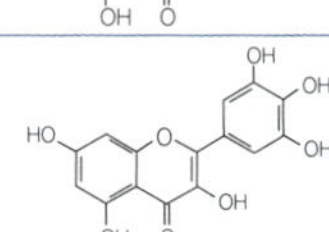 | 미리세틴 |  | 포도 |
| 플라바논 | 헤스페리딘 | 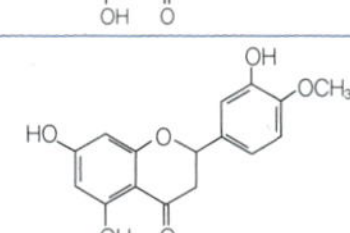 | 헤스페레틴 |  | 귤 껍질 |
| | 나린진 | 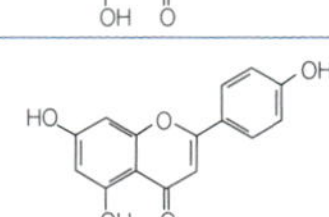 | 나린제닌 |  | 오렌지 |
| | 에리오딕틴 | 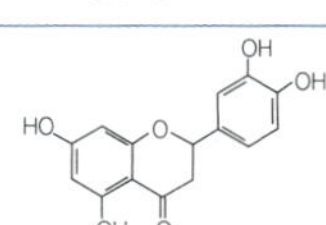 | 에리오딕티올 |  | 오렌지 |
| 아이소플라본 | 다이진 | 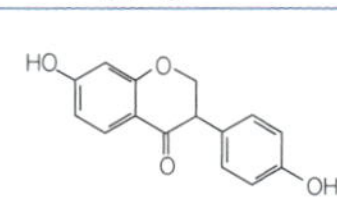 | 다이제인 |  | 콩, 두부 |
| | 제니스틴 | 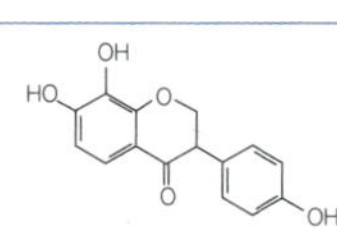 | 제니스테인 |  | 콩, 두부 |

② 색소의 변색

안토잔틴은 〈표 12-4〉와 같이 페놀성 OH기를 다수 함유하고 있으므로 금속 이온과 불용성 착화합물을 형성하여 변색되기 쉽다. 그 예로 감자를 칼(쇠로 만든 칼: $Fe^{3+}$)로 썰 때 청록색 또는 흑갈색으로 변색되는 것을 종종 볼 수 있다. 또한 퀘르세틴을 함유한 식품의 경우 알루미늄(Al)염으로 황색, 크롬(Cr)염으로 적갈색을 나타낸다.

③ 가열에 의한 변화

안토잔틴 색소에 열을 가하면 그 배당체가 가수분해되어 당류가 분리되고 고유의 안토잔틴 색이 진해진다. 그 예로 감자, 고구마 및 옥수수를 가열 조리하면 생물일 때보다 고유의 색이 더 진해진 것을 확인할 수 있다.

### (2) 안토사이아닌

안토사이아닌은 과실이나 야채류에 널리 존재하는 수용성 색소로, 선명한 적색, 자색, 담황색 및 황색의 색깔을 지니고 있다. 일반적으로 안토사이아닌을 다량 함유한 식품은 색이 선명하고 맑은 게 특징적이며, 특히 블루베리, 블랙베리, 라즈베리, 체리, 적포도, 검정 쌀, 검정콩 및 가지 등에 다량 함유되어 있는 것으로 알려져 있다.

① 구조 및 함유식품

안토사이아닌은 플라빌리움이라는 2-페닐벤조피릴리움을 기본 구조로 가지며, 안토사이아닌 A와 C 고리 3, 5, 7의 자리에 하이드록시기(OH)를 가지고 있다. 안토사이아닌은 B 고리에 어떠한 치환기가 결합되었느냐에 따라 종류와 수가 결정된다(〈표 12-5〉).

안토사이아닌은 자연계에서 일반적으로 배당체로 존재한다.

당 + 안토사이아니딘(아글리콘) ⇒ 안토사이아닌(배당체)

안토사이아닌에 결합되는 당류로는 글루코스, 갈락토스, 람노스, 자일로스, 아라비노스 등이 있으며, 산, 효소에 의해 가수분해되어 안토사이아니딘과 당류로 분리된다. 자연계에서 흔하게 발견되는 안토사이아니딘은 펠라고니딘(pelargonidin), 시아니딘(cyanidin), 델피니딘(delphinidin), 페오니딘(peonidin), 페투니딘(petunidin) 및 말비딘(malvidin) 등 6가지 종류이다(〈표 12-5〉).

〈표 12-5〉 안토사이아니딘의 기본 구조 및 치환기에 따른 종류

| 기본구조 | R1 | R2 | 분류 | 함유 식품 및 특성 | |
|---|---|---|---|---|---|
| 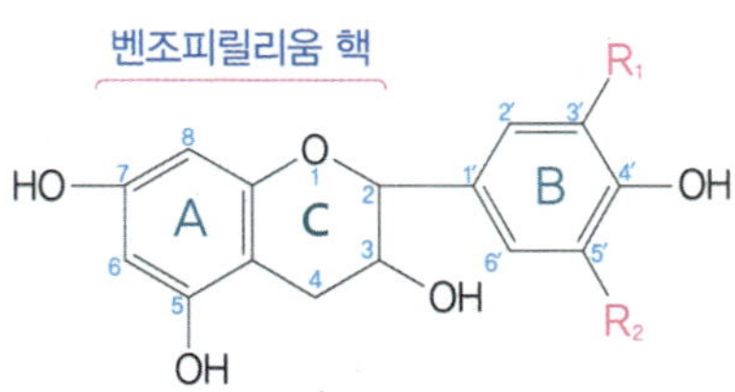 | H | H | 펠라고니딘 |  | 딸기 |
| | OH | H | 시아니딘 |  | 체리 |
| | OH | OH | 델피니딘 |  | 가지 |
| | $OCH_3$ | H | 페오니딘 |  | 포도 |
| | $OCH_3$ | OH | 페투니딘 |  | 포도 |
| | $OCH_3$ | $OCH_3$ | 말비딘 |  | 포도 |

② 안토사이아니딘의 색깔

안토사이아니딘 색소는 그 구조에 따라 특유의 색깔을 나타내는 특징을 가지고 있다. 안토사이아니딘은 기본 구조의 B 고리에 OH기가 1개, 2개, 3개 결합된 것을 각각 펠라고니딘, 시아니딘, 델피니딘이라고 하며, 펠라고니딘이 강한 적색, 시아니딘, 델피니딘 순으로 청색이 강해지는 색을 나타낸다. 또한 methoxy기($OCH_3$)의 유무와 수에 따라 안토사이아니딘의 색깔이 달라진다. 즉, B 고리의 OH기 대신

$OCH_3$로 하나 또는 두 개가 치환한 페오니딘, 페투니딘, 말비딘에 있어서 강한 청색(짙은 적색)으로 변화한다([그림 12-9]).

따라서 안토사이아닌의 B 고리에 결합된 OH기의 수가 증가하면 청색을, $OCH_3$의 수가 증가하면 적색을 강하게 띠는 경향이라 말할 수 있다.

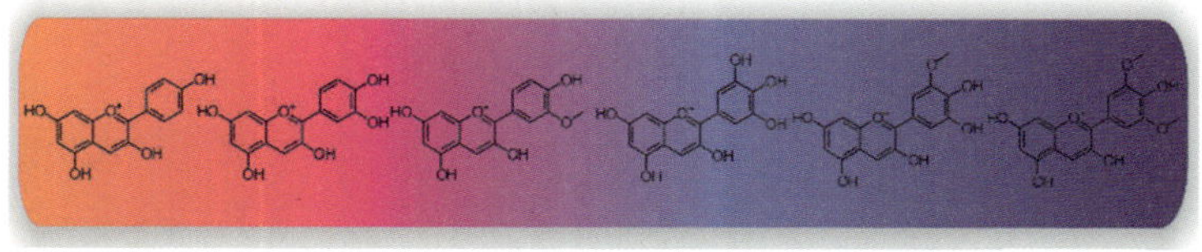


[그림 12-9] 안토사이아닌의 구조에 따른 색의 차이

③ 안토사이아닌의 변색

– 산 · 알칼리에 의한 변화: 안토사이아닌은 수용액의 pH에 따라 가역적으로 변화한다. 산성, 중성, 알카리 수용에서 그 종류에 따라 다소 차이는 있지만, 일반적으로 산성(빨간색), 중성(엷은 빨강, 무색), 알칼리(청색, 청록색)로 변화한다. 이것은 안토사이아닌의 강한 환원력에 의한 것으로 알려져 있다. 적색 양배추 샐러드를 만들 때 식초물에 침지시킨 후 조리하는  경우가 그 예로 볼 수 있다.

– 금속에 의한 변화: 안토사이아닌은 다양한 금속과 반응하여 착화화합물을 생성한다. 페라고니딘을 제외한 안토사이아닌은 철 등의 금속 이온과 반응하여 청색으로 변색되며, 주석과 반응하여 자색 그리고 아연과 반응하면 녹색으로 변화한다.

– 안토시아네이즈(anthocyanase)에 의한 퇴색: 안토사이아닌은 안토시아네이즈에 의하여 당 부분이 분해되어 탈색된다. 딸기의 경우 안토사이아닌을 분해할 수 있는 효소가 함유된 경우가 있어 보관에 의해 탈색되는 경우를 볼 수 있다.

## (3) 탄닌

탄닌은 식물의 줄기, 잎, 뿌리, 열매 등에 널리 함유되어 있는 물질이며, 일반적으로 덜 익은 과일과 식물의 종자에 상당히 함유된 것으로 알려져 있다. 탄닌은 무색이나 산소, 금속 이온 및 산화효소의 작용에 의해 산화되며, 짙은 갈색, 흑색 및

질은 홍색으로 변화되는 불안전한 물질로 식품의 가공 및 저장에 있어 품질에 중요한 영향을 끼친다. 또한 탄닌은 떫은맛과 쓴맛이 있어 관능적 품질에도 영향을 미친다. 대표적인 탄닌으로는 카테킨, 클로로젠산 등이 있으며, 그 구조는 [그림 12-10]과 같다.

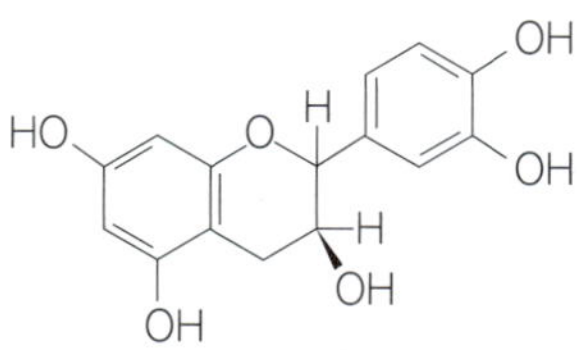

카테킨

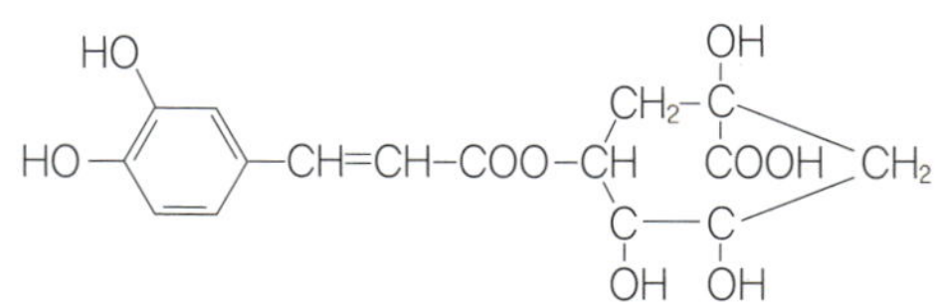

클로로젠산

[그림 12-10] 식품 속에 존재하는 대표적인 탄닌류

#### ① 카테킨

카테킨류에는 카테킨, 갈로카테킨, 카테킨 갈레이트, 갈로카테킨 갈레이트의 이성체가 있고, 이것은 각종 허브, 사과, 감, 배 및 복숭아에 널리 존재한다. 카테킨과 갈로카테킨은 쓴맛이 강하며 카테킨 갈레이트와 갈로카테킨 갈레이트는 떫은맛을 낸다.

#### ② 클로로젠산

클로로젠산은 감자, 사과 및 포도 등에 존재하는 효소적 갈변의 기질이 되는 물질이다. 효소의 작용을 억제하기 위해 사과를 물에 담가 놓음으로써 갈변을 억제할 수 있는 이유는 클로로젠산이 수용성 색소이기 때문이다.

## 3. 동물성 색소

### 1) 헴류(미오글로빈과 헤모글로빈)

육류의 색소는 근육에 존재하는 미오글로빈(myoglobin)과 혈액에 존재하는 헤모글로빈(hemoglobin)의 헴(heme) 색소로서 모두 적색을 나타내는 색소 단백질이다. 일반적으로 소나 돼지를 도축할 때 대부분의 혈액은 제거되나 모세혈관 등 남아 있는 혈액을 100% 제거할 수 없기 때문에 헤모글로빈 역시 육색에 영향을 미친다. 즉, 보통 식육에는 80~90%의 미오글로빈, 10~20%의 헤모글로빈이 함유되어 있다.

### (1) 구조

미오글로빈은 적색을 띠는 헴과 단백질인 글로빈이 결합된 복합단백질이다. 헴은 4개의 피롤 고리 메틴탄소(methine)로 결합되어 이루어진 포르피린 고리(porphyrin ring)의 중앙에 철이 결합되어 있는 포르피린 유도체이다. 또한 헴의 중심부에 있는 철 이온이 글로빈 분자 중 히스티딘 잔기의 이미다졸 고리 질소 원자와 직접 결합되어 있으며 철 이온에 산소가 결합할 수 있다. 글로빈은 육류의 종류에 따라 다르나 대체로 150여 개의 아미노산이 입체 구조를 형성하고 있는 것으로, 분자량은 약 17,000 정도이다.

미오글로빈은 글로빈 폴리펩타이드 사슬 1개와 헴 1분자가 결합한 것이고, 헤모글로빈은 글로빈 사슬 4개와 헴 1분자가 결합한 것이다([그림 12-11]). 미오글로빈은 산소를 저장하는 저장체로 작용하고 헤모글로빈은 산소를 운반하는 작용을 하는데 색을 엄밀히 구별하자면 미오글로빈은 적자색, 헤모글로빈은 빨간색을 띤다.

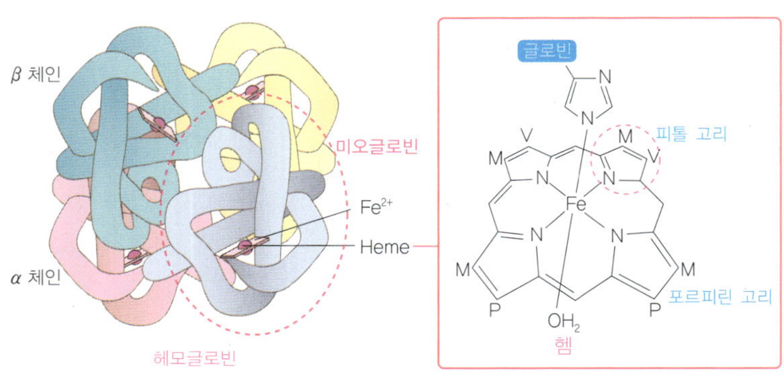


[그림 12-11] 헤모글로빈, 미오글로빈 및 헴의 구조

### (2) 육류의 색 변화

#### ① 산화에 의한 변화

도축된 육류는 산소와 접촉 후 색의 변화를 일으킨다([그림 12-12]). 미오글로빈은 산소 분자와 쉽게 결합할 수 있으므로 육류가 산소에 노출되면 미오글로빈과 산소($O_2$)의 결합으로 옥시미오글로빈(oxymyoglobin)이 되어 선명한 적색을 띤다. 옥시미오글로빈은 비교적 안정된 색소지만, 오랜 시간 동안 공기 중에 노출되면 중심원자의 철($F^{2+}$)이 철($F^{3+}$)로 산화되어 갈색의 메트미오글로빈(metmyoglobin)이 된다. 산소 분압 차이에 의존적으로 메트미오글로빈이 생성되며, 그 예는 오래된 식육을 칼로 절단하였을 때 겉은 갈색이지만 속은 색을 유지하는 것에서 알 수 있다. 또한 이상의 변화들은 가역적이기 때문에 공기를 제거한 환경에 저장한다면 환원작용을 통해 조금이나마 육색을 개선할 수 있다.

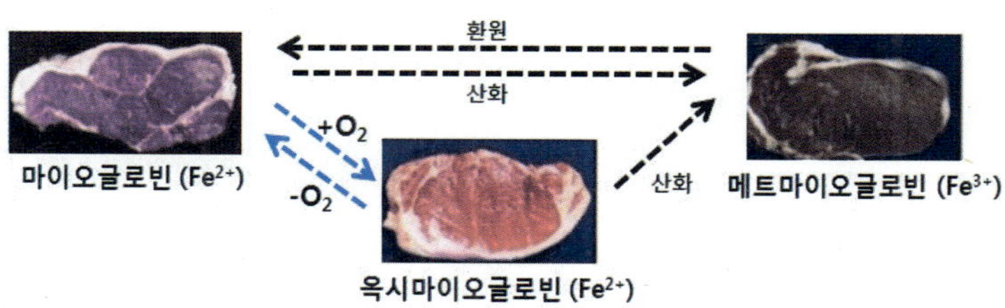


[그림 12-12] 저장 중 미오글로빈 색의 변화

#### ② 가열에 의한 변화

메트미오글로빈은 산화에 의해서만 생성되는 것이 아니라 가열에 의해서도 생성된다. 즉, 신선육을 가열하면 옥시미오글로빈을 거쳐 메트미오글로빈이 되며 계속 가열하면 메트미오글로빈이 변성·분리된다. 또한, 육류의 헤마틴(갈색 또는 회색) 성분이 유리되며, 유리된 상태의 헤마틴은 NaCl 존재하에서는 염소이온($Cl^-$)과 결합하여 염화물 형태로 존재한다. 이 헤마틴 염화물을 헤민(hemin)이라고 하며, 지속적으로 가열할 경우 각종의 갈색 또는 무색의 산화형 포르피린 유도체가 된다. 이와 같이 가열에 의해 갈색육으로 변화된 상태를 변성글로빈 헤미크롬(hemichrome)이라 한다.

③ 발색제에 의한 변화

햄, 소시지 및 베이컨과 같은 식육가공품 제조 시 선명한 분홍색으로 육색을 내기 위하여 첨가하는 발색제로 아질산나트륨(sodium nitrite: $NaNO_2$)이 사용되고 있다. 발색제인 아질산나트륨과 육류를 가공할 때 아질산나트륨에서 유래된 니트로기(−NO)와 육색소인 미오글로빈이 결합하여 선홍색을 나타내는 니트로소미오글로빈(nitrosomyoglobin)을 형성하게 되어 육색을 보존하는 효과를 나타내게 된다. 한편 아질산나트륨 유래 아질산($HNO_2$)은 육류에 원래 함유된 아민류와 그 유도체들과 결합하여 니트로사민(nitrosamine)을 형성하는데, 이 물질은 강력한 독성과 발암성을 유발한다. 이에 아질산나트륨의 최대 허용량을 적용하여 사용하고 있으며, 허용된 제품군은 식육제품, 고래고기 제품, 어육 소시지, 어육햄, 명란젓, 연어알젓으로 한정하여 사용되고 있다.

④ 육류의 녹변

육류나 육류 가공품을 잘못된 방법으로 저장할 경우 녹색으로 변하는 경우가 있다. 녹변의 원인에 대한 메커니즘은 아직까지 확실하지 않으나, 육제품 저장 중 세균의 작용에 의하여 헴의 포르피린 핵이 산화되어 형성되는 콜레글로빈(choleglobin)에 의한 것으로 알려져 있다. 또한 어육의 신선도가 저하되어 황화수소 생성균(저온세균)이 번식하여 황화수소가 발생되면, 이것이 헴 색소와 결합하여 셀프미오글로빈(sulfmyoglobin)과 셀프헤모글로빈(sulfhemoglobin)을 생성하여 녹변을 생성하는 것으로 알려져 있다.

## 2) 기타 동물성 색소(카로티노이드류)

난황의 황색은 식물성 카로티노이드에서 유래된 색소로 루테인(lutein) 형태의 색소로 난황에 존재한다. 따라서 난황의 황색을 진하게 하기 위해서는 황색 카로티노이드류를 다량 함유한 녹초를 사료로 공급하는 것이 좋다. 카로티노이드는 어패류에도 들어 있는데, 새우, 게, 도미의 표피, 연어나 송어의 근육 등에 함유된 아스타잔틴(astaxantin)은 적색을 띠며, 조개류 근육의 적색은 카로틴과 루테인에 의한 것이다. 물고기 표피의 색은 종류에 따라 적색, 오렌지색, 갈색, 청록색, 흑색 등의 여러 색을 띠는데, 이 중 적색의 잔토필은 담즙색소, 흑색은 멜라닌(malanin)에 의한 것이다.

앞서 언급했듯이 가재, 새우 또는 게 같은 갑각류에도 카로티노이드를 함유하고 있는데, 함유된 카로티노이드인 아스타잔틴은 단백질과 약하게 결합되어 회녹색 또는 청록색을 나타낸다. 이를 가열하면 단백질이 변성, 분리되고 유리형의 아스타잔틴이 된 후 산화되어 적색의 아스타신(astacin)으로 변한다([그림 12-13]).

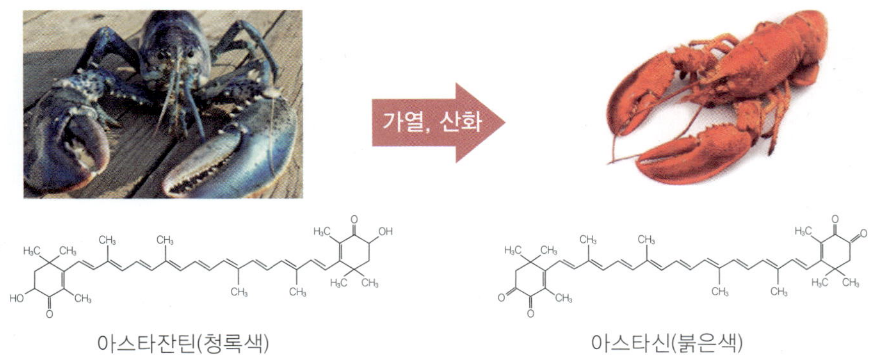


[그림 12-13] 가재의 가열 시 색 변화

Food Chemistry

Chapter 13

# 식품의 향기 성분

1. 향기의 분류
2. 향기 성분의 구조, 종류, 성질
3. 식물성 식품의 향
4. 동물성 식품의 향
5. 가열 훈연 발효 중 생성되는 향기 성분의 변화
6. 착향료

향기는 맛이나 색깔과 더불어 식품의 특성을 결정하는 요인으로, 휘발성 물질들이 비강 뒤쪽에 있는 후각상피를 자극함으로써 인식된다. 향기 성분은 다양한 화학 그룹과 구조를 가지고 있으며, 식품의 전반적인 맛은 탄수화물, 지방, 단백질 때문이지만 향기는 알코올, 알데하이드, 케톤 및 다양한 고리 화합물과 같은 많은 화합물에 의해 특정 향이 유도될 수 있다. 식품의 냄새는 그 자체나 조리 과정에서 식욕을 돋우는 향기를 내기도 하고, 신선도나 잘못된 가공 보관방법 등으로 인해 이취가 되기도 한다.

## 1. 향기의 분류

냄새와 향기의 성분은 정확히 분류가 어렵고 매우 복잡하여 정확한 분류방법이 아직 확립되어 있지 않지만 지금까지 몇몇 연구는 감각적인 관점에서 식품의 냄새를 분류했다.

아무어(Amoore)는 후각 작용의 메커니즘과 연관하여 냄새를 7가지로 분류하여 모든 냄새를 7가지 기본 냄새로 복합으로 표시 가능함을 발표하였고, 크로커(Crocker)와 헨더슨(Henderson)은 4종류의 기본 냄새로 분류하고 그 강도를 정하여 모든 냄새를 혼합과 강도로 표현했다. 또한 헤닝(Henning)은 6가지 종류의 기본 냄새로 분류하여 냄새의 상호관계를 3면체 프리즘으로 설명했다.

〈표 13-1〉 냄새의 분류

| Amoore | Crocker & Henderson | Henning | Linnaeus |
|---|---|---|---|
| 장뇌 냄새 (camphoraceous) | 꽃향기 (fragrant) | 꽃향기 (flowery) | 나프탈렌 같은 향 (aromatic) |
| 매운 냄새 (pungent) | 산 냄새 (acid) | 에텔 냄새 (ethereal) | 꽃향기 (fragrant) |
| 에텔 냄새 (ethereal) | 썩은 냄새 (caprylic) | 매운 향 (spicy) | 감미로운 향 (ambrosiac) |
| 꽃 향 (floral) | 탄 냄새 (burnt) | 수지 향 (resinous) | 마늘 같은 향 (alliaceous) |
| 박하 향 (peppermintry) | | 썩은 냄새 (putrid) | 염소의 향 (hircine) |
| 사향 (musky) | | 탄 냄새 (burnt) | 썩은 냄새 (foul) |
| 썩은 냄새 (putrid) | | | 메스꺼운 냄새 (nauseous) |

## 2. 향기 성분의 구조, 종류, 성질

식품의 향기는 화학적인 관점에서 각 성분의 기능기나 화합물의 특성에 따라 알데하이드(aldehyde), 알코올(alcohol), 케톤(ketone), 산(acid), 에스터(ester), 페놀(phenol) 등 많은 그룹으로 구분할 수 있으며 같은 그룹 안에서도 각각 다른 냄새를 낸다.

### 1) 알코올류(alcohols)

탄소수 $C_5$이하의 알코올은 주로 주류나 채소, 과일의 향기 성분이며 헥세놀(hexanol)은 알데하이드, 헥세날(hexenal)과 함께 식물에서 풋내를 구성하는 중요 성분이다. 고리 구조의 벤질알코올(benzyl alcohol), 페닐에틸알코올(phenylethyl alcohol) 등은 꽃향기 등의 방향 성분을 가지고 있고, 퍼퓨릴알코올(furfuryl alcohol)은 커피의 향을 내는 성분 중의 하나이다. 버섯의 향을 내는 1-옥텐-3-올(1-octen-3ol)은 조리 과정 중 산화되어 1-옥텐-3-온(1-octen-3-one)으로 바뀌며 익힌 버섯의 향을 내며, 오이는 지방이 산화, 분해되어 생성되는 2-노넨알(2-nonenal), 2,6-노나디엔알(2,6-nonadienal)과 그 알코올류에 의해 향을 낸다.

〈표 13-2〉 식품 중 알코올류의 향기 성분

| 명칭 | 구조식 | 함유 식품 |
|---|---|---|
| ethyl alcohol | $CH_3CH_2OH$ | 주류 |
| pentanol | $CH_3CH_2CH_2CH_2CH_2OH$ | 감자 |
| hexenol | $CH_3CH_2CH{=}CHCH_2CH_2OH$ | 식물의 풋내 |
| 2,6-nonadienol | $CH_3CHCH{=}CH(CH_2)_2CH{=}CHCH_2OH$ | 오이 |
| furfuryl alcohol | 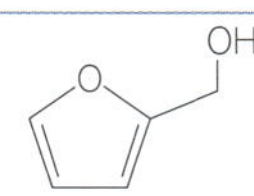 | 커피 |
| 1-octen-3-ol | $CH_3(CH_2)_4CHOHCH{=}CH_2$ | 버섯 |

## 2) 알데하이드류(aldehydes)

알데하이드기(-CHO)를 가진 화합물로 산화되어 카르복실산(-COOH)으로 되기 쉬운 구조로, 다양한 과일과 채소의 향과 유지식품에서의 기름진 향과 산패취 등에 영향을 준다. 불포화 직쇄 알데하이드는 포화된 것보다 강한 향을 내며, 고리 구조의 방향족 알데하이드는 향기가 진하여 향신료의 주요 성분으로 많이 쓰인다. 2,4-데카디에날(2,4-decadienal)은 콩기름, 유지방, 닭고기 등 다양한 식품에서 발견되며 기름진 풍미를, 2-헥세날(2-hexenal)이나 3-헥세날(3-hexenal) 등은 많은 과일의 향과 식물의 잎에서 나타나는 향에 관여하고, 벤즈알데하이드(benzaldehyde)는 아몬드의 향기 성분에서 나타난다. 시나믹알데하이드(cinnamic aldehyde)는 계피 껍질의 주성분이며 바닐린(vanillin)과 함께 주로 식품, 음료나 방향 제품에 주로 쓰인다. 시트랄(citral)은 레몬그라스의 향으로 주로 향수에 이용되고 비타민A를 합성할 때 전구물질로 이용된다.

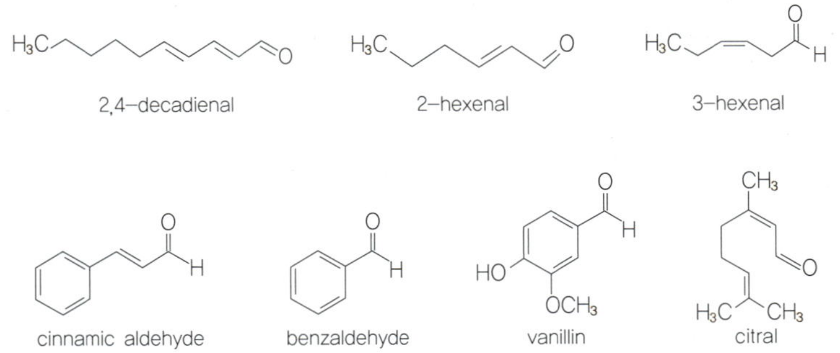


[그림 13-1] 식품 중의 알데하이드류의 향기 성분

알데하이드는 올레인산(oleic acid), 리놀레산(linoleic acid) 등과 같은 불포화지방산의 산화 과정에서 퍼록사이드(peroxide)가 생성, 분해되는 과정에서도 생성되는데, 그 예로 리놀레산의 산화에 의해 생성된 2,4,7-데카트리에날(2,4,7-decatrienal)은 산패된 정어리기름의 이취를 만든다. 4-헵테날(4-heptenal) 역시 지질의 산화에 의해 형성된 물질로, 저온저장 해산물과 버터와 기름에서 산패취를 나타내지만 낮은 농도에서는 버터의 고소한 향을 낸다.

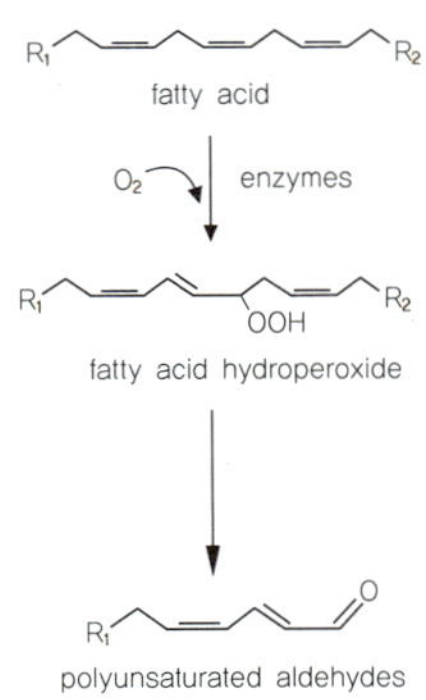


[그림 13-2] 지방산의 산화

## 3) 산류(acids)

탄소수 $C_2$의 아세트산(acetic acid)은 신맛 성분과 함께 자극적인 산 냄새를 가진다. 짧은 사슬의 지방산은 신 향기와 비슷하게 나타나지만 사슬의 길이가 길어

질수록 지방의 향을 내며, 알킬(alkyl) 사슬을 가진 지방산은 더 강한 향을 낸다. 저급 지방산인 프로피오닉산(propionic acid)과 부티릭산(butyric acid), 카프로익산(caproic acid)은 버터와 치즈 등의 향의 주성분이며, 2-메틸-3-펜테노익산(2-methyl-3-pentenoic acid)은 딸기의 달콤한 향을 낸다.

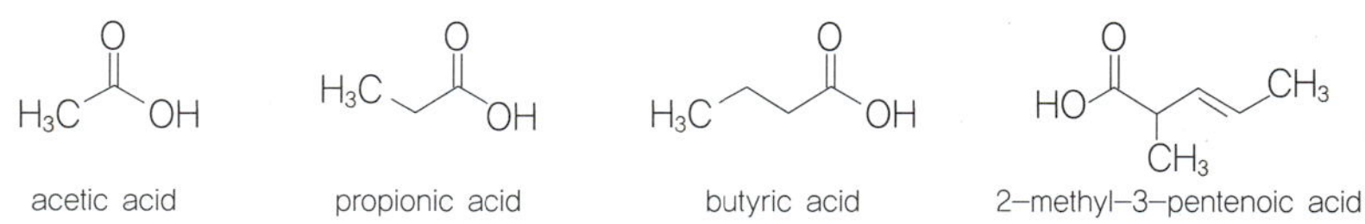


[그림 13-3] 식품 중의 산류

## 4) 케톤류(ketones)

사슬 구조의 저분자 케톤은 과일 향기를 내며, 케톤기(C=O)와 접한 사슬 끝에 메틸기를 갖는 메틸 케톤은 신선한 버터에서 전구체의 형태로 존재하다 열을 가하면 메틸케톤으로 전환되며 향을 낸다. 그중 2-펜타논(2-pentanone)과 2-노나논(2-nonanone)은 지방산에서 산화와 탈탄산 반응에 의해 생성되어 블루치즈의 향을 낸다. 아세토페논(acetophenone)과 벤조페논(benzophenone) 등 방향족의 케톤은 과일 향기를 내는데, 산딸기 향을 내는 4-(4-하이드록시페닐)-2-부타논(4-(4-hydroxyphenyl)-2-butanone)은 천연 산딸기에서 추출되는 물질로 식품과 화장품, 향수에 사용되고 있다.

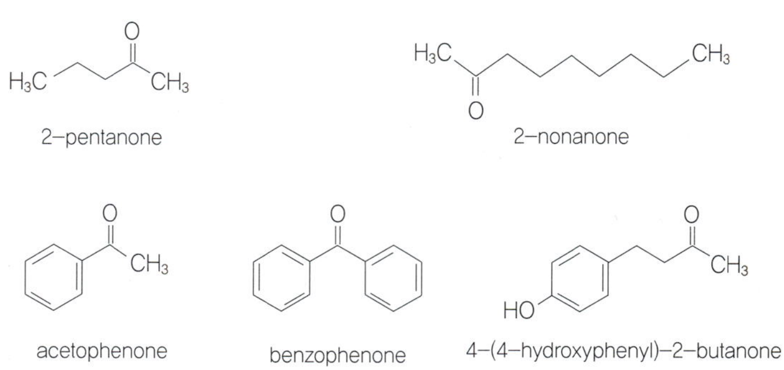


[그림 13-4] 케톤류의 향기 성분

## 5) 에스터류(esters) 와 락톤류(lactones)

에스터 화합물은 카르복실산과 알코올의 결합으로 생성되며, 과일과 채소, 꽃에서 다양한 향을 내며 존재하고 합성하여 향료로 사용하기도 한다. 사슬형 에스터에서 짧은 사슬은 주로 과일 향기를 가지며, 벤젠고리를 갖는 에스터류는 주로 꽃 향기를 내는 성분이다.

에스터와 비슷한 성질의 화합물인 락톤은 에스터 작용기(−COO−)를 고리 안에 갖고 있으며, 탄소 5개, 6개로 이루어진 고리로 구성된 γ−락톤(γ−lactone)과 δ−락톤(δ−lactone)이 안정적인 구조로 자연에 주로 존재한다. γ− 및 δ− 락톤은 각각 γ−하이드록시산과 δ−하이드록시산으로부터 형성되며 버터, 치즈 및 다양한 음식과 과일의 향기에 관여한다. γ−데칼락톤(γ−decalactone, 4−decanolide)은 복숭아 향을, δ−데칼락톤(δ−decalactone, 5−decanolide)은 코코넛향을 낸다.

〈표 13−3〉 에스터와 락톤류의 향기 성분

| 명칭 | 구조 | 향기 |
|---|---|---|
| ethyl acetate | 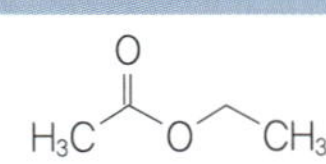 | 파인애플 |
| isoamyl formate | 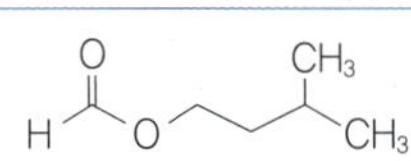 | 배 |
| methyl butyrate | 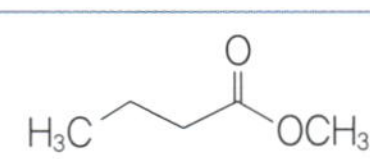 | 사과 |
| methyl cinnamate | 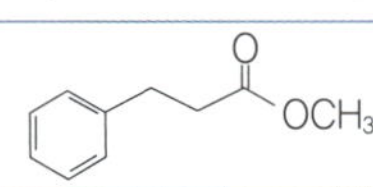 | 송이버섯 |
| γ−decalactone | 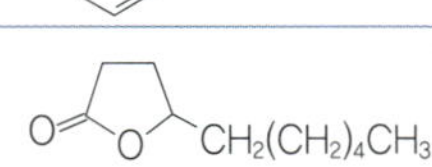 | 복숭아 |
| δ−decalactone | 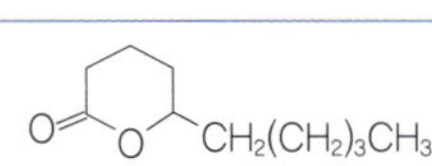 | 코코넛 |
| apiol | 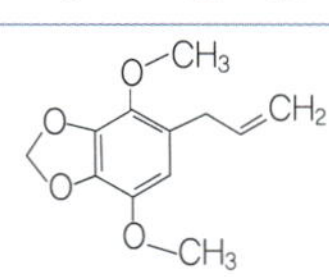 | 샐러리 |

## 6) 테르펜류(terpens)

탄화수소인 테르펜은 식물의 정유에서 발견되며 이소프렌(isoprene, $CH_2=C(CH_3)-CH=CH_2$)의 생합성 과정에서 생성되는 유도체를 포함한 화합물의 총칭으로, 이소프렌의 구성 단위의 수에 따라 모노테르펜(monoterpene, $C_{10}$), 세스키테르펜(sesquiterpene, $C_{15}$), 디페르펜(diterpene, $C_{20}$) 등으로 분류한다. 모노테르펜은 주로 향을 만드는 성분으로, 휘발성이 가장 크며 향이 강하다. 피넨(pinene)은 소나무와 전나무의 독특한 향 성분이며 α피넨과 β피넨의 두 가지 구조 이성질체가 존재하고, 다른 화합물과 반응하여 감귤류의 향을 내는 리모넨(limonene)과 같은 다른 테르펜을 형성한다. 터피오넨(terpinolene)은 세이지와 로즈마리의 성분으로 비누와 향수에 가장 많이 사용된다. 유칼립투스 오일에서 처음 발견된 펠란드렌(phellandrene)은 귤향이 나는 박하 향기로 소화장애 치료를 위해 의학 분야에 사용된다. 자연계에서 가장 흔하게 존재하는 모노테르페노이드 성분으로는 리날로올(linalool), 제라니올(geraniol), 네롤(nerol), 시트로넬올(citronellol) 등이 있으며, 꽃향기와 여러 종류의 과일과 차 등에서 발견된다. 제라니올과 네롤은 이성질체이며 합성이 가능하다. 베타-카리오필렌(Beta-caryophyllene)은 바질, 정향, 계피잎 및 후추와 같은 많은 식물에서 소량 발견되는 세스키테르펜이다.

〈표 13-4〉 각종 테르펜류의 향기 성분

| 명칭 | 구조 | 향기 |
|---|---|---|
| limonene | 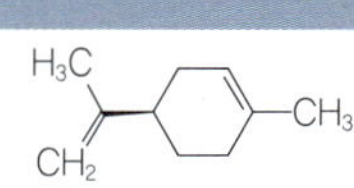 | 오렌지 |
| α-pinene | 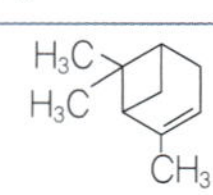 | 오렌지 |
| terpinolene | 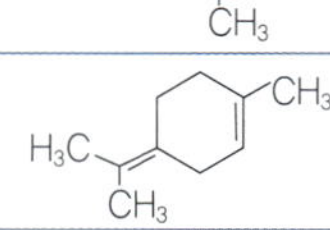 | 꽃향기 |
| β-phellandrene | 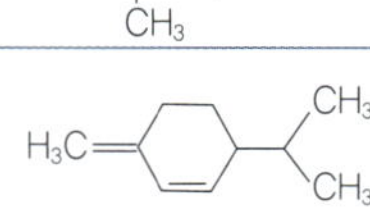 | 감귤 |

| 명칭 | 구조 | 향기 |
|---|---|---|
| linalool | 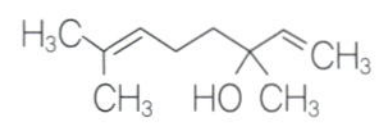 | 꽃향기 |
| citronellol | 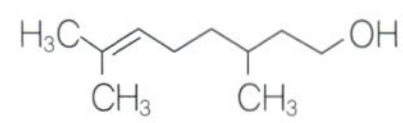 | 꽃향기 |
| nerol, geraniol (isomers) | 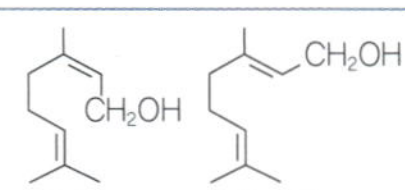 Nerol Geraniol | 레몬 |
| camphene | 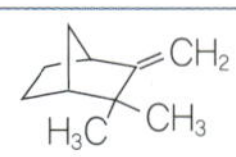 | 레몬 |
| zingiberene | 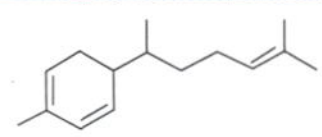 | 생강 |
| β-caryophyllene | 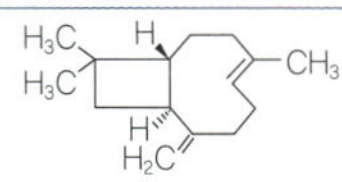 | 후추, 정향 |

## 7) 황화합물류(sulfur compounds)

강한 냄새의 특성을 지닌 황화합물은 일반적으로 자극성의 악취를 내지만 식품에 소량 존재하여 향기를 강하게 하는 역할을 하며, 황화수소(hydrogen sulfide, $H_2S$), 티오알코올(thioalcohol), 알킬 설파이드(alkyl sulfide), 알킬이소티오시아네이트(alkyl isothiocyanate) 등의 형태로 다양하게 존재한다.

황화수소는 채소류에서 많이 나타나며 특히 익힌 채소류와 육류, 달걀 등에서 느낄 수 있다. 티오알코올 중 메틸 메르캅탄(methyl mercaptan)도 채소에서 자극성 냄새를 가지며, 메틸 메르캅토프로필 알코올(methyl mercaptopropyl alcohol)은 된장, 간장, 치즈 등 발효식품의 특유한 향을 낸다. 겨자과 식물에서 매운 향을 내는 이소티오시아네이트는 무와 고추냉이에서 발견되며, 메틸 프로필 디설파이드(methyl propyl disulfide), 알릴 프로필 디설파이드(allyl propyl disulfide) 등의 알킬 설파이드류는 양파의 매운 향기의 성분이다. 또한 땅콩, 강냉이 등의 풍미는 2-아세틸티아졸(2-acetylthiazole), 토마토에는 2-이소부틸티아졸(2-isobutyl thiazole) 등 티아졸류도 식품에서 다양하게 나타나는 향이다.

〈표 13–5〉 식품 중의 황화합물의 향기 성분

| 명칭 | 구조 | 향기 |
|---|---|---|
| methyl mercaptan | $CH_3SH$ | 무, 마늘 |
| propyl mercaptan | $CH_3CH_2CH_2SH$ | 양파 |
| methyl β–methylmercaptopropionate | $CH_3SCH_2CH_2COOCH_3$ | 파인애플 |
| β–methyl mercaptopropyl alcohol | $CH_3SCH_2CH_2CH_2OH$ | 간장, 치즈 |
| methyl propyl disulfide | $CH_3CH_2CH_2SSCH_3$ | 양파 |
| isothiocyanate | R–N=C=S | 겨자, 매운 향 |
| 2–acetyllthiazole | 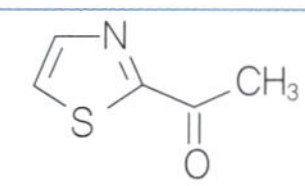 | 땅콩, 강냉이 |
| 2–isobutylthiazole | 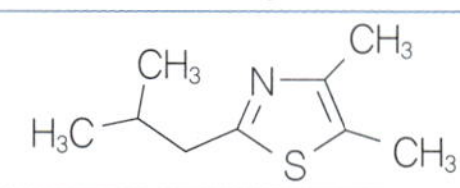 | 토마토 |

## 3. 식물성 식품의 향

### 1) 과실의 향기 성분

과실의 향기는 주로 테르펜(terpene)류와 지방산의 에스터(ester)류가 주성분으로 알려져 있으며, 미량으로 함유되어 있지만 과실의 특성이나 선도 등을 알 수 있는 중요한 요소이다.

사과의 향기 성분은 대략 40가지 정도로, 대부분 탄소수 $C_2$–$C_6$ 사이의 알코올류, 알데하이드류와 에스터류로 이루어졌다. 덜 익은 사과에서는 알데하이드의 농도가 높지만 효소에 의한 환원 과정을 통해 알코올, 에스터 순서로 전환되어 과일이 익으며, 알데하이드의 농도가 감소하고 알코올과 에테르의 농도가 증가한다. 사과의 품종과 숙성도에 따라 향기 성분의 구성과 농도는 매우 다양하다.

〈표 13-6〉 사과의 주요 향기 성분

| 알데하이드류 | 알코올류 | 에스터류 |
|---|---|---|
| hexanal<br>trans-2-hexenal<br>butanal | 1-butanol<br>1-hexanol<br>1-propanol<br>2-methyl-1-butanol<br>2-methyl-1-propanol | butyl acetate<br>hexyl acetate<br>2-methylbutyl acetate<br>ethyl 2-methyl-butanoate |

오렌지, 레몬, 자몽과 같은 감귤류의 향기 성분은 에스터류와 테르페노이드(terpenoid) 화합물이 주성분이다. 에탄올(ethanol), 에틸아세테이트(ethyl acetate), 에틸부티레이트(ethyl butyrate), 코페인(copaene), 큐베벤(cubebene), 리모넨(limonene) 등이 주성분으로 확인되었다. 자몽의 특유한 향 성분인 누트카톤(nootkatone)은 오렌지의 성분인 발렌신(valencene)으로부터 생합성된다.

바나나의 독특한 향기 성분은 아밀아세테이트(amyl acetate), 아밀이소발레레이트(amyl isovalerate) 등의 에스터(ester) 화합물이 주성분이며, 이 밖에도 메틸알코올(methyl alcohol), 에틸알코올(ethyl alcohol), 이소아밀알코올(isoamyl alcohol), 2-헥사날(2-hexanal), 2-펜타논(2-pentanone) 등이 있다.

파인애플의 향기 성분은 각종 에스터(ester)류, 알코올(alcoho)류, 카보닐(carbonyl) 화합물 등 총 100여 종 이상이 확인되었다. 특징적인 파인애플의 향기 성분으로는 2,5-디메틸-4-하이드록시-3(2H)-퓨라논(4-Hydroxy-2,5-dimethyl-3(2H)-furanone)과 감마-카프로락톤(γ-caprolactone), 차비콜(chavicol) 등이 알려져 있다.

## 2) 채소의 향기 성분

채소의 향기 성분은 과실류와 마찬가지로 휘발성의 에스터류, 케톤, 알데하이드류가 함유되어 있으며, 채소를 가열 조리했을 때 나타나는 강한 냄새는 유황화합물과 그 분해 생성물들로 주로 카보닐 설파이드(carbonyl sulfide), 황화수소($H_2S$), 이황화탄소($CS_2$) 등에 의한 것으로 알려져 있다.

양배추, 배추, 겨자, 무 등의 채소들은 유황화합물인 시니그린(sinigrin)을 함유하고 있으며, 이 물질은 썰거나 빻는 등 물리적인 세포벽 상해가 일어나면 조직 내에 있는 미로시네이즈(myrosinase) 효소의 작용에 의해 가수분해되어 강한 자극성 향기 성분인 아릴이소티오시아네이트(allyl isothiocyanate)와 그 유도체 등을 형성한다.

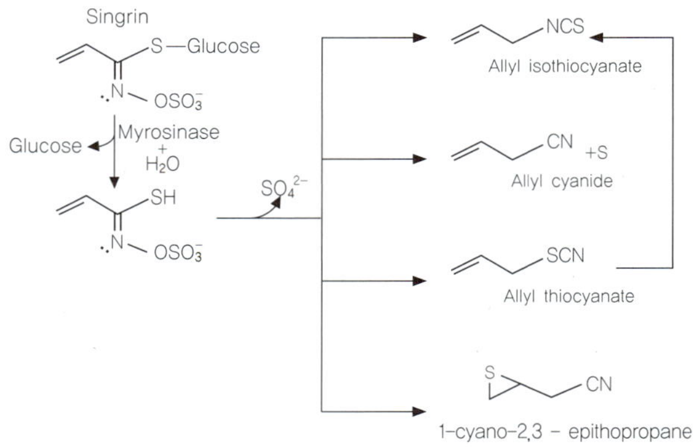


출처: Hayes, J.D.(2008). *European Journal of Nutrition*.

[그림 13-5] 시니그린의 가수분해

양파의 경우 휘발성 향기 성분의 주성분은 알리신(allicin)으로 전구물질인 알린(allin)이 효소에 의해 가수분해되어 형성된다. 이 알리신은 식품으로 섭취되어 체내에 존재하는 비타민 $B_1$과 결합하여 알리티아민(allithiamin)으로 변한다. 이 외에도 황화수소, 메르캅탄, 디설파이드류, 알데하이드류 등 매우 복잡한 성분이 양파의 향을 구성하고 있다.

마늘도 양파와 마찬가지로 휘발성이 강한 유황화합물이 향을 형성하는 주성분을 이루고 있고 특이한 향을 내는 티오설피네이트(thiosulfinate) 와 티오설포네이트(thiosulfonate) 등의 화합물이 존재한다. 이들 화합물은 S-알킬 시스테인 설폭사이드(S-alkyl cysteine sulfoxide)가 효소에 의해 S-알킬 설페릭산(S-alkyl sulfenic acid)으로 전환되고, 이 물질은 불안정하여 다시 특이한 냄새의 주성분인 하이드로카보닐 티오설피네이트(hydrocarbonyl thiosulfinate)와 하이드로카보닐 티오 설포네이트(hydrocarbonyl thiosulfonate)로 변한다.

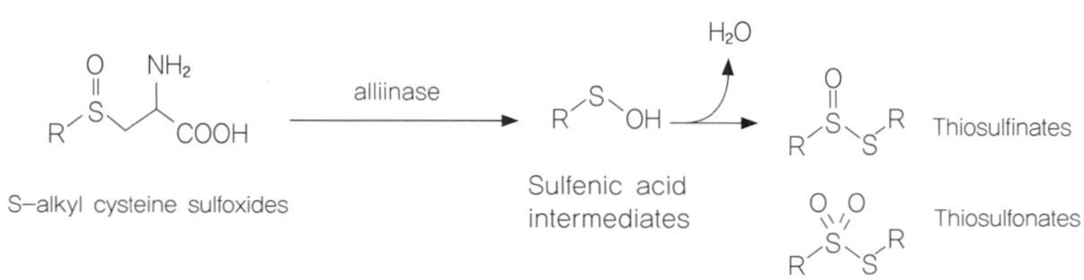


[그림 13-6] 티오설피네이트의 생성

셀러리는 각종 알데하이드, 알코올, 에스터류 이외에도 특유한 향기 성분인 세다놀리드(sedanolide), 세다노인산 무수물(sedanoic anhydride) 등 다양한 프탈라이드(phthalide)류의 화합물을 함유하고 있다.

## 4. 동물성 식품의 향

육류의 향은 대사와 먹이, 생합성 등의 다양한 영향을 받는다. 신선한 육류에서는 알데하이드에 의한 냄새가 나는데 강하지 않은 편이며, 식물성 식품과 마찬가지로 선도가 좋지 않을 때 향의 변화가 오는데 이는 육류 안에 함유되어 있는 단백질과 아미노산 등의 분해에 의한 휘발성 아민화합물들이 생성되어 불쾌한 냄새를 만들기 때문이다.

어류의 특이한 비린내는 시간이 경과함에 따라 강해지는데, 이는 트리메틸아민(trimethylamine)에 기인한다. 냄새가 없는 트리메틸아민 옥사이드(trimethylamine oxide)는 어류 체내의 염도를 조절하는 데 사용되다 어류가 죽은 후 세균에 의한 환원작용에 의해 트리메틸아민으로 전환된다. 또한 트리메틸아민은 효소와 반응해 디메틸아민(dimethylamine)으로 전환되어 암모니아의 냄새를 만들기도 한다.

[그림 13-7] 트리메틸아민의 생성

민물고기의 경우는 염도 조절의 역할을 하는 트리메틸옥사이드가 체내에 매우 적게 존재하므로 선도 저하에 따른 자극적인 냄새는 트리메틸아민에 의한 냄새보다는 라이신 등의 아미노산이 세균작용에 의해 생성한 피페리딘(piperidine), δ-아미노 발레르알데하이드(δ-amino valeraldehyde), δ-아미노 발레르산(δ-aminovaleric acid)에 의한 것이다.

이 외에도 어류의 선도가 저하되었을 때 발생하는 자극적인 냄새는 요소가 세균에 의해 암모니아로 분해되어 나타나며, 더 나아가 부패가 진행되면 아미노산이 분해되어 황화수소, 메틸 메르캅탄(methyl mercaptan), 메틸 설파이드(methyl sulfide), 스카톨(skatole) 등을 생성하여 악취의 요인이 된다.

신선한 우유 향의 주성분은 카보닐 화합물로 아세트알데하이드(acetaldehyde), 포름알데하이드(formaldehyde), 펜타날(pentanal), 헥사날(hexanal), 헵타날(heptanal), 아세톤(acetone), 2,4-노나디에날(2,4-nonadienal) 등과 뷰티릭산(butyric acid)과 카프로익산(caproic acid)과 황화합물인 메틸디설파이드(methyldisulfide) 등이다.

버터의 향은 휘발성 지방산, 디아세틸(diacetyl), 아세토인(acetoin), 알데하이드(aldehyde), 케톤(ketone)류로 이루어져 있고, 이 중 디아세틸과 아세토인은 락토스(lactose)가 글루코스(glucose), 시트르산(citric acid), 피루브산(pyruvate)을 거쳐 분해되어 생성된다. 디아세틸과 아세토인은 버터의 풍미를 더해 주는 주성분으로 이 두성분은 평형 상태를 유지하는데, 평형이 깨져 디아세틸의 양이 많아지면 불쾌한 냄새를 나타낸다.

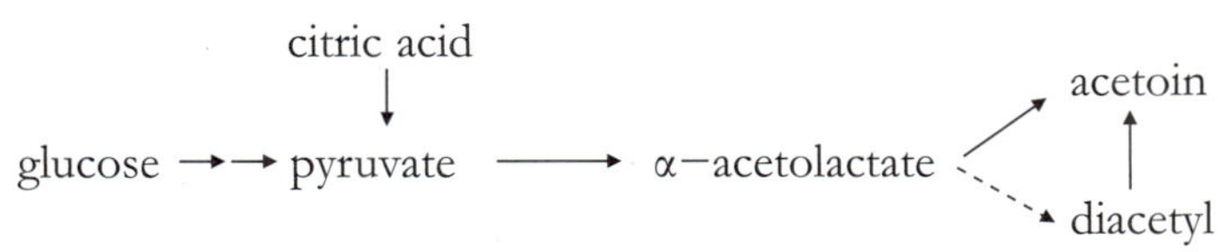


[그림 13-8] 아세토인과 디아세틸의 생성

치즈의 향은 주로 발효에 의해 형성되는 것으로, 주성분으로 에탄올(ethanol), 부타날(butanal), 디아세톤(diacetone), 아세트산(acetic acid), 부티릭산(butyric acid) 등의 알코올, 케톤, 유기산과 에스터, 황화합물 등이 있다. 치즈의 특이한 냄새 성분은 메티오닌(methionine)이 광분해와 산화를 거쳐 생긴 β−메틸메르캡토프로피오닉산(β−methylmercaptopropionic acid)이 에스터화되어 생성된 β−메틸메르켑토프로피오네이트(β−methylmercaptopropionate)에 의한 것이다.

## 5. 가열 훈연 발효 중 생성되는 향기 성분의 변화

식품의 향기 성분은 본연의 향 이외에도 가열이나 발효 등 다양한 가공방법에 의해 변화로 풍미를 더하기도 하지만, 바람직하지 않은 물질로 전환되기도 한다.

### 1) 가열에 의한 변화

육류는 가열 조리에 의해 다양한 휘발성 물질과 특유의 향기를 발생하며, 그 향기 성분은 아미노산과 단백질의 가열 분해와 다른 성분들과 상호작용에 의해 형성되는 휘발 성분, 당류와 아미노산 사이에 일어나는 마이야르(Mailliard) 반응의 산물, 육류의 지방 성분의 산화에 의해 형성되는 카보닐 화합물에 의해 형성된다. 또한 메티오닌과 같은 황아미노산은 가열에 의해 디메틸설파이드로 전환되며, 가열된 채소의 향기 성분도 유황 함유 단백질이 분해되어 생성되는 황화수소와 디메틸설파이드, 메르켑탄 등으로 알려져 있다.

### (1) 마이야르(Mailliard) 반응

마이야르 반응은 환원당과 아미노기를 갖는 화합물 사이에서 일어나는 식품의 대표적인 성분 간의 반응으로 식품의 가열 처리, 조리 또는 저장 중에 일어나는 갈변과 향기의 형성에 관여한다. 색과 향기를 생성하고 품질 형성에 중요한 반응으로 보통 고온에서 격렬하게 일어나며 다양한 향기 성분을 만든다. 간장이나 된장을 만들 때도 이 반응이 작용을 하는데, 이 때는 실온 상태에서 아주 천천히 반응이 진행된다. 이처럼 마이야르 반응은 다양한 온도에 반응하며 증발, 가열, 건조 등의 공정에도 일어나는 매우 복잡한 화학 반응으로 1,000여 가지 이상의 반응물질이 알려져 있다.

이 반응으로 인해 형성되는 여러 가지 향기 성분은 티아졸류(thiazoles), 피리딘류(pyridines), 말톨(maltol), 디하이드로퓨라논(dehydrofuranone), 2-퓨랄데하이드(2-furaldehyde) 등과 기타 모노카보닐류 등이 있다.

### (2) 캐러멜 반응

고온의 조리에 광범위하게 사용되는 과정으로 당 분자에서 탈수가 일어나 화합물을 생성하며 캐러멜 향을 형성하는데, 반응생성물의 주성분은 퓨란(furan)유도체, 카보닐 화합물, 알코올, 탄화수소 화합물 등이다. 비효소 갈변 반응으로 당의 종류에 따라 캐러멜화 온도가 다르다. 자당(sucrose)과 포도당은 약 160도, 과당은 110도에서 반응이 일어난다.

### (3) 지질의 가열

식품을 굽거나 튀기는 고온 가열은 지질의 열분해와 산화가 동시에 일어나는데, 이 때 일어나는 반응으로 인해 여러 가지 향기 성분을 생성한다. 지질의 자동산화와 다른 점은 열분해 과정 중에 생성되는 하이드로퍼옥사이드(hydroperoxide)는 열에 민감하여 조리 중 다른 종류의 라디칼 성분들로 전환되어 알데하이드와 케톤 성분들을 생성, 아미노산과 반응하여 육류에 좋은 향을 더해 준다.

#### (4) 황화합물의 가열

양파나 마늘은 수분과 가열 시 디설피네이트로(disulfinates)부터 다양한 폴리설파이드(polysulfides)를 생성하고, 이 때 생성된 디설파이드 등은 분해되어 프로판에티올(propanethiol)이나 메탄에티올(methanethiol)을 형성하여 단맛을 낸다.

### 2) 훈연에 의한 향기

육류나 어패류 등의 풍미를 향상시키고 보존성을 갖게 하는 훈연은 나무를 불완전 연소시켜 발생하는 연기에 쏘이게 하는 과정으로, 사용된 나무의 연기 성분에서 유래되는 특유한 향기가 있다. 이 연기의 주성분은 유기산류와 카보닐 화합물류, 각종 페놀류 등이며, 생성된 페놀류와 유기산류는 항균성 물질로 균의 발생을 억제하며 페놀 성분은 알데하이드와 반응해 제품의 표면에 피막을 형성, 향기와 함께 색을 띠며 미생물로부터의 침입을 방지한다. 훈연 제품의 특유의 향기는 나무 속의 리그닌(lignin)이 열분해되어 형성된 4-비닐과이어콜(4-vinyl guaiacol)과 각종 페놀화합물에 의해 형성된다.

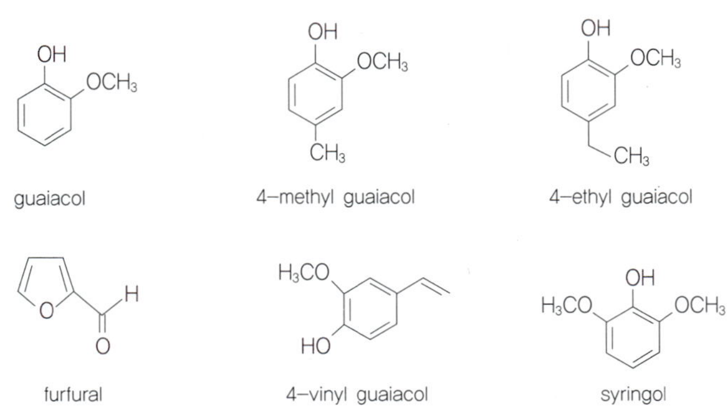


[그림 13-9] 리그닌의 가열 분해에 의해 형성되는 화합물

### 3) 발효에 의한 향기 변화

청주, 맥주 등의 발효주와 간장, 된장, 김치, 치즈 등은 미생물의 작용으로 발효된 식품으로, 사용하는 미생물의 종류와 숙성 기간에 따라 다양하고 독특한 향기를 가지고 있다. 이 향기는 원재료의 단백질, 탄수화물, 아미노산 성분이 미생물 대사에 의해 분해되어 각종 알코올, 에스터, 알데하이드, 유기산류 등이 생성되어 나타난다.

콩 단백질을 이용한 간장의 향기 주성분은 메티오놀(methionol)로, 간장 속에 있는 L-메티오닌(methionine)의 탈아미노, 탈탄산 과정에 의해 생성된다.

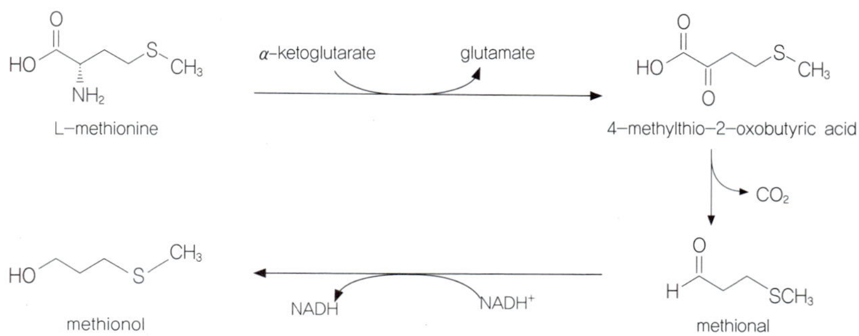


[그림 13-10] 메티오놀의 생성

## 6. 착향료

착향료는 가공식품에 적당량의 향을 부여하여 원래의 식품이 지니고 있는 불쾌한 냄새를 제거하거나 손실된 본래의 향기를 강화하기 위한 첨가물이다. 원료와 공정에 따라 천연 착향료와 천연동일 착향료, 합성착향료 등으로 나뉘며, 가공 형태에 따라 수용성 착향료와 유용성 착향료, 유화 착향료, 분말 착향료로도 구분된다.

천연 착향료의 향기 성분은 유기체의 성장 주기 동안 형성되는 생체조직의 대사산물로, 주변의 조건에 영향을 받고 유전인자에 의존적이며 매우 복잡한 생성 과정을 거친다. 천연물질에서 화학적 변화가 되지 않은 상태로 식품에서는 주로 쇠고기, 돼지고기, 닭고기 등의 육류와 멸치, 조개, 새우 등의 해산물과 각종 과일류를 그대로 사용하거나 건조, 또는 추출, 압착하여 사용한다.

천연동일 착향료는 합성이나 화학공정을 통해 얻어지는 물질로, 화학 구조는 천연 물질과 동일하다. 예를 들면, 바닐라 콩의 주성분인 바닐린은 천연 착향료가 존재하며, 천연동일 착향료도 합성되어 생산된다. 천연 착향료의 높은 가격이나 구하기 어려운 점으로 인해 같은 화학 구조를 갖는 합성물인 천연동일 착향료가 가장 상업적으로 이용된다. 그 순도와 품질의 항상성 때문에 천연 착향료보다 섭취가 안전하여 식품회사에서 주로 사용되고 있다.

합성 착향료는 화학적 조작을 가하여 합성되는 물질로 자연물질에는 존재하지 않는 향기이다. 예를 들면, 바닐린과 같은 향을 내는 합성 에틸바닐린은 천연물에 존재하지 않으며, 강한 바닐라 향으로 아이스크림과 제과에 첨가된다.

이 외에도 천연식품을 원료로 미생물이나 효소 처리와 같은 세포공학 공정으로 얻어지는 향기와, 가열과 같은 식품 공정을 거쳐 제조된 향기, 그리고 훈제 과정에 사용되는 향기 등이 있다.

착향료는 향기 성분의 용해성과 가공식품의 특성에 적합하도록 액상과 분말 등 여러 가지 형태로 이용하게 된다. 과일의 경우는 일반적으로 압착하여 얻은 과즙을 농축하여 액상으로 이용하는데, 이런 수용성 향료는 주로 청량음료와 빙과 등에 사용되며, 휘발성이 크기 때문에 가열 처리 식품에는 적당하지 않다. 유용성 향료는 유지에 향기를 가진 물질을 용해시킨 것으로, 내열성이 있어 과자나 캔디 등 열 처리를 하는 식품에 사용된다. 유화 향료란 향기 성분을 유화, 분산시킨 것으로, 주로 음료에 사용한다. 고추, 후추 등의 향신료들은 갈아서 분말 형태로 이용하며, 축산과 해산물의 경우도 추출, 농축하여 분무 건조 후 분말의 형태로 이용하기도 한다.

# 참고문헌

식품의약품안전처(2013), 한국영양학회(2009). 식품영양소함량 자료집.

이서래(1999). 농업생물화학. 한국방송통신대학교출판부.

조신호(2014). 식품화학(제3판). 교문사.

한명규(2003). 최신식품화학. 형설출판사.

Amoore J. E.(1977). Specific anosmia and the concept of primary odors. *Chemical Senses. 2*, 267 - 281.

Barrett E.L., Kwan H.S.(1985). Bacterial reduction of trimethylamine oxide. *Annual Review of Microbiology, 39*, 131-49.

Barwich A.S.(2020). *Smellosophy: What the Nose Tells the Mind*. Harvard University.

Batt C., Patel P.(2014). *Encyclopedia of Food Microbiology*. Academic press, 941-947.

Belitz H.-D., Grosch W., Schieberle P.(2009). *Food Chemistry*. Springer, 376-378.

David L. Nelson, Michael M. Cox(2018). 레닌저 생화학 7판. 월드사이언스.

Dimmick F.L.(1922). A note on Henning's smell series. *The American Journal of Psychology, 33(3)*, 423-425.

Eastep J., Chen G.(2015). The relationships of high-fat diet and metabolism of lipophilic vitamins. *Integrative Food, Nutrition and Metabolism, 2(3)*, 174-179.

Foss Y. J.(2009). Vitamin D deficiency is the cause of common obesity. *Medical Hypotheses, 72(3)*.

Gadient M.(1986). Effect of pelleting on nutritional quality of feed. *Proceedings of Maryland Nutrition Conference*, 73 - 79.

Hayes J. D., Keller M. O., Eggleston I. M.(2008). The cancer chemopreventive actions of phytochemicals derived from glucosinolates, *European Journal of Nutrition, 47*, 73-88.

Kim H.-Y.(2011). Activation of Nutrition Labeling in Food and Restaurant Industry for Sodium Reduction. *Food Science and Industry, 44(1)*, 28-38.

Kwakye G.F., Paoliello M., Mukhopadhyay S., Bowman A.B., Aschner M.(2015). Manganese-Induced Parkinsonism and Parkinson's Disease: Shared and Distinguishable Features. *International Journal of Environmental Research Public Health, 12(7)*, 7519-7540.

Ma Y., Chapman J., Levine M., Polireddy K., Drisko J., Chen Q.(2014). High-Dose Parenteral Ascorbate Enhanced Chemosensitivity of Ovarian Cancer and Reduced Toxicity of Chemotherapy. *Science Translational Medicine, 6(222)*.

Rose P., Whiteman M., Moore P.K., Zhu Y.Z.(2005). Bioactive S-alk(en)yl cysteine sulfoxide metabolites in the genus Allium: the chemistry of potential therapeutic agents. *Natural product reports. 3*.

Ross S, Harriman A. E.(1949). A preliminary study of the Crocker-Henderson odor-classification system. *The American Journal of Psychology. 62(3)*, 399-404.

Shewfelt R.L., Orta-Ramirez A., Clarke A.D.(2015). *Introducing Food Science*. CRC Press.

Stein J., Hartmann F., Dignass A. U.(2010). Diagnosis and management of iron deficiency anemia in patients with IBD, *Nature Reviews Gastroenterology & Hepatology, 7(11)*, 599-610.

Tarar A., Alyami E.M., Peng C-A.(2022). Eradication of Myrosinase-Tethered Cancer Cells by Allyl Isothiocyanate Derived from Enzymatic Hydrolysis of Sinigrin. *Phamerceutics, 14(1)*, 144.

Unlu A., Kirca O., Ozdogan M., Nayır E.(2016). High-dose vitamin C and cancer. *Journal of Oncological Science, 1*, 10-12.

Wall J.S., Carpenter K.J.(1988). Variation in availability of niacin in grain products. *Food technology, 42(10)*, 198-204.

Williams C. H.(2014). Malignant hyperthermia: A runaway thermogenic futile cycle at the sodium channel level, *Advances in Bioscience and Biotechnology, 05(03)*, 197-200.

## 저자소개


### 박재남

전북대학교 식품영양학과
전북대학교 식품영양학과 이학박사
한국원자력연구원 Ph. D
송원대학교 식품영양학과 교수

### 김안드레

인제대학교 화학과
인제대학교 화학과 이학석사
부산대학교 화학과 이학박사
신라대학교 제약공학과 교수

### 김진우

콜로라도 주립대학 생물화학공학 석사
맥길대학교 생물시스템공학 박사
캐나다 농식품부 (Summerland) 전임연구원
삼성종합기술원 바이오소재 전문연구원
선문대학교 식품과학부 교수

### 성낙윤

충남대학교 식품영양학과 이학박사
한국원자력연구원 Ph. D
전 공주대학교 식품공학과 객원교수


## 식품화학


초판 1쇄 인쇄 2022년 2월 25일
초판 1쇄 발행 2022년 3월 4일

지 은 이 | 박재남 · 김안드레 · 김진우 · 성낙윤
펴 낸 이 | 김기섭
편 집 인 | 김도언 · 최창숙
펴 낸 곳 | 창지사 www.changjisa.com
08589 서울시 금천구 가산디지털 1로 83 파트너스타워 1차 9층
전화 (02)719-2211~3
팩스 (02)701-9386
등 록 | 1977년 4월 28일 · 제1-421호





ISBN 978-89-426-1509-4 (93590)

값 24,000원